普通高等教育系列教材

工程力学
（静力学与材料力学）
学习指导与题解

王永廉　汪云祥　方建士　编

机械工业出版社

本书是与王永廉主编的《工程力学（静力学与材料力学）》配套的教学与学习指导书。

　　本书按主教材的章节顺序编写，每章分为知识要点、解题方法、难题解析与习题解答四个部分。其中，"知识要点"部分提纲挈领地对该章的基本概念、基本理论和基本公式进行归纳总结，以方便读者复习、记忆和查询；"解题方法"部分深入细致地介绍解题思路、解题方法和解题技巧，以提高读者分析问题和解决问题的能力；"难题解析"部分精选若干在主教材的例题与习题中没有涉及的典型难题进行深入分析，以拓展读者视野、满足读者深入学习的需要；"习题解答"部分对主教材中该章的全部习题给出求解思路和答案，但不提供详细解题过程，以期在帮助读者自主学习和练习的同时为他们留出适量的思考空间。

　　本书继承了主教材的风格特点，结构严谨，层次分明，语言精练，通俗易懂。

　　本书虽与主教材配套，但其结构体系完整，亦可单独使用。

　　本书可作为应用型本科院校与独立学院工科各专业学生的学习和应试指导书，同样适合高职高专、自学自考和成人教育的学生使用，对考研者、教师和工程技术人员也是一本很好的参考书。

图书在版编目（CIP）数据

工程力学（静力学与材料力学）学习指导与题解/王永廉，汪云祥，方建士编 .—北京：机械工业出版社，2014.7（2023.7重印）

普通高等教育系列教材

ISBN 978-7-111-46523-2

Ⅰ.①工… Ⅱ.①王… ②汪… ③方… Ⅲ.①工程力学—高等学校—教学参考资料 Ⅳ.①TB12

中国版本图书馆 CIP 数据核字（2014）第 082796 号

机械工业出版社（北京市百万庄大街 22 号　邮政编码 100037）

策划编辑：张金奎　责任编辑：张金奎　韩　冰

版式设计：霍永明　责任校对：陈立辉

封面设计：张　静　责任印制：邓　博

北京盛通商印快线网络科技有限公司印刷

2023 年 7 月第 1 版第 5 次印刷

169mm×239mm · 17.5 印张 · 338 千字

标准书号：ISBN 978-7-111-46523-2

定价：39.80 元

电话服务	网络服务		
客服电话：010-88361066	机 工 官 网：www.cmpbook.com
010-88379833	机 工 官 博：weibo.com/cmp1952
010-68326294	金 书 网：www.golden-book.com
封底无防伪标均为盗版	机工教育服务网：www.cmpedu.com

前　言

　　王永廉主编的主要适用于国内应用型本科院校与独立学院的《工程力学（静力学与材料力学）》教材已于 2014 年 1 月出版发行。为了方便教学，我们精心编写了这本与之配套的教学与学习指导书。

　　本书按主教材的章节顺序编写，每章分为知识要点、解题方法、难题解析与习题解答四个部分。其中，"知识要点"部分提纲挈领地对该章的基本概念、基本理论和基本公式进行归纳总结，以方便读者复习、记忆和查询；"解题方法"部分深入细致地介绍解题思路、解题方法和解题技巧，以提高读者分析问题和解决问题的能力；"难题解析"部分精选若干在主教材的例题与习题中没有涉及的典型难题进行深入分析，以拓展读者视野、满足读者深入学习的需要；"习题解答"部分对主教材中该章的全部习题给出求解思路和答案，但不提供详细解题过程，以期在帮助读者自主学习和练习的同时为他们留出适量的思考空间。

　　本书继承了主教材的风格特点，尽力做到结构严谨、层次分明、语言精练、通俗易懂。

　　本书的主要对象是使用主教材的学生。编者相信，这本指导书与主教材的结合，能够使学生更深入地理解工程力学的基本概念和基本理论，更牢固地掌握工程力学的解题方法和工程应用，同时拓展他们的知识面，提高他们分析问题和解决问题的能力。

　　本书虽与主教材配套，但其结构体系完整，亦可单独使用。

　　本书可作为应用型本科院校与独立学院工科各专业学生的学习和应试指导书，同样适合高职高专、自学考试和成人教育的学生使用，对考研者、教师和工程技术人员也是一本很好的参考书。

　　本书的编写者为南京工程学院的王永廉、汪云祥和方建士。其中，王永廉负责全书的统稿和定稿。

　　本书的姊妹篇——《理论力学学习指导与题解》和《材料力学学习指导与题解》，已由机械工业出版社出版发行，可供有关读者选用。

　　编者期望，这本书能使所有读者满意。尽管编者为此付出了最大努力，但因其能力有限，难免会存在不足之处，衷心希望读者批评指正。有建议者请与南京工程学院材料工程系王永廉联系（E—mail：ylwang0606@163.net）。

编　者

目　　录

前言

第一章　静力学基础

知识要点 ……………………………… 1

解题方法 ……………………………… 3

难题解析 ……………………………… 4

习题解答 ……………………………… 5

第二章　平面汇交力系

知识要点 ……………………………… 16

解题方法 ……………………………… 17

难题解析 ……………………………… 19

习题解答 ……………………………… 20

第三章　力矩、力偶与平面力偶系

知识要点 ……………………………… 29

解题方法 ……………………………… 30

习题解答 ……………………………… 30

第四章　平面任意力系

知识要点 ……………………………… 37

解题方法 ……………………………… 39

难题解析 ……………………………… 40

习题解答 ……………………………… 43

第五章　空间力系

知识要点 ……………………………… 63

解题方法 ……………………………… 65

习题解答 ……………………………… 66

第六章　静力学专题

知识要点 ……………………………… 73

解题方法 ……………………………… 76

习题解答 ……………………………… 78

第七章　材料力学绪论

知识要点 ……………………………… 93

第八章　轴向拉伸与压缩

知识要点 ……………………………… 95

解题方法 ……………………………… 98

难题解析 ……………………………… 100

习题解答 ……………………………… 102

第九章　剪切与挤压

知识要点 ……………………………… 117

解题方法 ……………………………… 118

难题解析 ……………………………… 119

习题解答 ……………………………… 122

第十章　扭　转

知识要点 ……………………………… 129

解题方法 ……………………………… 131

难题解析 ……………………………… 132

习题解答 ……………………………… 134

第十一章　弯曲内力

知识要点 ……………………………… 141

解题方法 ……………………………… 143

难题解析 ……………………………… 145

习题解答 ……………………………… 148

第十二章　弯曲应力

知识要点 ……………………………… 161

解题方法 ……………………………… 166

难题解析 ……………………………… 167

习题解答 …………………………… 169

第十三章 弯曲变形

知识要点 …………………………… 180

解题方法 …………………………… 182

难题解析 …………………………… 184

习题解答 …………………………… 186

第十四章 应力状态分析与强度理论

知识要点 …………………………… 201

解题方法 …………………………… 205

难题解析 …………………………… 207

习题解答 …………………………… 210

第十五章 组合变形

知识要点 …………………………… 226

解题方法 …………………………… 227

难题解析 …………………………… 228

习题解答 …………………………… 230

第十六章 压杆稳定

知识要点 …………………………… 242

解题方法 …………………………… 244

难题解析 …………………………… 245

习题解答 …………………………… 249

第十七章 疲劳问题简介

知识要点 …………………………… 259

第十八章 电测法简介

知识要点 …………………………… 262

习题解答 …………………………… 263

参考文献 …………………………… 274

第一章
静力学基础

知 识 要 点

一、基本概念

刚体：在任何力的作用下都不发生变形的物体。刚体是理论力学中理想化的力学模型。

平衡：物体相对于惯性参考系（如地球）处于静止状态或者作匀速直线运动。

力：物体间的相互机械作用。

力的外效应（运动效应）：力使物体的机械运动状态发生改变。属于理论力学的研究范畴。

力的内效应（变形效应）：力使物体发生变形。属于材料力学的研究范畴。

力的三要素：力的三要素决定了力对物体的作用效应，对于变形体而言，是力的大小、方向和作用点；对于刚体而言，是力的大小、方向和作用线。

力系：作用于物体上的一群力。力系按其作用线的分布情况，可分为平面汇交力系、平面力偶系、平面平行力系与平面任意力系以及空间汇交力系、空间力偶系、空间平行力系与空间任意力系。

平衡力系：使物体处于平衡状态的力系。

力系的简化：用一个较简单的力系等效替换一个较复杂的力系。

力系的合成：用一个力（或一个力偶）等效替换一个力系，该力（或该力偶）则称为该力系的合力（或合力偶）。

二力杆：只受二力作用而处于平衡状态的杆件。

二、约束与约束力

约束：限制物体位移的周围物体。

约束力：约束作用在被约束物体上限制其位移的力。

单面约束：只能限制物体沿某一方向位移而不能限制物体沿相反方向位移的约束。

双面约束：既能限制物体沿某一方向位移又能限制物体沿相反方向位移的约束。

约束分类：

（1）柔性体约束　绳索类。其约束力为拉力。其为单面约束。

（2）光滑接触面约束　约束与物体相接触，接触处的摩擦力忽略不计。其约束力作用于接触点，沿接触面的公法线指向被约束物体。其为单面约束。

（3）光滑铰链约束　包括圆柱铰链、固定铰链支座、活动铰链支座、向心轴承、止推轴承、球形铰链等。其基本特征为只能限制物体的移动，而不能限制物体的转动。这类约束的约束力实质上为一个力，当它的方向无法确定时则可用其正交分力表达。其为双面约束。

（4）链杆约束（二力杆约束）　链杆是指两端用光滑铰链与其他物体连接且不计自重的刚性杆，为二力杆。其约束力沿杆的两端铰链中心的连线。其为双面约束。

（5）固定端约束　物体的一端被固定，其所有位移均受到限制。对于平面固定端，其约束力实质为位于同一平面内的一个力和一个力偶，而其中的力一般因方向未知又可表达为一对正交分力。

三、静力学基本原理

1. 力的平行四边形法则
作用于物体上同一点的两个力，可以合成为一个合力。合力的作用点仍在该点，合力的大小和方向由这两个力为邻边构成的平行四边形的对角线确定。

2. 二力平衡公理
作用在同一刚体上的两个力，使刚体保持平衡的必要且充分条件是这两个力大小相等、方向相反，且作用在同一条直线上。

3. 加减平衡力系公理
在已知力系上加上或减去任一平衡力系，不会改变原力系对刚体的作用效应。

4. 力的可传性原理
作用在刚体上的力，可沿其作用线滑移到刚体内的任一点，而不改变该力对刚体的作用效应。

5. 三力平衡汇交定理
刚体受三力作用而平衡，若其中两个力的作用线相交于一点，则第三个力的作用线必汇交于同一点，且三力共面。

6. 作用力与反作用力定律

物体之间的作用力与反作用力总是同时存在，二力的大小相等、方向相反，沿同一直线，分别作用在两个物体上。

四、物体的受力分析和受力图

物体的受力分析：分析物体的受力情况，并作出表明其受力情况的简图。受力分析是解决力学问题的基础。

取分离体：解除物体所受的全部约束，并将其从周围物体中分离出来。取分离体是物体受力分析的必要步骤。

物体的受力图：在物体的分离体简图上作出的表示其受力情况的力矢图。

解 题 方 法

本章习题主要是作指定物体的受力图。

一、作指定物体的受力图的基本步骤

1. 取分离体

解除指定物体所受的全部约束，将其从周围物体中分离出来，并单独画出其简图。

2. 画主动力

在指定物体的分离体简图上，画出其所受到的主动力。

3. 画约束力

在指定物体的分离体简图上，画出其所受到的约束力。

二、作受力图的注意点

（1）明确研究对象并取分离体　根据需要，可取单个物体为研究对象，也可取由几个物体组成的系统为研究对象。不同的研究对象的受力图是不同的。

（2）搞清研究对象受力的数目，既不要多画又不要漏画　由于力是物体间的相互机械作用，因此，对于每一个力，都存在着施力者和受力者。

（3）正确表达约束力　凡是研究对象与周围其他物体接触的地方，都一定存在着约束力，约束力的表达方式应根据约束的类型来确定。画受力图时采用解除约束代之以力的方法，即受力图上不能再画上约束。

（4）正确表达作用力与反作用力之间的关系　分析两物体间相互作用时，应遵循作用力与反作用力定律。作用力的方向一经假定，反作用力的方向必须

与之相反。

（5）受力图上只画外力，不画内力　在画物体系统的受力图时，由于内力成对出现，组成平衡力系，因此不必画出。一个力，属于外力还是内力，可能因研究对象的不同而不同。当将物体系统拆开来分析时，系统中的有些内力就会成为作用在被拆开物体上的外力。

（6）同一物体系统中各研究对象的受力图必须协调一致　同一力在不同的受力图中的表示应完全相同。某处的约束力一旦确定，则无论是在整体、局部还是单个物体的受力图上，该约束力的表示必须完全一致，不能相互矛盾。

（7）正确判断二力杆　由于二力杆上两个力的方向可以根据二力平衡公理确定，从而简化受力图，因此二力杆的正确判断对于受力分析意义重大。

难 题 解 析

【例题 1-1】　组合梁如图 1-1a 所示，其中，集中载荷 F 作用于圆柱销钉 B 上，梁的自重不计。试分别作出梁 AB、梁 BC、销钉 B、梁 AB 与销钉 B 组合、梁 BC 与销钉 B 组合的受力图。

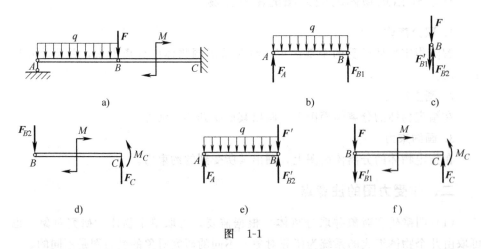

图　1-1

解：分别选取梁 AB、销钉 B、梁 BC、梁 AB 与销钉 B 组合、梁 BC 与销钉 B 组合为研究对象，并取分离体。

梁 AB 的受力图如图 1-1b 所示，F_A、F_{B1} 分别为链杆 A、圆柱销钉 B 对梁 AB 的约束力。由于集中载荷 F 是作用在销钉 B 上的，故在梁 AB 的受力图中不应画出。

销钉 B 的受力图如图 1-1c 所示，F'_{B1}、F'_{B2} 分别为梁 AB、梁 BC 对销钉 B 的约束力。F'_{B1} 与 F_{B1} 互为作用力与反作用力。

梁 BC 的受力图如图 1-1d 所示，$\boldsymbol{F}_{B2}$、$\boldsymbol{F}_C$ 和 M_C 分别为销钉 B、固定端 C 对梁 BC 的约束力。$\boldsymbol{F}_{B2}$ 与 $\boldsymbol{F}'_{B2}$ 互为作用力与反作用力。同理，集中载荷 $\boldsymbol{F}$ 在梁 BC 的受力图中也不应画出。

梁 AB 与销钉 B 组合的受力图如图 1-1e 所示。此时，B 端受到集中载荷 $\boldsymbol{F}$ 和梁 BC 对销钉 B 的约束力 $\boldsymbol{F}'_{B2}$ 的作用，而梁 AB 与销钉 B 之间的相互作用力 $\boldsymbol{F}_{B1}$ 与 $\boldsymbol{F}'_{B1}$ 为内力，则不应画出。

梁 BC 与销钉 B 组合的受力图如图 1-1f 所示。此时，B 端受到集中载荷 $\boldsymbol{F}$ 和梁 AB 对销钉 B 的约束力 $\boldsymbol{F}'_{B1}$ 的作用，而梁 BC 与销钉 B 之间的相互作用力 $\boldsymbol{F}_{B2}$ 与 $\boldsymbol{F}'_{B2}$ 为内力，则不应画出。

在上述各个受力图中，由于圆柱销钉 B 与固定端 C 处的水平约束力显然为零，故均省略没有画出。

习 题 解 答

习题 1-1 画出图 1-2 所示各物体 A 或 AB 的受力图。图中未画重力的各物体的自重不计，所有接触处均为光滑接触。

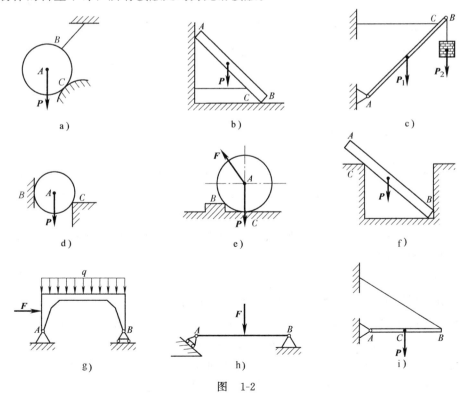

图 1-2

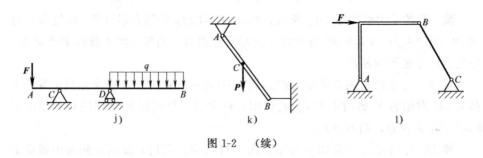

图 1-2 （续）

解： （a） 以图 1-2a 中球体 A 为研究对象，解除 B、C 两处约束，取分离体，作出受力图如图 1-3 所示。其中，B 处为柔性体约束，C 处为光滑接触面约束。

（b） 以图 1-2b 中杆 AB 为研究对象，解除 A、B、C 三处约束，取分离体，作出受力图如图 1-4 所示。其中，A、B 处为光滑接触面约束，C 处为柔性体约束。

（c） 以图 1-2c 中杆 AB 为研究对象，解除 A、B、C 三处约束，取分离体，作出受力图如图 1-5 所示。其中，A 处为固定铰支座，B、C 处为柔性体约束，F_B 与 F_B' 互为作用力与反作用力。

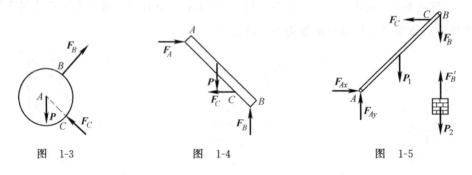

图 1-3   图 1-4   图 1-5

（d） 以图 1-2d 中球体 A 为研究对象，解除 B、C 两处约束，取分离体，作出受力图如图 1-6 所示。其中，B、C 处均为光滑接触面约束。

（e） 以图 1-2e 中球体 A 为研究对象，解除 B、C 两处约束，取分离体，作出受力图如图 1-7 所示。其中，B、C 处均为光滑接触面约束。

（f） 以图 1-2f 中杆 AB 为研究对象，解除 B、C 两处约束，取分离体，作出受力图如图 1-8 所示。其中，B 端同时受到水平面和铅垂面的约束，各处均为光滑接触面约束。

（g） 以图 1-2g 中刚架 AB 为研究对象，解除 A、B 两处约束，取分离体，作出受力图如图 1-9 所示。其中，A 处为固定铰支座，B 处为活动铰支座。

（h） 以图 1-2h 中梁 AB 为研究对象，解除 A、B 两处约束，取分离体，作出受力图如图 1-10a 所示。其中，A 处为活动铰支座，B 处为固定铰支座。固定铰支座 B 处的约束力的方向也可以根据三力平衡汇交定理确定（见图 1-10b）。

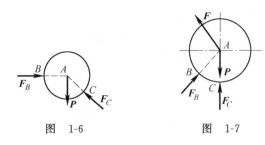

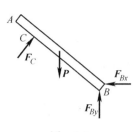

图　1-6　　　　　　　图　1-7　　　　　　　图　1-8

（i）以图 1-2i 中杆 AB 为研究对象，解除 A、B 两处约束，取分离体，作出受力图如图 1-11a 所示。其中，A 处为固定铰支座，B 处为柔性体约束。固定铰支座 A 处的约束力的方向也可以根据三力平衡汇交定理确定（见图 1-11b）。

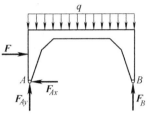

图　1-9

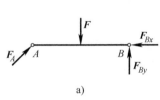

a)　　　　　　　　　　　b)

图　1-10

（j）以图 1-2j 中梁 AB 为研究对象，解除 C、D 两处约束，取分离体，作出受力图如图 1-12 所示。其中，C 处为固定铰支座，D 处为活动铰支座。

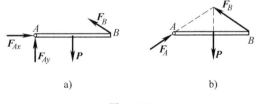

a)　　　　　　　　　　b)

图　1-11

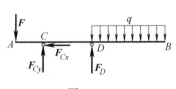

图　1-12

（k）以图 1-2k 中杆 AB 为研究对象，解除 A、B 两处约束，取分离体，作出受力图如图 1-13a 所示。其中，A 处为固定铰支座，B 处为柔性体约束。固定铰支座 A 处的约束力的方向也可以根据三力平衡汇交定理确定（见图 1-13b）。

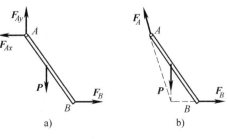

a)　　　　　　b)

图　1-13

（1）以图 1-2l 中折杆 AB 为研究对象，解除 A、B 两处约束，取分离体，作出受力图如图 1-14a 所示。其中，A 处为固定铰支座，B 处为链杆约束。固定铰支座 A 处的约束力的方向也可以根据三力平衡汇交定理确定（见图 1-14b）。

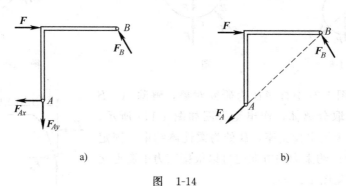

图　1-14

习题 1-2　画出图 1-15 所示各物体系统中指定物体的受力图。图中未画重力的各物体的自重不计，所有接触处均为光滑接触。

解：（a）图 1-15a 中整体、BC、AB 的受力图分别如图 1-16a、b、c 所示。其中，A、C 处为光滑接触面约束，B 处为圆柱铰链，F_T 与 F_T'、F_B 与 F_B' 互为作用力与反作用力。

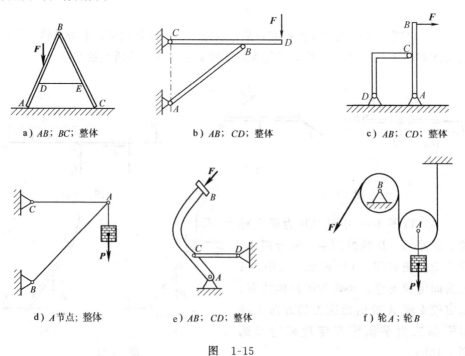

图　1-15

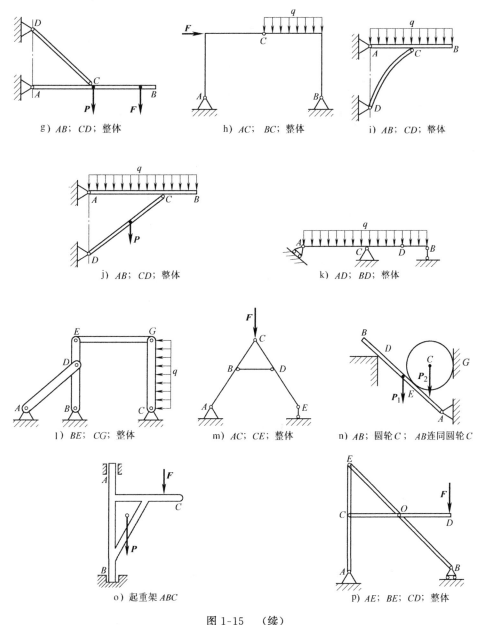

g）AB；CD；整体   h）AC；BC；整体   i）AB；CD；整体

j）AB；CD；整体   k）AD；BD；整体

l）BE；CG；整体   m）AC；CE；整体   n）AB；圆轮C；AB连同圆轮C

o）起重架ABC   p）AE；BE；CD；整体

图 1-15 （续）

　　圆柱铰链 B 处的约束力也可以用一对正交分力来表示，如图 1-16d、e 所示。

　　（b）图 1-15b 中整体、CD、AB 的受力图分别如图 1-17a、b、c 所示。其中，C 处为固定铰支座，杆 AB 为二力杆，F_B 与 F_B' 互为作用力与反作用力。

　　固定铰支座 C 处约束力的方向也可以根据三力平衡汇交定理确定，建议读者自行练习。

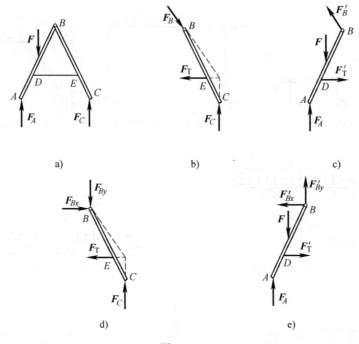

图　1-16

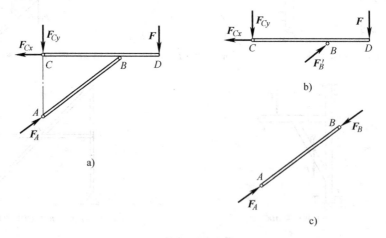

图　1-17

（c）图1-15c中 CD、AB、整体的受力图分别如图1-18a、b、c所示。其中，A 处为固定铰支座，杆 CD 为二力杆，F_C 与 F_C' 互为作用力与反作用力。

固定铰支座 A 处约束力的方向也可以根据三力平衡汇交定理确定，建议读者自行练习。

（d）图1-15d中的杆 AC、AB 均为二力杆（见图1-19a、b），由此作出

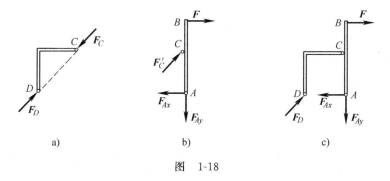

图 1-18

节点（销钉）A、整体的受力图分别如图 1-19c、d 所示。其中，F_{AC} 与 F'_{AC}、F_{AB} 与 F'_{AB} 互为作用力与反作用力。

需特别指出，图 1-19c 中的 F_T 是绳索的约束力，而不是物块的重力 P，尽管两者相等，但不应混淆。

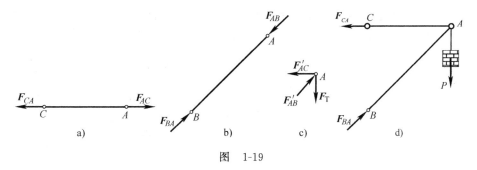

图 1-19

（e）图 1-15e 中 AB、CD、整体的受力图分别如图 1-20a、b、c 所示。其中，杆 CD 为二力杆，A 处为固定铰支座，F_C 与 F'_C 互为作用力与反作用力。

固定铰支座 A 处约束力的方向也可以根据三力平衡汇交定理确定，建议读者自行练习。

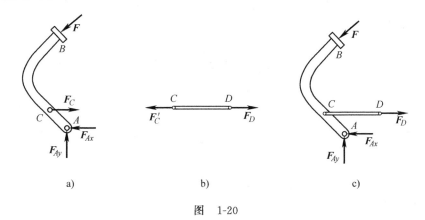

图 1-20

（f）图 1-15f 中轮 B、轮 A 的受力图分别如图 1-21a、b 所示。其中，B 处为固定铰支座，F_{T1}、F_{T2}、F_{T3} 为绳索的约束力，$F_{T2}=P$，F_{T1} 与 F'_{T1} 互为作用力与反作用力。

固定铰支座 B 处约束力的方向也可以根据三力平衡汇交定理确定，如图 1-21c 所示。

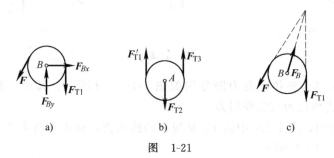

图　1-21

（g）图 1-15g 中 AB、CD、整体的受力图分别如图 1-22a、b、c 所示。其中，杆 CD 为二力杆，A 处为固定铰支座，F_C 与 F'_C 互为作用力与反作用力。

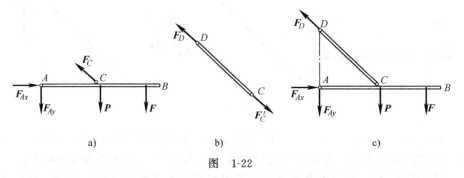

图　1-22

（h）图 1-15h 中 AC、BC、整体的受力图分别如图 1-23a、b、c 所示。其中，A、B 处为固定铰支座，C 处为圆柱铰链，F_{Cx} 与 F'_{Cx}、F_{Cy} 与 F'_{Cy} 互为作用力与反作用力。

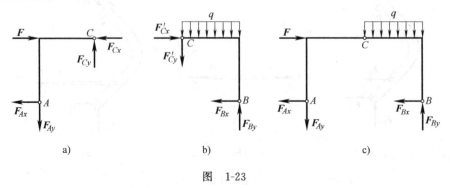

图　1-23

(i) 图 1-15i 中 AB、CD、整体的受力图分别如图 1-24a、b、c 所示。其中，杆 CD 为二力杆，A、D 处为固定铰支座，F_C 与 F'_C 互为作用力与反作用力。

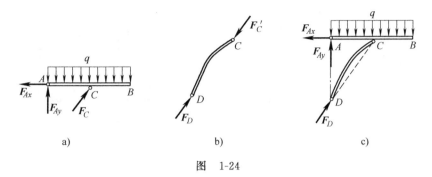

图　1-24

(j) 图 1-15j 中 AB、CD、整体的受力图分别如图 1-25a、b、c 所示。其中，A、D 处为固定铰支座，C 处为圆柱铰链，F_{Cx} 与 F'_{Cx}、F_{Cy} 与 F'_{Cy} 分别互为作用力与反作用力。

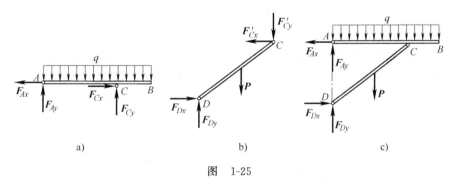

图　1-25

(k) 图 1-15k 中 BD、AD、整体的受力图分别如图 1-26a、b、c 所示。其中，A 处为活动铰支座，C 处为固定铰支座，B 处为链杆约束，D 处为圆柱铰链，F_D 与 F'_D 互为作用力与反作用力。

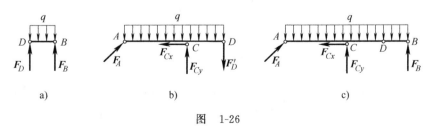

图　1-26

(l) 图 1-15l 中 BE、CG、整体的受力图分别如图 1-27a、b、c 所示。其中，B、C 处为固定铰支座，AD、EG 为二力杆。

固定铰支座 B 处约束力的方向也可以根据三力平衡汇交定理确定；固定铰支座 C 处的铅直约束力 F_{Cy} 明显为零，也可以不画出。建议读者自行练习。

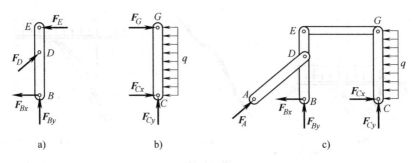

图　1-27

（m）图 1-15m 中 AC、CE、整体的受力图分别如图 1-28a、b、c 所示。其中，A 处为固定铰支座，E 处为链杆，C 处为圆柱铰链，BD 为二力杆。

由整体的受力图显见，固定铰支座 A 处的水平约束力 F_{Ax} 为零，故 F_{Ax} 也可以不画出。由此，在杆 AC 的受力图中，圆柱铰链 C 处约束力的方向即可根据三力平衡汇交定理确定。在杆 CE 的受力图中，圆柱铰链 C 处约束力的方向也可以根据三力平衡汇交定理确定。建议读者自行练习。

这里还应特别指出，图 1-28a、b 中圆柱铰链 C 处的约束力，F_{CAx} 与 F_{CEx}、F_{CAy} 与 F_{CEy}，并非是作用力与反作用力的关系，它们的反作用力均作用在销钉 C 上（见图 1-28d）。

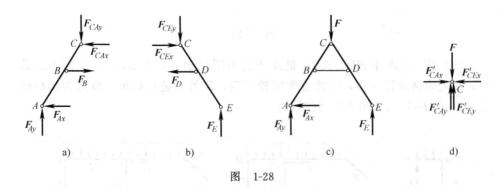

图　1-28

（n）图 1-15n 中杆 AB、圆轮 C、杆 AB 连同圆轮 C 的受力图分别如图 1-29a、b、c 所示。其中，A 处为固定铰支座，D、E、G 处为光滑接触面，F_E 与 F'_E 互为作用力与反作用力。

（o）图 1-15o 中起重架 ABC 的受力图如图 1-30 所示。其中，A 处为向心轴承，B 处为止推轴承。

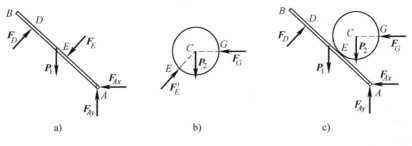

图　1-29

（p）图 1-15p 中 AE、BE、CD、整体的受力图分别如图 1-31a、b、c、d 所示。其中，A 处为固定铰支座，B 处为活动铰支座，C、E、O 处为圆柱铰链，F_{Cx} 与 F'_{Cx}、F_{Cy} 与 F'_{Cy}、F_{Ex} 与 F'_{Ex}、F_{Ey} 与 F'_{Ey}、F_{Ox} 与 F'_{Ox}、F_{Oy} 与 F'_{Oy} 分别互为作用力与反作用力。

根据载荷情况不难判断，各铰链处的水平约束力均为零，也可以不画出。建议读者自行分析。

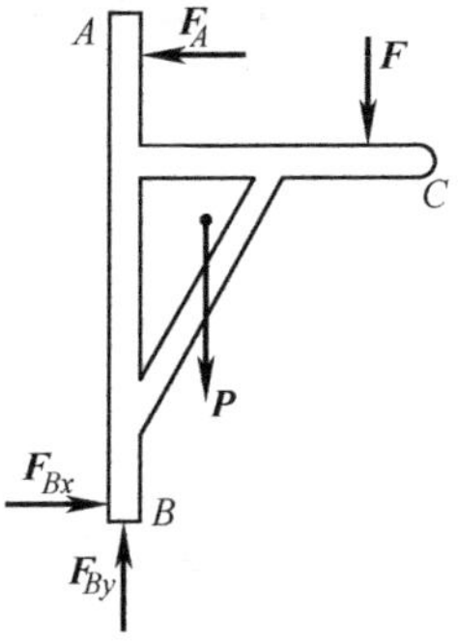

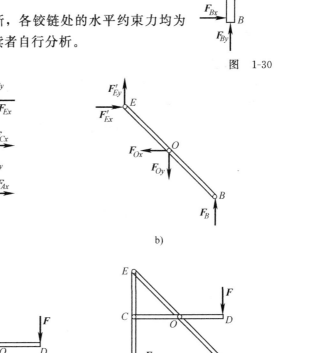

图　1-30

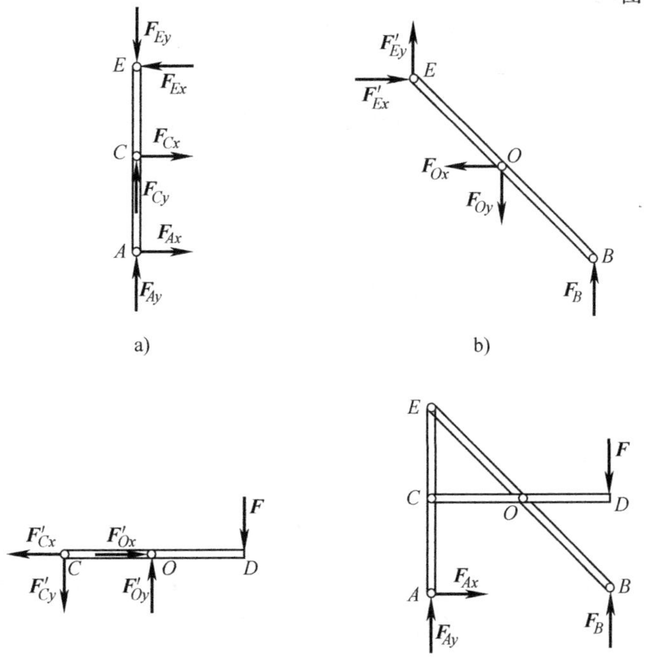

图　1-31

第二章
平面汇交力系

知 识 要 点

一、基本概念

1. 平面汇交力系

力系中各力的作用线都位于同一平面内且汇交于一点。

2. 力在平面直角坐标轴上的投影

（1）定义　如图 2-1 所示，力在平面直角坐标轴上的投影定义为代数量

$$\left.\begin{array}{l} F_x = F\cos\alpha \\ F_y = F\cos\beta \end{array}\right\} \tag{2-1}$$

式中，α、β 为力 F 与 x 轴、y 轴正方向之间的夹角。

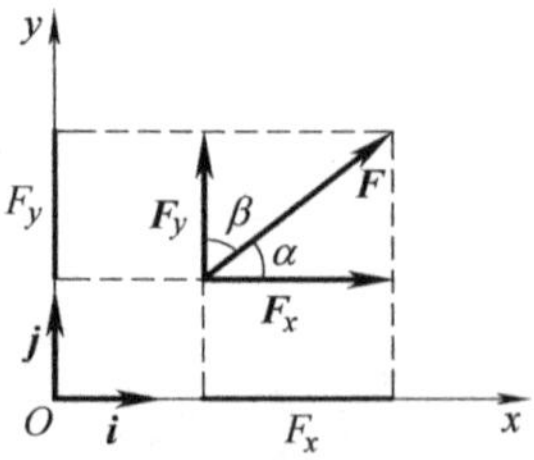

图　2-1

（2）已知投影求力

1）力的大小

$$F = \sqrt{F_x^2 + F_y^2} \tag{2-2}$$

2）力的方向余弦

$$\cos\alpha = \frac{F_x}{F}, \quad \cos\beta = \frac{F_y}{F} \tag{2-3}$$

（3）分力与投影的关系　在直角坐标系下，力 F 沿 x 轴、y 轴方向的分力 F_x、F_y 与其在 x 轴、y 轴上的投影 F_x、F_y 有下列关系（见图 2-1）

$$F = F_x + F_y = F_x i + F_y j \tag{2-4}$$

式中，i、j 分别为沿 x 轴、y 轴正向的单位矢量。

（4）合力投影定理　合力 F_R 在某一轴上的投影，等于它的各分力 F_i 在同一轴上投影的代数和，即

$$F_{Rx} = \sum F_{ix} \atop F_{Ry} = \sum F_{iy} \Bigg\} \tag{2-5}$$

二、平面汇交力系的合成

1. 结论

任一平面汇交力系均可合成为一个作用线通过汇交点的合力。

2. 几何法·力多边形法则

平面汇交力系的合力 F_R 等于各分力 F_i（$i=1$，2，$\cdots$，n）的矢量和，即

$$F_R = F_1 + F_2 + \cdots + F_n = \sum F_i \tag{2-6}$$

其大小和方向可以通过由各分力依次首尾相连构成的力多边形的封闭边矢量确定。这又称为力多边形法则。

三、平面汇交力系的平衡

1. 平面汇交力系的平衡条件

平面汇交力系平衡的必要且充分条件为其合力为零。

2. 平面汇交力系平衡的几何条件

平面汇交力系平衡的必要且充分几何条件为其力多边形自行封闭。

3. 平面汇交力系的平衡方程

$$\sum F_{ix} = 0 \atop \sum F_{iy} = 0 \Bigg\} \tag{2-7}$$

注意：由于平面汇交力系的独立平衡方程数目为 2，故在求解平面汇交力系的平衡问题时，最多只能求解 2 个未知量。

解 题 方 法

本章习题主要有下列两种类型：

一、求平面汇交力系的合力

求平面汇交力系的合力，可以采用下列两种方法，其中解析法较为常用。

1. 解析法

1）选取直角坐标轴。

2）计算合力投影。由式（2-5），计算合力投影。

3）计算合力大小。由式（2-2），根据合力投影计算合力大小。

4）确定合力方向。由式（2-3），根据合力投影计算合力的方向余弦，确定合力方向。

2. 几何法

1）选取作图比例尺。

2）按照所选定的比例尺，将力系中的各个力依次首尾相连，画出开口力多边形。

3）作出开口力多边形的封闭边矢量，得合力矢。

4）按照所取比例尺，量定合力矢的大小和方向，或者利用三角公式求出合力矢。

二、求解平面汇交力系的平衡问题

求解平面汇交力系的平衡问题，也有解析法和几何法两种方法。常用的是解析法，但当力系中只含有三个力时，采用几何法往往更为便捷。

1. 解析法

（1）解题步骤

1）选取研究对象。适当地选取研究对象。

2）画受力图。按照第一章介绍的方法，对所选取的研究对象进行受力分析，画出其受力图。

3）列平衡方程。选取坐标轴，列平衡方程。

4）求未知量。解平衡方程，求出未知量。

（2）注意点

1）选取研究对象的一般原则为：所选取物体上既包含已知力又包含待求的未知力；先选受力情况较为简单的物体，再选受力情况相对复杂的物体；选取的研究对象上所包含的未知量的数目一般不要超过力系的独立平衡方程的数目。

2）受力图是求解平衡问题的基础，不能出现任何差错，更不能省略不画。

3）在选取坐标轴时，应使尽可能多的未知力与坐标轴垂直，同时还要便于投影。

2. 几何法

（1）选取研究对象

（2）画受力图

（3）作封闭的力多边形　选取适当的作图比例尺，将研究对象上的各个力依次首尾相连，作出封闭的力多边形。作图时应从已知力开始，根据矢序规则和封闭特点，就可以确定未知力的方位与指向。

（4）确定未知量　按照选定的比例尺量定未知量，或者利用三角公式求出未知量。

难 题 解 析

【例题 2-1】　　如图 2-2a 所示，不计重量的细杆 AB 的两端用光滑铰链分别与两个重量为 P 的相同匀质轮的中心 A、B 连接，置于互相垂直的两光滑斜面上。试求平衡时杆 AB 的水平倾角 θ。

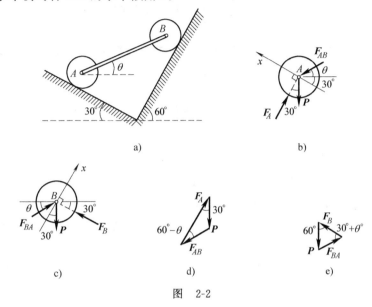

图　2-2

解：分别选取轮 A 和轮 B 为研究对象，注意到杆 AB 为二力杆，作出两轮的受力图如图 2-2b、c 所示，其中 $F_{AB}=F_{BA}$。下面，分别采用解析法和几何法来求解。

（1）解析法

对于轮 A，建立投影轴 x 与未知力 $\boldsymbol{F}_A$ 垂直（见图 2-2b），列平衡方程

$$\sum F_x = 0, \quad F_{AB}\cos(\theta+30°) - P\sin 30° = 0 \tag{a}$$

对于轮 B，建立投影轴 x 与未知力 $\boldsymbol{F}_B$ 垂直（见图 2-2c），列平衡方程

$$\sum F_x = 0, \quad F_{BA}\cos(60°-\theta) - P\cos 30° = 0 \tag{b}$$

联立方程（a）、（b），解得平衡时杆 AB 的水平倾角

$$\theta = 30°$$

讨论：取投影轴与不需求的未知力相垂直，可以避免求解联立方程组，从而简化计算。

（2）几何法　根据平面汇交力系平衡的几何条件，分别作出轮 A、轮 B 对应的封闭力三角形如图 2-2d、e 所示。

由图 2-2d，根据正弦定理有

$$\frac{F_{AB}}{\sin 30°} = \frac{P}{\sin(60°-\theta)} \tag{c}$$

由图 2-2e，根据正弦定理有

$$\frac{F_{BA}}{\sin 60°} = \frac{P}{\sin(30°+\theta)} \tag{d}$$

联立方程（c）、（d），解得平衡时杆 AB 的水平倾角

$$\theta = 30°$$

讨论：在求解由三个力构成的平面汇交力系的平衡问题时，采用几何法往往比较方便。

习 题 解 答

习题 2-1　（略）

习题 2-2　如图 2-3 所示，铆接薄钢板在孔 A、B、C、D 处受四个力作用，已知 $F_1 = 50$ N、$F_2 = 100$ N、$F_3 = 150$ N、$F_4 = 220$ N，图中尺寸单位为 cm，试求此平面汇交力系的合力。

解：由合力投影定理，得合力的投影 $F_{Rx} = 62$ N、$F_{Ry} = -66$ N。

由式（2-2）和式（2-3），求出合力 $\boldsymbol{F}_R$ 的大小、方向余弦分别为

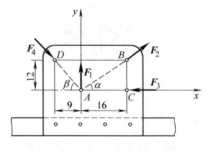

图　2-3

$$F_R = \sqrt{F_{Rx}^2 + F_{Ry}^2} = 90.6 \text{ N}$$

$$\cos\alpha = \frac{F_{Rx}}{F_R} = 0.684, \quad \cos\beta = \frac{F_{Ry}}{F_R} = -0.728$$

由方向余弦得合力 $\boldsymbol{F}_R$ 与 x 轴、y 轴的正方向之间的夹角

$$\angle(\boldsymbol{F}_R, \boldsymbol{i}) = 46.8°, \quad \angle(\boldsymbol{F}_R, \boldsymbol{j}) = 136.7°$$

合力 $\boldsymbol{F}_R$ 的作用线通过力系的汇交点 A。

习题 2-3　平面汇交力系如图 2-4a 所示，已知 $F_1 = 150$ N、$F_2 = 200$ N、$F_3 = 250$ N、$F_4 = 100$ N。试分别用几何法和解析法求其合力 $\boldsymbol{F}_R$。

解：（1）几何法　如图 2-4b 所示，按照所选定的比例尺，将力系中的各个分力 $\boldsymbol{F}_1$、$\boldsymbol{F}_2$、$\boldsymbol{F}_3$、$\boldsymbol{F}_4$ 依次首尾相连，画出开口的力多边形，并作开口力多边形的封闭边矢量 $\boldsymbol{F}_R$。

按照所选定的比例尺，测量封闭边矢量，得合力 $\boldsymbol{F}_R$ 的大小约为 $F_R =$

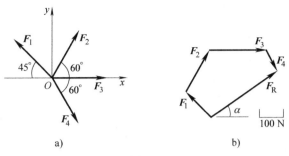

图　2-4

351 N；同时量得合力 F_R 的水平倾角约为 $\alpha = 33°$。

（2）解析法　由合力投影定理，得合力的投影 $F_{Rx} = 293.9$ N，$F_{Ry} = 192.7$ N。

由式（2-2）和式（2-3），求出合力 F_R 的大小、方向余弦分别为

$$F_R = \sqrt{F_{Rx}^2 + F_{Ry}^2} = 351.4 \text{ N}$$

$$\cos\alpha = \frac{F_{Rx}}{F_R} = 0.836, \quad \cos\beta = \frac{F_{Ry}}{F_R} = 0.548$$

由方向余弦得合力 F_R 与 x 轴、y 轴的正方向之间的夹角分别为

$$\angle(F_R, i) = 33.3°, \quad \angle(F_R, j) = 56.7°$$

合力 F_R 的作用线通过力系的汇交点 O。

习题 2-4　如图 2-5a 所示，在简支刚架的点 B 作用一水平力 F。若不计刚架自重，试求铰支座 A、D 处的约束力。

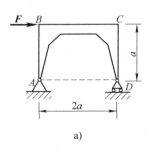
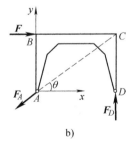

图　2-5

解：选取整体为研究对象，作出受力图如图 2-5b 所示。

选取图示投影轴系，列平衡方程，解得铰支座 A、D 处的约束力分别为

$$F_A = 1.12F, \quad F_D = 0.5F$$

习题 2-5　如图 2-6a 所示的构架，已知 $P = 10$ kN。若不计各杆自重，试求杆 BC 所受的力以及固定铰支座 A 处的约束力。

解：选取构架整体为研究对象，作出受力图如图 2-6b 所示。

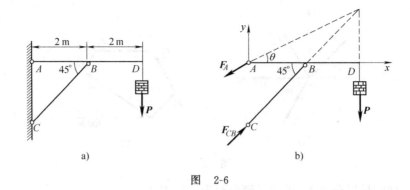

图　2-6

选取图示投影轴系，列平衡方程，解得杆 BC 所受的力以及固定铰支座 A 处的约束力分别为

$$F_{CB} = 20\sqrt{2}\ \text{kN (压)}, \quad F_A = 10\sqrt{5}\ \text{kN}$$

习题 2-6　如图 2-7a 所示，管道支架由杆 AB 与 CD 构成，管道通过绳索悬挂在水平杆 AB 的 B 端，每个支架负担的管道重为 2 kN。若不计各杆自重，试求杆 CD 所受的力和铰支座 A 处的约束力。

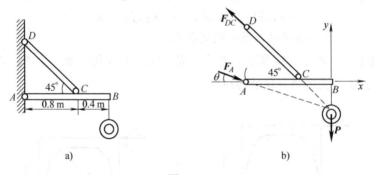

图　2-7

解：选取支架整体为研究对象，作出受力图如图 2-7b 所示。

选取图示投影轴系，列平衡方程，解得杆 CD 所受的力和铰支座 A 处的约束力分别为

$$F_{DC} = 4.24\ \text{kN (拉)}, \quad F_A = 3.16\ \text{kN}$$

习题 2-7　在图 2-8a 所示三角支架的铰链 B 处，悬挂重物 $P = 50$ kN。若不计各杆自重，试求 AB、BC 两杆所受的力。

解：选取三角支架整体为研究对象，作出受力图如图 2-8b 所示，AB、BC 两杆均为二力杆。

选取图示投影轴系，列平衡方程，解得 AB、BC 两杆所受的力分别为

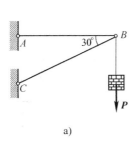 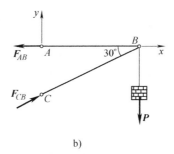

$$a) \qquad b)$$

图 2-8

$$F_{AB} = 86.6 \text{ kN（拉）}, \quad F_{CB} = 100 \text{ kN（压）}$$

习题 2-8 如图 2-9a 所示，用杆 AB 和 AC 铰结后吊起重物 P。若不计两杆自重，试求杆 AB、AC 所受的力。

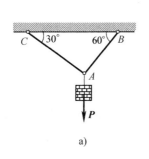 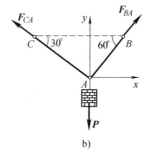

$$a) \qquad b)$$

图 2-9

解：选取三角架整体为研究对象，作出受力图如图 2-9b 所示。

选取图示投影轴系，列平衡方程，解得杆 AB、AC 所受的力分别为

$$F_{BA} = 0.866P \text{（拉）}, \quad F_{CA} = 0.5P \text{（拉）}$$

习题 2-9 如图 2-10a 所示，铰盘 D 以匀速起吊一重 $P = 20 \text{ kN}$ 的物体，若不计杆与滑轮自重，并忽略滑轮尺寸，试求 AB、BC 两杆所受的力。

解：选取整体（不包括铰盘 D）为研究对象，作出受力图如图 2-10b 所示。其中，绳索的拉力 $F_T = P = 20 \text{ kN}$。不计滑轮尺寸，该力系为平面汇交力系。

选取图示投影轴系，列平衡方程，解得 AB、BC 两杆所受的力分别为

$$F_{AB} = 54.6 \text{ kN}, \quad F_{CB} = 74.6 \text{ kN}$$

均为正值，表示其假设方向与实际方向相同，即杆 AB 受拉、杆 BC 受压。

习题 2-10 图 2-11a 所示四杆机构 $ABCD$，在节点 B、C 上分别作用力 $\boldsymbol{F}_1$ 和 $\boldsymbol{F}_2$，在图示位置处于平衡状态。若不计各杆自重，试确定力 $\boldsymbol{F}_1$ 与 $\boldsymbol{F}_2$ 的关系。

解：分别选取节点 B、节点 C 为研究对象，注意到杆 AB、BC、CD 均为二

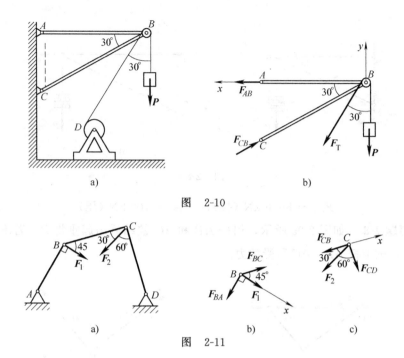

图　2-10

图　2-11

力杆，作出两节点的受力图分别如图 2-11b、c 所示，其中，$F_{BC} = F_{CB}$。

对于节点 B，选取投影轴 x 与不需求的未知力 F_{BA} 垂直，列平衡方程

$$\sum F_x = 0, \quad F_{BC} \cos 45° + F_1 = 0$$

对于节点 C，选取投影轴 x 与不需求的未知力 F_{CD} 垂直，列平衡方程

$$\sum F_x = 0, \quad -F_{CB} - F_2 \cos 30° = 0$$

联立解之，得力 F_1 和 F_2 的关系为

$$F_1 = 0.612 F_2$$

习题 2-11　　如图 2-12a 所示，将两个相同的光滑圆柱体放在矩形槽内，两圆柱的半径 $r = 20$ cm，重量 $P = 600$ N。试求出接触点 A、B、C 处的约束力。

解：分别选取圆柱 O_1、O_2 为研究对象，作出受力图分别如图 2-12b、c 所示，其中，F_D 与 F'_D 互为作用力与反作用力。

对于圆柱 O_1，选取图示投影轴，列出两个平衡方程；对于圆柱 O_2，选取图示投影轴，又可列出两个平衡方程。联立解之，并注意到 $F_D = F'_D$，即得接触点 A、B、C 处的约束力分别为

$$F_A = 800 \text{ N}, \quad F_B = 800 \text{ N}, \quad F_C = 1200 \text{ N}$$

习题 2-12　　图 2-13a 所示为夹具中所用的增力机构。已知推力 F_1 和杆 AB 的水平倾角 α，若不计各构件自重，试求夹紧时夹紧力 F_2 的大小以及当 $\alpha = 10°$ 时的增力倍数 F_2/F_1。

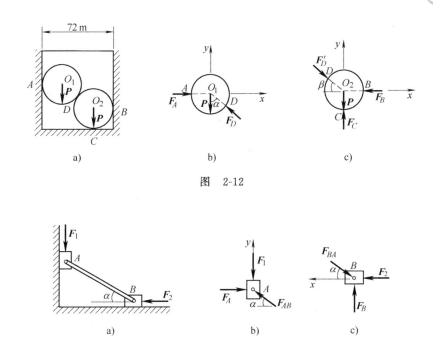

图 2-12

图 2-13

解：分别选取物块 A、B 为研究对象，作出受力图分别如图 2-13b、c 所示。其中，杆 AB 为二力杆，$F_{AB} = F_{BA}$。

对于物块 A，选择图示投影轴 y，列平衡方程 $\sum F_y = 0$；对于物块 B，选择图示投影轴 x，列平衡方程 $\sum F_x = 0$。联立解之，得夹紧时夹紧力 F_2 的大小

$$F_2 = F_1 \cot \alpha$$

由此得，当 $\alpha = 10°$ 时，增力倍数

$$\frac{F_2}{F_1} = 5.67$$

习题 2-13 如图 2-14a 所示，已知匀质杆 AB 重 P、长为 l，在 B 端用跨过定滑轮的绳索吊起，绳索的末端有重 P_1 的重物。设 A、C 两点在同一铅垂线上，且 $AC = AB$，试求平衡时角 θ 的值。

解：选取杆 AB 为研究对象，作出受力图如图 2-14b 所示。其中，绳索的拉力 $F_T = P_1$。根据三力平衡汇交定理，固定铰支座 A 处的约束力 F_A 与 F_T、P 的作用线相交于同一点 O。

由几何关系知，$BO \perp AO$，$\angle DAO = \angle DOA = \theta/2$。选择图示投影轴，由平衡方程

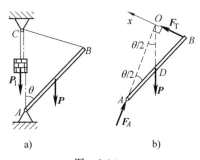

图 2-14

$\sum F_x = 0$，即得平衡时角 θ 的值为

$$\theta = 2\arcsin\frac{P_1}{P}$$

习题 2-14 如图 2-15a 所示，匀质杆 AB 重为 P、长为 $2l$，两端置于相互垂直的光滑斜面上，已知左斜面与水平成 α 角，试求平衡时杆 AB 的水平倾角 θ。

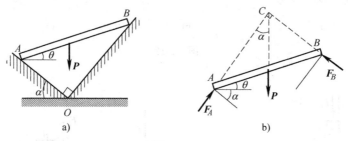

图 2-15

解：选取杆 AB 为研究对象，作出受力图如图 2-15b 所示。根据三力平衡汇交定理，光滑接触面 A、B 处的约束力 $\mathbf{F}_A$、$\mathbf{F}_B$ 与杆 AB 的重力 $\mathbf{P}$ 的作用线相交于同一点 C。

由图 2-15b 所示几何关系知，$BC \perp AC$，并有

$$\angle CAB = 90° - \theta - \alpha = \alpha$$

由上式即得平衡时杆 AB 的水平倾角为

$$\theta = 90° - 2\alpha$$

习题 2-15 如图 2-16a 所示，用一组绳悬挂一重 $P = 1\,\text{kN}$ 的物体，试求各段绳的拉力。

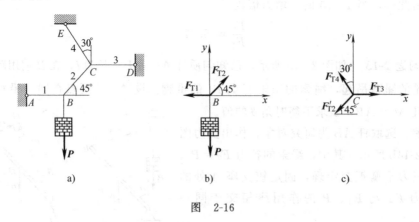

图 2-16

解：1）先选取节点 B 连同物体为研究对象，作出受力图如图 2-16b 所示。选取图示投影轴系，列平衡方程，解得 1、2 两段绳的拉力分别为

$$F_{T1} = 1 \text{ kN}, \quad F_{T2} = 1.41 \text{ kN}$$

2）再选取节点 C 为研究对象，作出受力图如图 2-16c 所示。其中，F'_{T2} 与 F_{T2} 互为作用力与反作用力。

选取图示投影轴系，列平衡方程，解得 3、4 两段绳的拉力分别为

$$F_{T3} = 1.58 \text{ kN}, \quad F_{T4} = 1.15 \text{ kN}$$

习题 2-16　如图 2-17a 所示的液压夹紧机构，B、C、D、E 各处均为光滑铰链连接。已知液压缸压力 F，在图示位置机构平衡。若不计各构件自重，试求此时工件 H 所受到的压紧力。

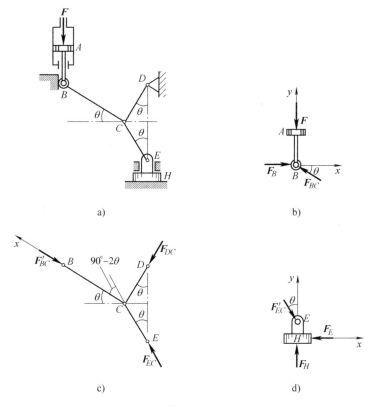

图　2-17

解：先选取活塞杆 AB 为研究对象，作出受力图如图 2-17b 所示。

选取图示投影轴系，由平衡方程 $\sum F_y = 0$，解得

$$F_{BC} = \frac{F}{\sin\theta}$$

再选取杆 BC、DC 和 EC 构成的分系统为研究对象，作出受力图如图 2-17c 所示。其中，F'_{BC} 与 F_{BC} 互为作用力与反作用力。

选取图示投影轴，由平衡方程 $\sum F_x = 0$，解得杆 EC 所受的力

$$F_{EC} = \frac{F}{2\sin^2\theta\cos\theta}$$

最后选取压块 E 与工件 H 为研究对象，作出受力图如图 2-17d 所示。其中，$\boldsymbol{F}'_{EC}$ 与 $\boldsymbol{F}_{EC}$ 互为作用力与反作用力。

选取图示投影轴，由平衡方程 $\sum F_y = 0$，解得工件 H 所受到的压紧力

$$F_H = \frac{F}{2\sin^2\theta}$$

第三章
力矩、力偶与平面力偶系

知 识 要 点

一、平面力矩

1. 平面力矩定义

若力 F 与点 O 位于同一平面内，则定义

$$M_O(F) = \pm Fd \tag{3-1}$$

为力 F 对点 O 的矩，简称力矩。其中，点 O 称为矩心；d 为矩心 O 至力 F 作用线的垂直距离，称为力臂。平面力矩为代数量，正负号表示力 F 使物体绕矩心 O 转动的方向，通常规定，力使物体绕矩心逆时针转动时为正，反之为负。

2. 合力矩定理

平面力系的合力 F_R 对平面内任意一点的矩等于各分力 F_i 对同一点的矩的代数和，即

$$M_O(F_R) = \sum M_O(F_i) \tag{3-2}$$

二、平面力偶与力偶矩

1. 力偶

作用于物体上一对大小相等、方向相反、作用线不相同的力称为一个力偶，用符号 (F, F') 表示。

2. 平面力偶矩

在平面内，定义

$$M = \pm Fd \tag{3-3}$$

为力偶 (F, F') 的矩，简称力偶矩。其中，d 为力偶中两个力作用线之间的垂直距离，称为力偶臂。平面力偶矩为代数量，正负号表示力偶在作用面内的转向，

通常规定逆时针转向为正，反之为负。

3. 力偶性质

1）力偶不能与一个力等效，也不能与一个力平衡。

2）组成力偶的两个力对其作用面内任一点的矩的代数和恒等于力偶矩，而与矩心位置无关。

3）作用于刚体同一平面内两个力偶等效的充分且必要条件为其力偶矩相等。

三、平面力偶系的合成

作用于物体同一平面内的一群力偶称为平面力偶系。

任一平面力偶系均可合成为一个合力偶；合力偶的矩 M 等于各分力偶的矩 M_i 的代数和，即

$$M = \sum M_i \tag{3-4}$$

四、平面力偶系的平衡方程

$$\sum M_i = 0 \tag{3-5}$$

注意：平面力偶系的独立的平衡方程数目为1，故在求解平面力偶系的平衡问题时，只能求解1个未知量。

解 题 方 法

本章习题的主要类型是求解平面力偶系的平衡问题。求解平面力偶系平衡问题的步骤和要点与用解析法求解平面汇交力系的平衡问题类似（详见第二章），此外，还需特别注意以下几点：

1）根据力偶性质，力偶只能与力偶平衡，由此并根据力偶的定义，可以确定某些未知约束力的方向和大小。

2）平面力偶系的平衡方程为力偶矩形式。

3）平面力偶系的独立的平衡方程数目为1，故在求解平面力偶系的平衡问题时，只能求解1个未知量。

习 题 解 答

习题 3-1 （略）

习题 3-2 如图 3-1 所示，试分别计算力 F 对点 A 和点 B 的矩。

解：由于相应力臂不明显，故先将力 F 分解为两个正交分力 F_x 与 F_y，然

后利用合力矩定理来计算力 F 对点 A 和点 B 的矩，即得

$$M_A(\boldsymbol{F}) = M_A(\boldsymbol{F}_x) + M_A(\boldsymbol{F}_y) = -F_x b + 0 = -Fb\cos\theta$$

$$M_B(\boldsymbol{F}) = M_B(\boldsymbol{F}_x) + M_B(\boldsymbol{F}_y) = -F_x b + F_y a = F(-b\cos\theta + a\sin\theta)$$

习题 3-3 悬臂刚架如图 3-2 所示，已知力 $F_1 = 12$ kN，$F_2 = 6$ kN，试求 F_1 与 F_2 的合力 F_R 对点 A 的矩。

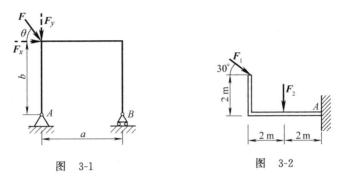

图 3-1   图 3-2

解：根据合力矩定理，得 F_1 与 F_2 的合力 F_R 对点 A 的矩

$$M_A(\boldsymbol{F}_R) = M_A(\boldsymbol{F}_1) + M_A(\boldsymbol{F}_2) = 15.22 \text{ kN} \cdot \text{m}$$

习题 3-4 已知梁 AB 上作用一矩为 M 的力偶，梁长为 l。若不计梁自重，试求在图 3-3a、b 两种情况下，铰支座 A 和 B 处的约束力。

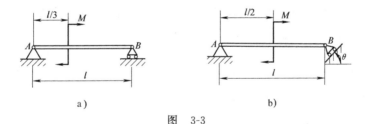

a)   b)

图 3-3

解：(a) 选取图 3-3a 中梁 AB 为研究对象，作出受力图如图 3-4a 所示。铰支座 A、B 处的约束力 $\boldsymbol{F}_A$、$\boldsymbol{F}_B$ 构成一个力偶。由平面力偶系平衡方程，解得

$$F_A = F_B = \frac{M}{l}。$$

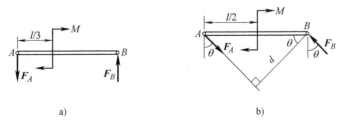

a)   b)

图 3-4

（b）选取图 3-3b 中梁 AB 为研究对象，作出受力图如图 3-4b 所示。同理，解得铰支座 A、B 处的约束力 $F_A = F_B = \dfrac{M}{l\cos\theta}$。

习题 3-5 已知直角折杆 AB 上作用一矩为 M 的力偶，不计折杆自重，试求在图 3-5a、b 两种情况下，铰支座 A、B 处的约束力。

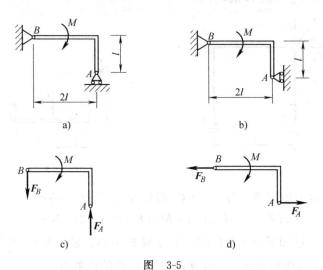

图　3-5

解：（a）以图 3-5a 中折杆 AB 为研究对象，作出受力图如图 3-5c 所示。由平面力偶系平衡方程，解得铰支座 A、B 处的约束力 $F_A = F_B = \dfrac{M}{2l}$。

（b）以图 3-5b 中折杆 AB 为研究对象，作出受力图如图 3-5d 所示。同理，解得铰支座 A、B 处的约束力 $F_A = F_B = \dfrac{M}{l}$。

习题 3-6 构架如图 3-6a 所示，已知 $F = F'$，若不计各杆自重，试求铰支座 C、D 处的约束力。

解：选取整体为研究对象，ED 为二力杆，先定出 D 处约束力 F_D 的方向；

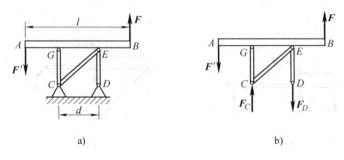

图　3-6

再根据力偶性质可知，C 处的约束力 $\boldsymbol{F}_C$ 必然与 $\boldsymbol{F}_D$ 大小相等、方向相反，构成一个力偶。作出受力图如图 3-6b 所示。由平面力偶系平衡方程，解得铰支座 C、D 处的约束力 $F_C = F_D = \dfrac{Fl}{d}$。

习题 3-7　如图 3-7a 所示，已知两齿轮的半径分别为 r_1、r_2，作用于主动轮 I 上的驱动力偶矩为 M_1，齿轮的压力角为 θ（压力角为啮合力与切线间的夹角）。若不计齿轮自重，试求使两齿轮维持匀速转动时作用于从动轮 II 上的阻力偶矩 M_2 以及轴 O_1、O_2 处的约束力。

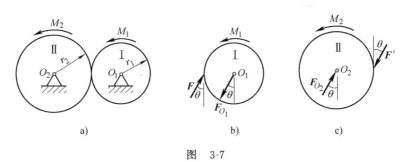

图　3-7

解：先选取主动轮 I 为研究对象，根据压力角 θ，可定出啮合力 $\boldsymbol{F}$ 的方向。再根据力偶性质，轴 O_1 的约束力 $\boldsymbol{F}_{O_1}$ 必然与 $\boldsymbol{F}$ 大小相等、方向相反，构成一个力偶，其受力图如图 3-7b 所示。由平面力偶系的平衡方程，解得啮合力与轴 O_1 处的约束力 $F = F_{O_1} = \dfrac{M_1}{r_1 \cos\theta}$。

再选取从动轮 II 为研究对象，作出受力图如图 3-7c 所示。其中，$\boldsymbol{F}'$ 与 $\boldsymbol{F}$ 互为作用力与反作用力。同理，解得轴 O_2 处的约束力以及齿轮 II 上的阻力偶矩分别为

$$F_{O_2} = F' = F = \frac{M_1}{r_1 \cos\theta}, \quad M_2 = \frac{r_2}{r_1} M_1$$

习题 3-8　支架如图 3-8a 所示，已知 $CB = 0.8\,\text{m}$；作用于横杆 CD 上的两个力偶矩的大小分别为 $M_1 = 0.2\,\text{kN} \cdot \text{m}$、$M_2 = 0.5\,\text{kN} \cdot \text{m}$。不计各杆自重，试

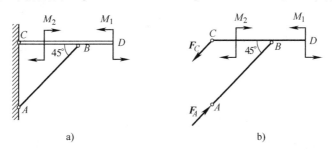

图　3-8

求铰支座 A、C 处的约束力。

解：选取支架整体为研究对象，作出受力图如图 3-8b 所示。由平面力偶系平衡方程，解得铰支座 A、C 处的约束力 $F_A = F_C = 0.53$ kN。

习题 3-9 如图 3-9a 所示，三铰刚架的 AC 部分上作用有矩为 M 的力偶。已知刚架两部分的直角边成正比，即 $a:b = c:a$。若不计刚架自重，试求铰支座 A、B 处的约束力。

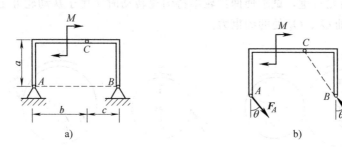

图 3-9

解：选取刚架整体为研究对象，BC 为二力构件，可先定出铰支座 B 处约束力 F_B 的方向。再根据力偶性质，铰支座 A 处约束力 F_A 必然与 F_B 大小相等、方向相反，构成一个力偶。作出受力图如图 3-9b 所示。由平面力偶系的平衡方程，解得铰支座 A、B 处的约束力

$$F_A = F_B = \frac{M}{\sqrt{a^2 + b^2}}$$

习题 3-10 四杆机构 $OABO_1$ 在图 3-10a 所示位置平衡，已知 $AO = 40$ cm、$BO_1 = 60$ cm，作用在杆 AO 上的力偶矩 $M_1 = 1$ N·m。若各杆自重不计，试求作用在杆 BO_1 上的力偶矩 M_2 以及杆 AB 所受的力。

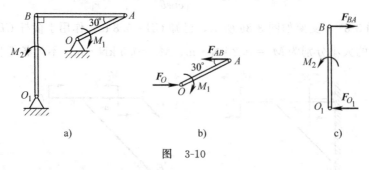

图 3-10

解：先选取杆 AO 为研究对象，由于 AB 为二力杆，故可定出 A 处约束力 F_{AB} 的方向。再根据力偶性质，固定铰支座 O 处的约束力 F_O 必然与 F_{AB} 大小相等、方向相反，构成一个力偶。作出受力图如图 3-10b 所示。由平面力偶系的平

衡方程，解得 $F_{AB}=5\,\text{N}$。

杆 AB 在 A 端的受力与 $\boldsymbol{F}_{AB}$ 互为作用力与反作用力，所以杆 AB 受到大小为 5N 的拉力作用。

再选取杆 BO_1 为研究对象，作出受力图如图 3-10c 所示，其中 $F_{BA}=F_{AB}=5\,\text{N}$。由平面力偶系平衡方程，解得作用在杆 BO_1 上的力偶矩 $M_2=3\,\text{N}\cdot\text{m}$。

习题 3-11 图 3-11a 所示结构，在构件 BC 上作用一矩为 M 的力偶，若不计各构件自重，试求铰支座 A 处的约束力。

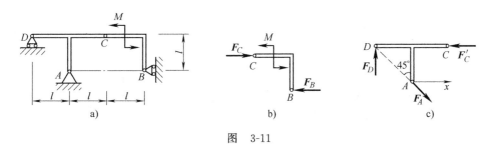

图 3-11

解： 先选取构件 BC 为研究对象，作出受力图如图 3-11b 所示。由平面力偶系平衡方程，解得 $F_C=\dfrac{M}{l}$。

再选取构件 ADC 为研究对象，作出受力图如图 3-11c 所示，其中，$\boldsymbol{F}_C'$ 与 $\boldsymbol{F}_C$ 互为作用力与反作用力。由平衡方程 $\sum F_x=0$，解得铰支座 A 处的约束力 $F_A=\sqrt{2}\,\dfrac{M}{l}$。

习题 3-12 在图 3-12a 所示机构中，曲柄 AO 上作用一矩为 M 的力偶，另在滑块 D 上作用一水平力 F，机构在图示位置平衡。若不计摩擦与各杆自重，试求 F 与 M 之间的关系。

解： 先选取曲柄 AO 为研究对象，AB 为二力杆，并根据力偶性质，作出受力图如图 3-12b 所示。由平面力偶系平衡方程，解得 $F_A=\dfrac{M}{a\cos\theta}$。

再选取 AB、CB、DB 三杆组合为研究对象，作出受力图如图 3-12c 所示。其中，$\boldsymbol{F}_A'$ 与 $\boldsymbol{F}_A$ 互为作用力与反作用力。由平衡方程 $\sum F_y=0$，解得 $F_D=\dfrac{M}{a\tan2\theta\cos\theta}$。

最后选取滑块 D 为研究对象，作出受力图如图 3-12d 所示。其中，$\boldsymbol{F}_D'$ 与 $\boldsymbol{F}_D$ 互为作用力与反作用力。由平衡方程 $\sum F_x=0$，即得 F 与 M 之间的关系为

$$F=\frac{M}{a\tan2\theta}$$

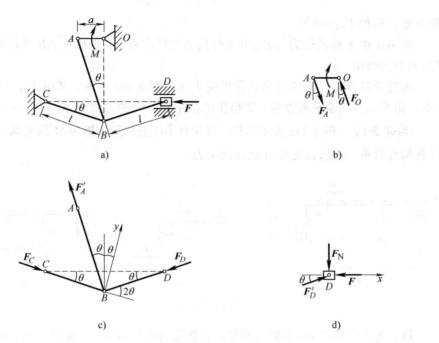

图　3-12

第四章
平面任意力系

知 识 要 点

一、基本概念

1. 平面任意力系

力系中各力的作用线在同一平面内任意分布。

2. 平面平行力系

力系中各力的作用线在同一平面内且相互平行。

3. 力的平移定理

作用于刚体上的力可以等效地平行移动至刚体上任一指定点，但必须在该力与指定点所在平面内附加一力偶，该附加力偶的矩等于原力对指定点的矩。

4. 静定与超静定问题

在求解平衡问题时，若未知量的数目不大于所能列出的独立平衡方程的数目，则所有的未知量都能由平衡方程求出，这样的问题称为静定问题；反之，若未知量的数目大于所能列出的独立平衡方程的数目，则未知量就不能全部由平衡方程求出，这类问题称为超静定问题或静不定问题。

二、平面任意力系的简化与合成

1. 平面任意力系向其作用面内任一点的简化·主矢与主矩

平面任意力系向其作用面内任一点 O 简化，一般可得一个力和一个力偶。这个力的作用线通过简化中心 O，其力矢 F'_R 称为该力系的主矢；这个力偶的矩 M_O 称为该力系对简化中心 O 的主矩。

2. 主矢的确定

主矢 F'_R 等于力系中各力矢 F_i 的矢量和，即

$$F'_R = \sum F_i \tag{4-1}$$

主矢的大小

$$F'_R = \sqrt{F'^2_{Rx} + F'^2_{Ry}} = \sqrt{\left(\sum F_{ix}\right)^2 + \left(\sum F_{iy}\right)^2} \tag{4-2}$$

主矢的方向余弦

$$\cos\alpha = \frac{F'_{Rx}}{F'_R} = \frac{\sum F_{ix}}{F'_R}, \quad \cos\beta = \frac{F'_{Ry}}{F'_R} = \frac{\sum F_{iy}}{F'_R} \tag{4-3}$$

主矢与简化中心的位置无关。

3. 主矩的确定

主矩 M_O 等于力系中各力 $\boldsymbol{F}_i$ 对简化中心 O 的矩的代数和，即

$$M_O = \sum M_O(\boldsymbol{F}_i) \tag{4-4}$$

主矩一般与简化中心的位置有关。

4. 平面任意力系简化结果的讨论

1）主矢 $F'_R = 0$ 且主矩 $M_O = 0$，则力系平衡。

2）主矢 $F'_R = 0$ 但主矩 $M_O \neq 0$，则力系合成为一个力偶。此时的主矩即为合力偶矩，与简化中心的位置无关。

3）主矢 $F'_R \neq 0$ 但主矩 $M_O = 0$，则力系合成为一个作用线通过简化中心 O 的力。此时的主矢即为合力矢。

4）主矢 $F'_R \neq 0$ 且主矩 $M_O \neq 0$，则力系合成为一个作用线不通过简化中心 O 的力。此时的主矢即为合力矢，简化中心 O 至合力作用线的垂直距离为

$$d = \frac{|M_O|}{F'_R} \tag{4-5}$$

5. 分布载荷的合成

分布载荷 $\boldsymbol{q}$ 可合成为一个力 $\boldsymbol{F}_q$。合力 $\boldsymbol{F}_q$ 的方向与分布载荷 $\boldsymbol{q}$ 的方向相同；大小等于分布载荷曲线下几何图形的面积；作用线通过分布载荷曲线下几何图形的形心。

三、平面任意力系的平衡方程

1. 基本形式·二投影一力矩式

$$\left.\begin{array}{l} \sum F_{ix} = 0 \\ \sum F_{iy} = 0 \\ \sum M_O(\boldsymbol{F}_i) = 0 \end{array}\right\} \tag{4-6}$$

2. 一投影二力矩式

$$\left.\begin{array}{l} \sum F_{ix} = 0 \\ \sum M_A(\boldsymbol{F}_i) = 0 \\ \sum M_B(\boldsymbol{F}_i) = 0 \end{array}\right\} \tag{4-7}$$

其中，A、B 两点的连线不能垂直于 x 轴。

3. 三力矩式

$$\left.\begin{array}{l}\sum M_A(\boldsymbol{F}_i) = 0 \\ \sum M_B(\boldsymbol{F}_i) = 0 \\ \sum M_C(\boldsymbol{F}_i) = 0\end{array}\right\} \tag{4-8}$$

其中，A、B、C 三点不共线。

注意：由于平面任意力系的独立平衡方程数目为 3，故在求解平面任意力系的平衡问题时，最多只能求解 3 个未知量。

四、平面平行力系的平衡方程

1. 基本形式·一投影一力矩式

$$\left.\begin{array}{l}\sum F_{iy} = 0 \\ \sum M_O(\boldsymbol{F}_i) = 0\end{array}\right\} \tag{4-9}$$

其中，投影轴 y 与力系中各力平行。

2. 二力矩式

$$\left.\begin{array}{l}\sum M_A(\boldsymbol{F}_i) = 0 \\ \sum M_B(\boldsymbol{F}_i) = 0\end{array}\right\} \tag{4-10}$$

其中，A、B 两点的连线不平行于力系中各力。

注意：由于平面平行力系的独立平衡方程数目为 2，故在求解平面平行力系的平衡问题时，最多只能求解 2 个未知量。

解 题 方 法

本章习题主要有下列两种类型：

一、平面任意力系的简化与合成

在对平面任意力系进行简化与合成时，一般应遵循下列步骤：

（1）选取简化中心和直角坐标系

（2）确定主矢　根据式（4-2）和式（4-3），确定主矢的大小和方向。

（3）确定主矩　根据式（4-4），确定主矩。

（4）确定合成结果　对简化结果进行讨论，确定平面任意力系的最终合成结果。若主矢与主矩均不为零，则需根据式（4-5），确定合力作用线的位置。

注意："简化"是指用一个较为简单的力系，来等效替代一个较为复杂的力系；而"合成"则是指用一个力或一个力偶，来等效替代一个力系。两者概念不同，要注意区分。

二、求解平面任意力系的平衡问题

求解平面任意力系平衡问题的基本思路以及要点与求解其他力系的平衡问题相似，此外，还需特别注意以下几点：

(1) 研究对象的适当选取　研究对象既可以选取单个物体，也可以选取整体，还可以选取部分物体的组合。适当地选取研究对象，可以事半功倍，方便问题的求解。选取研究对象的基本原则详见第二章。

(2) 受力图的完整准确　受力图是分析计算的基础，不能出现任何差错，更不容许省略不画。作受力图的注意事项详见第一章。

(3) 静定与超静定问题的正确判断　不同的力系，其独立平衡方程的数目也是不同的。要使平衡问题获解，该问题必须是静定问题，即未知量的数目不大于该力系的独立平衡方程的数目。

(4) 投影轴与矩心的适当选取　在建立平衡方程时，应注意投影轴与矩心的适当选取，最好使一个平衡方程中只包含一个未知量，以避免求解联立方程组从而方便计算。为此，可选取与不需求的未知力作用线垂直的坐标轴为投影轴，选取不需求的未知力作用线的交点为矩心。

难 题 解 析

【例题 4-1】　在图 4-1a 所示构架中，P、l、R 为已知，若不计构件自重，试求固定端 A 处的约束力。

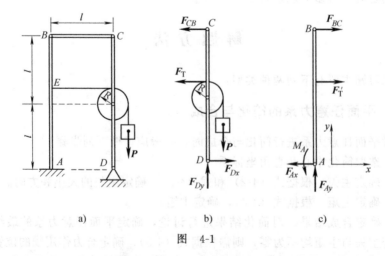

图 4-1

解：先选取杆 CD、滑轮与重物的组合为研究对象，作出受力图如图 4-1b 所示。以点 D 为矩心，列平衡方程

$$\sum M_D(\boldsymbol{F}) = 0, \quad F_T(l+R) + F_{CB} \cdot 2l - PR = 0$$

式中，绳索拉力 $F_T = P$。解得

$$F_{CB} = -\frac{P}{2}$$

再选取杆 BA 为研究对象，作出受力图如图 4-1c 所示。BC 为二力杆，故有 $F_{BC} = F_{CB} = -\dfrac{P}{2}$；$\boldsymbol{F}'_T$ 与 $\boldsymbol{F}_T$ 互为作用力与反作用力，有 $F'_T = F_T = P$。这里只有三个未知力，可以全部求出。由平面任意力系平衡方程

$$\sum F_x = 0, \quad F_{BC} + F'_T - F_{Ax} = 0$$

$$\sum F_y = 0, \quad F_{Ay} = 0$$

$$\sum M_A(\boldsymbol{F}) = 0, \quad -F_{BC} \cdot 2l - F'_T(l+R) + M_A = 0$$

解得固定端 A 处的约束力

$$F_{Ax} = \frac{P}{2}, \quad F_{Ay} = 0, \quad M_A = PR$$

讨论：若先取整体为研究对象，则有 5 个未知力，1 个也无法求出。对于这类问题，一般应拆开研究。

【例题 4-2】 在图 4-2a 所示构架中，F_1、F_2、M、a 为已知，且 $M = F_1 a$。若不计构件自重，试求：（1）固定端 A 处的约束力；（2）销钉 B 对杆 AB 以及 T 形杆 BCE 的约束力。

解：先选取杆 CD 为研究对象，作出受力图如图 4-2b 所示。以点 D 为矩心，

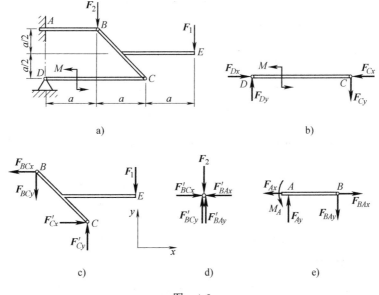

a)

b)

c)

d)

e)

图 4-2

列平衡方程

$$\sum M_D(\boldsymbol{F}) = 0, \quad -F_{Cy} \cdot 2a + M = 0$$

解得

$$F_{Cy} = \frac{M}{2a} (\downarrow)$$

然后选取 T 形杆 BCE 为研究对象，作出受力图如图 4-2c 所示。其中，$\boldsymbol{F}'_{Cx}$ 与 $\boldsymbol{F}_{Cx}$、$\boldsymbol{F}'_{Cy}$ 与 $\boldsymbol{F}_{Cy}$ 互为作用力与反作用力，有 $F'_{Cy} = F_{Cy} = \dfrac{M}{2a}$。这里只有三个未知量，可以全部求出。由平面任意力系平衡方程

$$\sum F_x = 0, \quad F'_{Cx} - F_{BCx} = 0$$

$$\sum F_y = 0, \quad F'_{Cy} - F_{BCy} - F_1 = 0$$

$$\sum M_B(\boldsymbol{F}) = 0, \quad F'_{Cy}a + F'_{Cx}a - F_1 \cdot 2a = 0$$

解得销钉 B 对 T 形杆 BCE 的约束力以及销钉 C 处的约束力分别为

$$F_{BCx} = \frac{3}{2}F_1 (\leftarrow), \quad F_{BCy} = -\frac{1}{2}F_1 (\uparrow), \quad F'_{Cx} = \frac{3}{2}F_1 (\rightarrow)$$

再选取销钉 B 为研究对象，作出受力图如图 4-2d 所示。其中，$\boldsymbol{F}'_{BCx}$ 与 $\boldsymbol{F}_{BCx}$、$\boldsymbol{F}'_{BCy}$ 与 $\boldsymbol{F}_{BCy}$ 互为作用力与反作用力，有 $F'_{BCx} = F_{BCx} = \dfrac{3}{2}F_1$、$F'_{BCy} = F_{BCy} = -\dfrac{1}{2}F_1$。由平面汇交力系平衡方程

$$\sum F_x = 0, \quad F'_{BCx} - F'_{BAx} = 0$$

$$\sum F_y = 0, \quad F'_{BCy} + F'_{BAy} - F_2 = 0$$

解得杆 AB 对销钉 B 的作用力

$$F'_{BAx} = \frac{3}{2}F_1 (\leftarrow), \quad F'_{BAy} = F_2 + \frac{1}{2}F_1 (\uparrow)$$

根据作用力与反作用力定律，即得销钉 B 对杆 AB 的约束力（见图 4-2e）

$$F_{BAx} = \frac{3}{2}F_1 (\rightarrow), \quad F_{BAy} = F_2 + \frac{1}{2}F_1 (\downarrow)$$

最后选取杆 AB 为研究对象，作出受力图如图 4-2e 所示。由平面任意力系平衡方程

$$\sum F_x = 0, \quad F_{BAx} - F_{Ax} = 0$$

$$\sum F_y = 0, \quad -F_{BAy} + F_{Ay} = 0$$

$$\sum M_A(\boldsymbol{F}) = 0, \quad -F_{BAy}a + M_A = 0$$

解得固定端 A 处的约束力

$$F_{Ax} = \frac{3}{2}F_1 (\leftarrow), \quad F_{Ay} = F_2 + \frac{1}{2}F_1 (\uparrow), \quad M_A = \left(F_2 + \frac{1}{2}F_1\right)a (逆时针)$$

注意：如本例题所示，当载荷作用于销钉上时，销钉对其所连接的两根杆件的约束力不可再视同为作用力与反作用力，这一点应引起读者注意。

习 题 解 答

习题 4-1 如图 4-3a 所示，在边长为 1 m 的正方形的四个顶点上，分别作用有 F_1、F_2、F_3、F_4 四个力，已知 $F_1 = 40$ N，$F_2 = 60$ N，$F_3 = 60$ N，$F_4 = 80$ N。试求：（1）力系向点 A 简化的结果；（2）力系的合成结果。

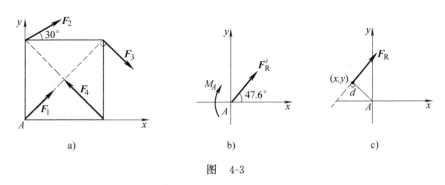

图 4-3

解：（1）力系向点 A 简化的结果为一个主矢和一个主矩。

主矢 F_R' 在 x 轴、y 轴上的投影分别为

$$F_{Rx}' = \sum F_x = 66.1 \text{ N}, \quad F_{Ry}' = \sum F_y = 72.4 \text{ N}$$

主矢 F_R' 的大小、方向余弦分别为

$$F_R' = \sqrt{F_{Rx}'^2 + F_{Ry}'^2} = 98.0 \text{ N}$$

$$\cos\alpha = \frac{F_{Rx}'}{F_R'} = 0.674, \quad \cos\beta = \frac{F_{Ry}'}{F_R'} = 0.739$$

主矢 F_R' 与 x 轴、y 轴正方向之间的夹角（见图 4-3b）分别为

$$\angle(F_R', i) = 47.6°, \quad \angle(F_R', j) = 42.4°$$

对点 A 的主矩

$$M_A = \sum M_A(F_i) = -80.2 \text{ N} \cdot \text{m}$$

为顺时针转向（见图 4-3b）。

（2）力系的合成结果为一个作用线不通过点 A 的合力。

合力 F_R 的大小、方向同主矢 F_R'。合力 F_R 作用线至点 A 的距离由式 (4-5) 得

$$d = \frac{|M_A|}{F_R'} = 0.818 \text{ m}$$

其位置如图 4-3c 所示。

习题 4-2 混凝土重力坝截面形状如图 4-4a 所示。已知 $P_1 = 450\ \text{kN}$，$P_2 = 200\ \text{kN}$，$F_1 = 300\ \text{kN}$，$F_2 = 70\ \text{kN}$。试求：（1）力系向点 O 简化的结果；（2）力系的合成结果。

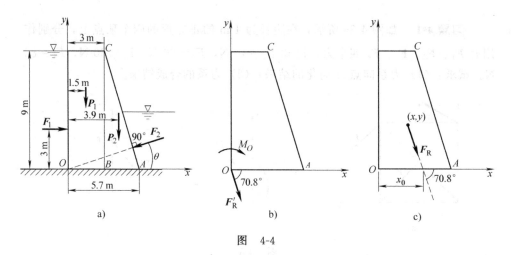

图　4-4

解：（1）力系向点 O 简化的结果为一个主矢和一个主矩。

主矢 $\boldsymbol{F}_R'$ 在 x 轴、y 轴上的投影分别为

$$F_{Rx}' = \sum F_x = 232.9\ \text{kN}, \qquad F_{Ry}' = \sum F_y = -670.1\ \text{kN}$$

主矢 $\boldsymbol{F}_R'$ 的大小、方向余弦分别为

$$F_R' = \sqrt{F_{Rx}'^2 + F_{Ry}'^2} = 709.4\ \text{kN}$$

$$\cos\alpha = \frac{F_{Rx}'}{F_R'} = 0.328, \qquad \cos\beta = \frac{F_{Ry}'}{F_R'} = -0.945$$

主矢 $\boldsymbol{F}_R'$ 与 x 轴、y 轴正方向之间的夹角（见图 4-4b）分别为

$$\angle(\boldsymbol{F}_{R,i}') = 70.8°, \qquad \angle(\boldsymbol{F}_{R,j}') = 160.8°$$

力系对点 O 的主矩

$$M_O = \sum M_O(\boldsymbol{F}_i) = -2355\ \text{kN} \cdot \text{m}$$

为顺时针转向（见图 4-4b）。

（2）力系的合成结果为一个作用线不通过点 O 的合力。

合力 $\boldsymbol{F}_R$ 的大小、方向同主矢 $\boldsymbol{F}_R'$。合力 $\boldsymbol{F}_R$ 作用线至点 O 的距离由式 (4-5) 得

$$d = \frac{|M_O|}{F_R'} = 3.32\ \text{m}$$

其位置如图 4-4c 所示。

习题 4-3　单跨梁的载荷及尺寸如图 4-5 所示，不计梁自重，试求梁各支座的约束力。

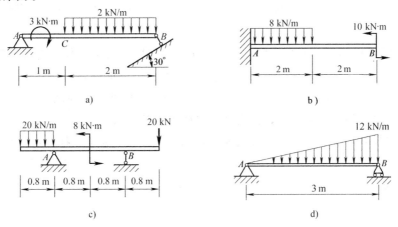

图　4-5

解：(a) 以图 4-5a 所示简支梁为研究对象，作出受力图如图 4-6a 所示。

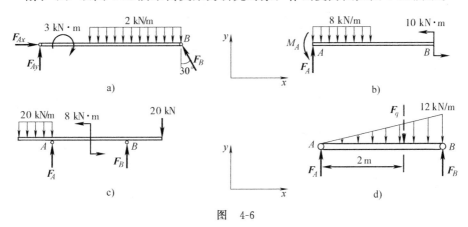

图　4-6

选取投影轴 x-y，并以点 A 为矩心，列平衡方程，解得梁的支座约束力为

$$F_{Ax} = 2.12 \text{ kN} (\rightarrow), \quad F_{Ay} = 0.33 \text{ kN} (\uparrow), \quad F_B = 4.23 \text{ kN} (\nwarrow)$$

(b) 以图 4-5b 所示悬臂梁为研究对象，作出受力图如图 4-6b 所示。

选取投影轴 x-y，并以点 A 为矩心，列平衡方程，解得梁的支座约束力为

$$F_A = 16 \text{ kN} (\uparrow), \quad M_A = 6 \text{ kN} \cdot \text{m} (逆时针)$$

(c) 以图 4-5c 所示外伸梁为研究对象，作出受力图如图 4-6c 所示。

选取投影轴 x-y，并以点 A 为矩心，列平衡方程，解得梁的支座约束力为

$$F_A = 15 \text{ kN} (\uparrow), \quad F_B = 21 \text{ kN} (\uparrow)$$

(d) 以图 4-5d 所示简支梁为研究对象，作出受力图如图 4-6d 所示。其中，

线性分布载荷的合力 $F_q = \dfrac{1}{2}ql = 18$ kN。

选取投影轴 x-y，并以点 A 为矩心，列平衡方程，解得梁的支座约束力为
$$F_A = 6 \text{ kN} (\uparrow), \quad F_B = 12 \text{ kN} (\uparrow)$$

习题 4-4 图 4-7a 所示露天厂房立柱的底部用混凝土砂浆与杯形基础固连在一起。已知吊车梁传来的铅垂载荷 $F = 60$ kN，风压集度 $q = 2$ kN/m，立柱自重 $P = 40$ kN，尺寸 $a = 0.5$ m，$h = 10$ m。试求立柱底部所受的约束力。

解：以立柱为研究对象，作出受力图如图 4-7b 所示。

选取投影轴 x-y，并以点 A 为矩心，列平衡方程，解得立柱底部的约束力
$$F_{Ax} = 20 \text{ kN} (\leftarrow), \quad F_{Ay} = 100 \text{ kN} (\uparrow), \quad M_A = 130 \text{ kN·m (逆时针)}$$

习题 4-5 立柱 AC 承受载荷如图 4-8a 所示，不计立柱自重，试求固定端 A 处的约束力。

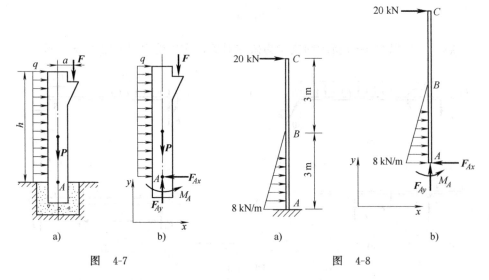

图 4-7　　　　　　　　　图 4-8

解：以立柱 AC 为研究对象，作出受力图如图 4-8b 所示。

选取投影轴 x-y，并以点 A 为矩心，列平衡方程，解得固定端 A 处的约束力
$$F_{Ax} = 32 \text{ kN} (\leftarrow), \quad F_{Ay} = 0, \quad M_A = 132 \text{ kN·m (逆时针)}$$

习题 4-6 试求图 4-9 所示各平面刚架支座的约束力，不计刚架自重，图中尺寸单位为 m。

解：（a）以图 4-9a 所示悬臂刚架为研究对象，作出受力图如图 4-10a 所示。

选取投影轴 x-y，并以点 A 为矩心，列平衡方程，解得支座 A 处的约束力
$$F_{Ax} = 0, \quad F_{Ay} = 17 \text{ kN} (\uparrow), \quad M_A = 33 \text{ kN·m (逆时针)}$$

（b）以图 4-9b 所示简支刚架为研究对象，作出受力图如图 4-10b 所示。

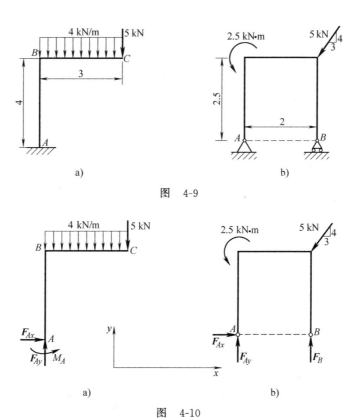

图 4-9

图 4-10

选取投影轴 x-y，并以点 A 为矩心，列平衡方程，解得支座 A、B 处的约束力分别为

$$F_{Ax} = 3 \text{ kN } (\rightarrow), \quad F_{Ay} = 5 \text{ kN } (\uparrow), \quad F_B = -1 \text{ kN } (\downarrow)$$

习题 4-7 匀质杆 AB 重 $P = 1$ kN，在图 4-11a 所示位置平衡，试求绳子的拉力和铰支座 A 处的约束力。

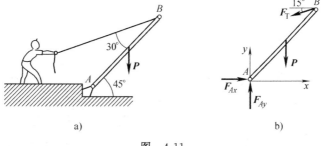

图 4-11

解：选取杆 AB 为研究对象，作出受力图如图 4-11b 所示。

选取投影轴 x-y，并以点 A 为矩心，令杆长为 l，列平衡方程，解得绳子的

拉力和铰支座 A 处的约束力分别为

$$F_T = 0.707 \text{ kN}, \quad F_{Ax} = 0.683 \text{ kN} (\rightarrow), \quad F_{Ay} = 1.183 \text{ kN} (\uparrow)$$

习题 4-8 图 4-12a 所示匀质杆 AO 重为 P，长为 l，放在宽度为 b（$b<l/2$）的光滑槽内。试求杆在平衡时的水平倾角 α。

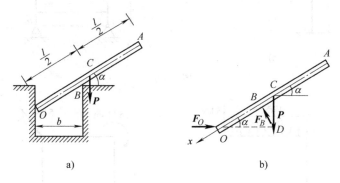

图　4-12

解：以杆 AO 为研究对象，作出受力图如图 4-12b 所示，O、B 处的约束力 F_O、F_B 与杆的重力 P 三力的作用线相交于点 D。

方法一：根据图 4-12b 所示几何关系，有

$$CB = \frac{l}{2} - OB = \frac{l}{2} - \frac{b}{\cos\alpha} = CD\sin\alpha = \frac{l}{2}\sin^2\alpha$$

解得杆在平衡时的水平倾角

$$\alpha = \arccos\left[\left(\frac{2b}{l}\right)^{1/3}\right]$$

方法二：选取投影轴 x 与杆的轴线重合，并以点 B 为矩心，列平衡方程

$$\sum M_B(F) = 0, \quad -P\cos\alpha \cdot \left(\frac{l}{2} - \frac{b}{\cos\alpha}\right) + F_O \cdot b\tan\alpha = 0$$

$$\sum F_x = 0, \quad P\sin\alpha - F_O\cos\alpha = 0$$

联立解之，得杆在平衡时的水平倾角

$$\alpha = \arccos\left[\left(\frac{2b}{l}\right)^{1/3}\right]$$

习题 4-9 如图 4-13 所示，已知液压式汽车起重机固定部分（包括汽车）的总重 $P_1 = 60$ kN，旋转部分的总重 $P_2 = 20$ kN；几何尺寸 $a = 1.4$ m，$b = 0.4$ m，$l_1 = 1.85$ m，$l_2 = 1.4$ m。试求：（1）当 $R =$

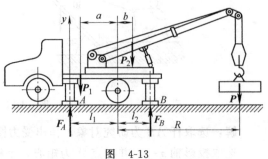

图　4-13

3 m，起吊重量 $P = 50$ kN 时，支撑腿 A、B 所受到的地面的支承力；（2）当 $R = 5$ m时，为了保证起重机不致翻倒，问最大起吊重量为多少？

解：选取汽车起重机整体为研究对象，作出受力图如图 4-13 所示。

（1）选取投影轴 y，并以点 A 为矩心，由平衡方程 $\sum F_y = 0$、$\sum M_A(\boldsymbol{F}) = 0$，解得支撑腿 A、B 所受到的地面的支承力分别为

$$F_A = 33.2 \text{ kN } (\uparrow), \quad F_B = 96.8 \text{ kN } (\uparrow)$$

（2）当 $R = 5$ m 时，为了保证起重机不致绕点 B 翻倒，必须满足 $F_A \geqslant 0$。

以点 B 为矩心，由平衡方程 $\sum M_B(\boldsymbol{F}) = 0$，求得 F_A。再令 $F_A \geqslant 0$，即得

$$P \leqslant 52.2 \text{ kN}$$

故当 $R = 5$ m 时，为了保证起重机不致翻倒，最大起吊重量为

$$P_{\max} = 52.2 \text{ kN}$$

习题 4-10　图 4-14a 所示小型回转式起重机，已知 $P_1 = 10$ kN，$P_2 = 3.5$ kN。试求向心轴承 A 与止推轴承 B 处的约束力。

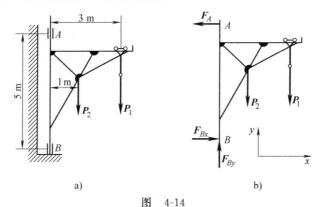

图　4-14

解：选取起重机整体为研究对象，作出受力图如图 4-14b 所示。

选取投影轴 x-y，并以点 B 为矩心，列平衡方程，解得向心轴承 A 与止推轴承 B 处的约束力分别为

$$F_A = 6.7 \text{ kN } (\leftarrow), \quad F_{Bx} = 6.7 \text{ kN } (\rightarrow), \quad F_{By} = 13.5 \text{ kN } (\uparrow)$$

习题 4-11　飞机起落架如图 4-15a 所示，A、B、C 处均为光滑铰链连接，杆 AO 垂直于 AB 连线。当飞机等速直线滑行时，地面作用于轮上的铅直正压力 $F_N = 30$ kN。若不计摩擦和各杆自重，试求铰链 A、B 处的约束力。

解：选取起落架整体为研究对象，作出受力图如图 4-15b 所示，其中 BC 为二力杆。

选取投影轴 x-y，并以点 B 为矩心，列平衡方程

$$\sum M_B(\boldsymbol{F}) = 0, \quad -F_N \cos 15° \cdot 500 - F_N \sin 15° \cdot 1200 + F_{Ay} \cdot 500 = 0$$

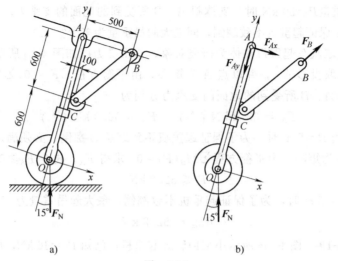

a)   b)

图　4-15

$$\sum F_x = 0, \quad -F_N \sin 15° + F_{Ax} + F_B \cdot \frac{400}{\sqrt{400^2 + 600^2}} = 0$$

$$\sum F_y = 0, \quad F_N \cos 15° - F_{Ay} + F_B \cdot \frac{600}{\sqrt{400^2 + 600^2}} = 0$$

解得铰链 A、B 处的约束力

$$F_{Ax} = -4.66 \text{ kN}, \quad F_{Ay} = 47.62 \text{ kN}, \quad F_B = 22.4 \text{ kN}$$

答案中的负号表示该力的实际方向与图示假设方向相反。

习题 4-12　如图 4-16a 所示，匀质球重 P，半径为 r，放在墙与杆 BC 之间。杆 BC 长为 l，与墙的夹角为 α，B 端用水平绳 AB 拉住。若不计摩擦和杆重，试求绳 AB 的拉力，并问 α 为何值时绳的拉力最小？

解：先选取球为研究对象，作出受力图如图 4-16b 所示。

选择投影轴 x-y，由平衡方程 $\sum F_y = 0$，得杆 BC 对球的约束力 $F_{N2} = \dfrac{P}{\sin\alpha}$。

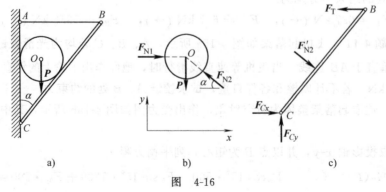

a)   b)   c)

图　4-16

再选取杆 BC 为研究对象，作出受力图如图 4-16c 所示，其中，$\boldsymbol{F}'_{\mathrm{N2}}$ 与 $\boldsymbol{F}_{\mathrm{N2}}$ 互为作用力与反作用力。

以点 C 为矩心，由平衡方程 $\sum M_C(\boldsymbol{F})=0$，解得绳索拉力

$$F_\mathrm{T} = \frac{Pr}{l\sin\alpha\cos\alpha\tan\dfrac{\alpha}{2}} = \frac{Pr}{l\cos\alpha(1-\cos\alpha)}$$

根据上式，由数学分析中的极值理论易得，当 $\alpha=\arccos\dfrac{1}{2}$ 时，绳的拉力最小，其最小值为 $F_{\mathrm{Tmin}}=\dfrac{4Pr}{l}$。

习题 4-13　如图 4-17a 所示，半径 $r=0.4$ m 的匀质圆柱体 O 重 $P=1000$ N，放在斜面上用撑架支承。不计架重和摩擦，试求铰支座 A、C 处的约束力。

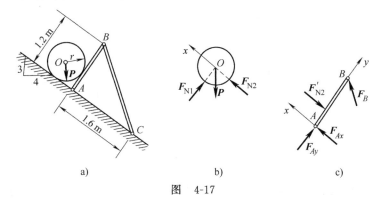

图　4-17

解：先选取圆柱体 O 为研究对象，作出受力图如图 4-17b 所示。

选取投影轴 x，由平衡方程 $\sum F_x=0$，得杆 AB 对圆柱体 O 的约束力

$$F_{\mathrm{N2}} = 600 \text{ N}$$

再选取杆 AB 为研究对象，作出受力图如图 4-17c 所示，其中，$\boldsymbol{F}'_{\mathrm{N2}}$ 与 $\boldsymbol{F}_{\mathrm{N2}}$ 互为作用力与反作用力。

选取投影轴 x-y，并以点 B 为矩心，列平衡方程，解得

$$F_{Ax} = 400 \text{ kN}, \quad F_{Ay} = -150 \text{ kN}, \quad F_B = 250 \text{ kN}$$

由于 BC 为二力杆，故铰支座 C 处的约束力

$$F_C = F_B = 250 \text{ kN}$$

答案中的负号表示该力的实际方向与图示假设方向相反。

习题 4-14　静定组合梁的载荷及尺寸如图 4-18 所示，图中尺寸单位为 m。若不计梁自重，试求梁各支座处的约束力。

解：（a）先选取图 4-18a 中的梁 BC 为研究对象，作出受力图如图 4-19a 所示。列平衡方程，解得活动铰支座 C 以及圆柱铰链 B 处的约束力分别为

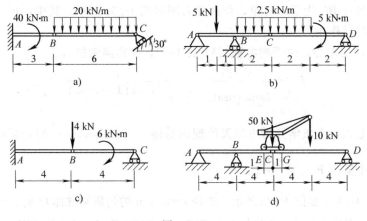

图　4-18

$$F_C = 69.3 \text{ kN}, \quad F_{Bx} = 34.6 \text{ kN}, \quad F_{By} = 60 \text{ kN}$$

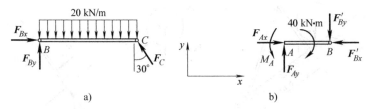

图　4-19

再选取图 4-18a 中的梁 AB 为研究对象，作出受力图如图 4-19b 所示。其中，根据作用力与反作用力的关系，$F'_{Bx} = F_{Bx} = 34.6 \text{ kN}$、$F'_{By} = F_{By} = 60 \text{ kN}$。列平衡方程，解得固定端 A 处的约束力

$$F_{Ax} = 34.6 \text{ kN}, \quad F_{Ay} = 60 \text{ kN}, \quad M_A = 220 \text{ kN} \cdot \text{m}$$

（b）先选取图 4-18b 中的梁 CD 为研究对象，作出受力图如图 4-20a 所示。列平衡方程，解得活动铰支座 D 以及圆柱铰链 C 处的约束力分别为

$$F_D = 2.5 \text{ kN}, \quad F_C = 2.5 \text{ kN}$$

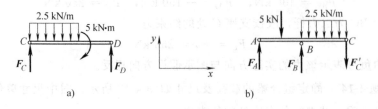

图　4-20

再选取图 4-18b 中的梁 AC 为研究对象，作出受力图如图 4-20b 所示。其中，根

据作用力与反作用力的关系，$F'_C = F_C = 2.5$ kN。列平衡方程，解得铰支座 A、B 处的约束力

$$F_A = -2.5 \text{ kN(反向)}, \quad F_B = 15 \text{ kN}$$

（c）先选取图 4-18c 中的梁 BC 为研究对象，作出受力图如图 4-21a 所示。由平衡方程 $\sum M_i = 0$，解得活动铰支座 C 以及圆柱铰链 B 处的约束力为

$$F_C = F_{BC} = 1.5 \text{ kN}$$

再选取图 4-18c 中的圆柱销钉 B 为研究对象，作出受力图如图 4-21b 所示。其中，根据作用力与反作用力的关系，$F'_{BC} = F_{BC} = 1.5$ kN。由平衡方程 $\sum F_y = 0$，解得梁 AB 对销钉 B 的约束力

$$F'_{BA} = 2.5 \text{ kN}$$

最后选取图 4-18c 中的梁 AB 为研究对象，作出受力图如图 4-21c 所示。其中，根据作用力与反作用力的关系，$F_{BA} = F'_{BA} = 2.5$ kN。列平衡方程，解得固定端 A 处的约束力

$$F_{Ax} = 0, \quad F_{Ay} = 2.5 \text{ kN}, \quad M_A = 10 \text{ kN} \cdot \text{m}$$

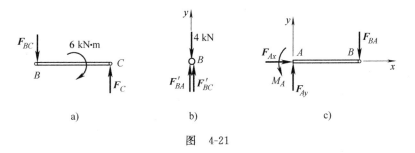

图 4-21

（d）首先选取图 4-18d 中的起重机为研究对象，作出受力图如图 4-22a 所示。列平衡方程，解得

$$F_G = 50 \text{ kN}, \quad F_E = 10 \text{ kN}$$

再选取图 4-18d 中的梁 CD 为研究对象，作出受力图如图 4-22b 所示。其中，根据作用力与反作用力的关系，$F'_G = F_G = 50$ kN。列平衡方程，解得活动铰支座 D 以及圆柱铰链 C 处的约束力分别为

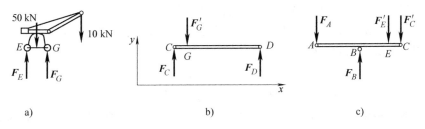

图 4-22

$$F_D = 6.25 \text{ kN}, \quad F_C = 43.75 \text{ kN}$$

最后选取图 4-18d 中的梁 AC 为研究对象，作出受力图如图 4-22c 所示。其中，根据作用力与反作用力的关系，$F_E' = F_E = 10 \text{ kN}$、$F_C' = F_C = 43.75 \text{ kN}$。列平衡方程，解得铰支座 A、B 处的约束力

$$F_A = 51.25 \text{ kN}, \quad F_B = 105 \text{ kN}$$

习题 4-15　三铰拱式组合屋架如图 4-23a 所示，若不计屋架自重，试求拉杆 AB 的受力以及铰链 C 处的约束力。

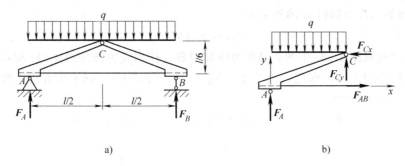

a) b)

图　4-23

解：先选取屋架整体为研究对象，作出受力图如图 4-23a 所示。这是对称性问题，显然支座约束力

$$F_A = F_B = \frac{1}{2} ql$$

再选取左半个屋架为研究对象，注意到 AB 为二力杆，作出受力图如图 4-23b 所示。

选取投影轴 x-y，并以点 C 为矩心，列平衡方程，解得拉杆 AB 的受力以及铰链 C 处的约束力分别为

$$F_{AB} = \frac{3}{4} ql \text{（拉力）}, \quad F_{Cx} = \frac{3}{4} ql, \quad F_{Cy} = 0$$

习题 4-16　平面刚架如图 4-24a 所示，已知 $q = 10 \text{ kN/m}$，$F = 50 \text{ kN}$。若不计刚架自重，试求支座 A、B、D 处的约束力。

解：先选取刚架 CD 为研究对象，作出受力图如图 4-24b 所示。以点 C 为矩心，列平衡方程 $\sum M_C(\boldsymbol{F}) = 0$，解得链杆 D 处的约束力

$$F_D = 15 \text{ kN} \ (\uparrow)$$

再选取刚架整体为研究对象，作出受力图如图 4-24c 所示。

选取投影轴 x-y，并以点 A 为矩心，列平衡方程，解得支座 A、B 处的约束力分别为

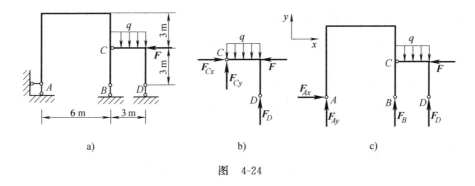

图　4-24

$$F_{Ax} = 50 \text{ kN } (\rightarrow), \quad F_{Ay} = 25 \text{ kN } (\uparrow), \quad F_B = -10 \text{ kN } (\downarrow)$$

习题 4-17　平面刚架所受载荷以及尺寸如图 4-25 所示，若不计刚架自重，试求铰支座 A、B 处的约束力。

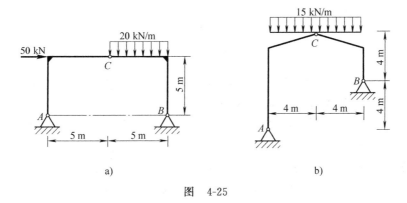

图　4-25

解：（a）首先选取图 4-25a 中的刚架整体为研究对象，作出受力图如图 4-26a 所示。这是平面任意力系，选取投影轴 x-y，并以点 A 为矩心，列出三个平衡方程。

再选取图 4-25a 中的刚架 AC 为研究对象，作出受力图如图 4-26b 所示。以

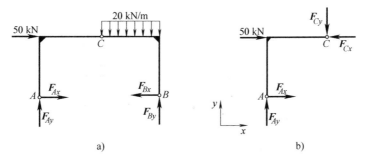

图　4-26

点 C 为矩心，列平衡方程 $\sum M_C(\boldsymbol{F})=0$。

联立求解上述四个平衡方程，即得铰支座 A、B 处的约束力分别为

$$F_{Ax}=0,\quad F_{Ay}=0,\quad F_{Bx}=50\text{ kN }(\leftarrow),\quad F_{By}=100\text{ kN }(\uparrow)$$

（b）首先选取图 4-25b 中的刚架整体为研究对象，作出受力图如图 4-27a 所示。这是平面任意力系，选取投影轴 x-y，并以点 A 为矩心，列出三个平衡方程。

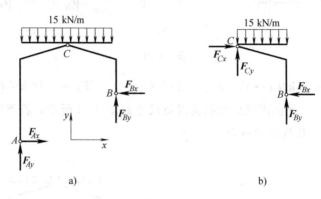

图 4-27

再选取图 4-25b 中的刚架 BC 为研究对象，作出受力图如图 4-27b 所示。以点 C 为矩心，列平衡方程 $\sum M_C(\boldsymbol{F})=0$。

联立求解上述四个平衡方程，即得铰支座 A、B 处的约束力分别为

$$F_{Ax}=20\text{ kN }(\rightarrow),\quad F_{Ay}=70\text{ kN }(\uparrow),\quad F_{Bx}=20\text{ kN }(\leftarrow),\quad F_{By}=50\text{ kN }(\uparrow)$$

习题 4-18 如图 4-28a 所示，人字梯的两部分 AB 和 AC 的长均为 l，在点 A 处铰接，在 D、E 两点用水平绳连接。梯子放在光滑的水平面上，其一边作用有铅直力 $\boldsymbol{F}$。如不计梯子自重，试求绳 DE 的拉力。

解： 先选取人字梯整体为研究对象，作出受力图如图 4-28a 所示。由平衡方程 $\sum M_C(\boldsymbol{F})=0$，解得 $F_B=\dfrac{a}{2l}F$。

再选取人字梯的 AB 部分为研究对象，作出受力图如图 4-28b 所示。由平衡

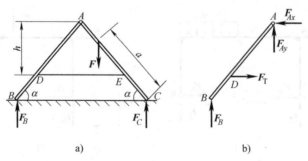

图 4-28

方程 $\sum M_A(\boldsymbol{F})=0$，即得绳 DE 的拉力

$$F_\mathrm{T} = \frac{Fa\cos\alpha}{2h}$$

习题 4-19 图 4-29a 所示结构，已知 $q=2\ \mathrm{kN/m}$，若不计各杆自重，试求 AC 和 BC 两杆受力。

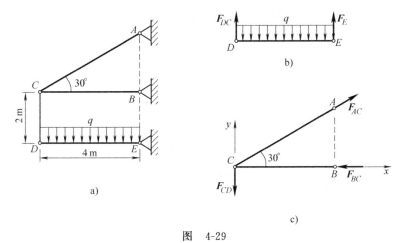

图 4-29

解：先选取杆 DE 为研究对象，作出受力图如图 4-29b 所示。由对称性易知

$$F_{DC} = F_E = 4\ \mathrm{kN}$$

再选取杆 AC 和杆 BC 的组合为研究对象，注意到 AC、BC、DC 三杆均为二力杆，作出受力图如图 4-29c 所示，其中，$F_{CD}=F_{DC}=4\ \mathrm{kN}$。

选取投影轴 $x\text{-}y$，列平衡方程，解得 AC 和 BC 两杆受力分别为

$$F_{AB} = 8\ \mathrm{kN}\,(\text{拉}), \quad F_{BC} = 4\sqrt{3}\ \mathrm{kN} = 6.93\ \mathrm{kN}\,(\text{压})$$

习题 4-20 图 4-30a 所示为火箭发动机实验台，发动机固定在实验台上，用测力计测得绳索拉力为 F_T，实验台和发动机共重 P。若不计杆 AC 和 BD 的重力，试求火箭推力 $\boldsymbol{F}$ 和杆 BD 所受的力。

解：先选取杆 AC 为研究对象，作出受力图如图 4-30b 所示。由平衡方程 $\sum M_C(\boldsymbol{F}_i)=0$，得

$$F_{Ax} = F_\mathrm{T}\frac{h}{H}$$

再选取实验台为研究对象，作出受力图如图 4-30c 所示，其中 $F'_{Ax}=F_{Ax}=F_\mathrm{T}\dfrac{h}{H}$。列平衡方程，解得

$$F = F_\mathrm{T}\frac{h}{H}, \quad F_{BD} = \frac{P}{2} + F_\mathrm{T}\frac{ha}{2bH}$$

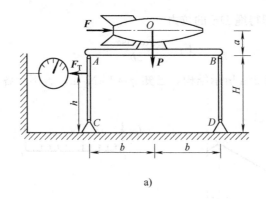

a)

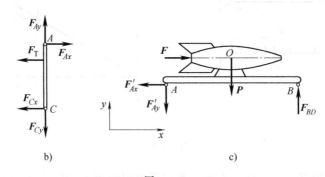

b)　　　　　　　　　c)

图 4-30

根据作用力与反作用力的关系可知，杆 BD 受到大小为 $\dfrac{P}{2}+F_{\mathrm{T}}\dfrac{ha}{2bH}$ 的压力。

习题 4-21　平面构架如图 4-31a 所示，已知两个相同滑轮的半径为 $l/6$，载荷 $P=6$ kN，若不计构架与滑轮自重，试求铰支座 A、C 处的约束力。

解：先选取构架整体为研究对象，作出受力图如图 4-31b 所示。这是平面任意力系，选取投影轴 x-y，并以点 A 为矩心，列出三个平衡方程。

再选取杆 CB 为研究对象，作出受力图如图 4-31c 所示，其中，绳拉力 $F_{\mathrm{T}}=P$。以点 B 为矩心，列平衡方程 $\sum M_B(\boldsymbol{F})=0$。

联立求解上述四个平衡方程，得铰支座 A、C 处的约束力分别为

$$F_{Ax}=7\text{ kN }(\leftarrow),\quad F_{Ay}=3\text{ kN }(\uparrow),\quad F_{Cx}=7\text{ kN }(\rightarrow),\quad F_{Cy}=3\text{ kN }(\uparrow)$$

习题 4-22　平面构架如图 4-32a 所示，物体重 $P=1200$ N，由细绳跨过滑轮 E 水平系在墙上。若不计杆与滑轮自重，试求支座 A、B 处的约束力以及杆 BC 所受的力。

解：先选取构架整体为研究对象，作出受力图如图 4-32b 所示。其中，绳拉力 $F_{\mathrm{T}}=P$。令滑轮半径为 r，列平衡方程，解得支座 A、B 处的约束力分别为

$$F_{Ax}=1200\text{ N }(\rightarrow),\quad F_{Ay}=150\text{ N }(\uparrow),\quad F_B=1050\text{ N }(\uparrow)$$

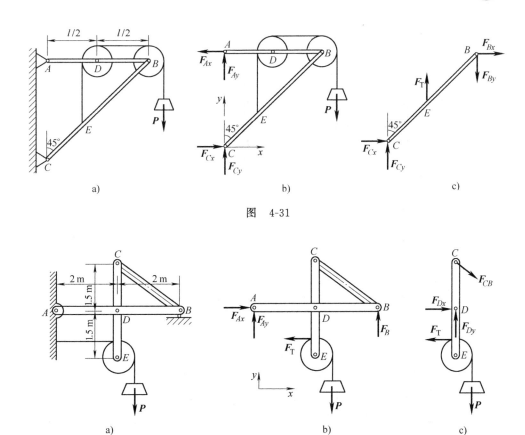

图　4-31

图　4-32

再选取杆 CE、滑轮与物体的组合为研究对象，作出受力图如图 4-32c 所示。以点 D 为矩心，列平衡方程 $\sum M_D(\boldsymbol{F})=0$，得

$$F_{CB}=-1500 \text{ N}$$

根据作用力与反作用力的关系可知，杆 BC 受到大小为 1500 N 的压力的作用。

习题 4-23　平面结构如图 4-33a 所示，已知 $F=10$ kN，$l_1=2$ m，$l_2=3$ m。若不计结构自重，试求杆 CD、EO 所受的力。

解：先选取杆 AE 为研究对象，注意到 CD、EO 均为二力杆，作出受力图如图 4-33b 所示。以点 A 为矩心，列平衡方程

$$\sum M_A(\boldsymbol{F})=0, \quad -F_{CD}l_1-F_{EO}\frac{l_2}{\sqrt{l_1^2+l_2^2}} \cdot 2l_1=0$$

再选取杆 BO 与销钉 O 的组合为研究对象，作出受力图如图 4-33c 所示。其中，$F_{DC}=F_{CD}$、$F_{OE}=F_{EO}$。以点 B 为矩心，列平衡方程

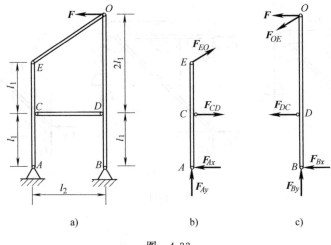

图 4-33

$$\sum M_B(\mathbf{F}) = 0, \quad -F_{DC}l_1 - F \cdot 3l_1 - F_{OE}\frac{l_2}{\sqrt{l_1^2 + l_2^2}} \cdot 3l_1 = 0$$

联立上述两式，解得

$$F_{CD} = 60.0\,\text{kN}, \quad F_{EO} = -36.1\,\text{kN}$$

根据作用力与反作用力之间的关系可知，杆 CD 受大小为 $60.0\,\text{kN}$ 的拉力作用，杆 EO 受大小为 $36.1\,\text{kN}$ 的压力作用。

习题 4-24　桁梁混合结构如图 4-34a 所示，已知 F、q、l。若不计结构自重，试求杆 1、2、3 所受的力。

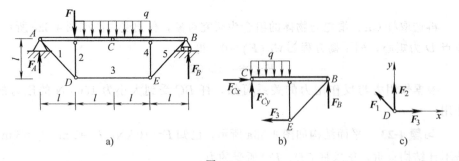

图 4-34

解：初选结构整体为研究对象，作出受力图如图 4-34a 所示。由平衡方程 $\sum M_A(\mathbf{F}) = 0$，得支座 B 处的约束力 $F_B = \dfrac{1}{4}F + ql$。

然后选结构的右半部分为研究对象，作出受力图如图 4-34b 所示。由平衡方程 $\sum M_C(\mathbf{F}) = 0$，得杆 3 所受的力

$$F_3 = \frac{1}{2}(3ql + F)\ (拉)$$

再选节点 D 为研究对象，作出受力图如图 4-34c 所示。选取投影轴 x-y，列平衡方程，得杆 1、2 所受的力分别为

$$F_1 = \frac{\sqrt{2}}{2}(3ql + F)\ (拉), \quad F_2 = -\frac{1}{2}(3ql + F)\ (压)$$

习题 4-25　铸工造型机翻台机构如图 4-35a 所示，已知 $CD = EO = h = 0.4\,\mathrm{m}$，$BD = b = 0.3\,\mathrm{m}$，$DO = l = 1\,\mathrm{m}$，且 $DO \perp EO$；翻台的重力 $P = 500\,\mathrm{N}$，重心在点 C；在图示位置，AB 铅直，CB 水平，$\varphi = 30°$。若不计构件自重，试求保持平衡的力 F 以及铰支座 A、O 与铰链 D 处的约束力。

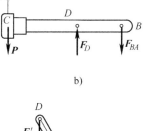

b)

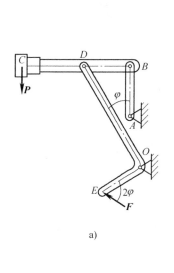

a)

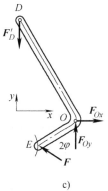

c)

图　4-35

解：先选取翻台 CB 为研究对象，作出受力图如图 4-35b 所示。列平衡方程，解得 D、B 处的约束力分别为

$$F_D = 1166.7\,\mathrm{N}\ (\uparrow), \quad F_{BA} = 666.7\,\mathrm{N}\ (\downarrow)$$

AB 为二力杆，故 A 处的约束力 $F_{AB} = F_{BA} = 666.7\,\mathrm{N}\ (\downarrow)$。

再选取构件 DOE 为研究对象，作出受力图如图 4-35c 所示，其中，$F_D' = F_D = 1166.7\,\mathrm{N}$。选取投影轴 x-y，并以点 O 为矩心，列平衡方程，解得保持平衡的力 F 以及铰支座 O 处的约束力分别为

$$F = 1684\,\mathrm{N}, \quad F_{Ox} = 1459\,\mathrm{N}\ (\rightarrow), \quad F_{Oy} = 325\,\mathrm{N}\ (\uparrow)$$

习题 4-26　平面构架如图 4-36a 所示，已知 F、q、l，$M=ql^2$。若不计各杆自重，试求支座 A、D 处的约束力。

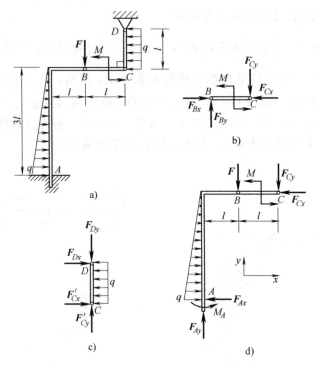

图　4-36

解：先选杆 BC 为研究对象，作出受力图如图 4-36b 所示。由平衡方程 $\sum M_B(\boldsymbol{F})=0$，得 $F_{Cy}=\dfrac{M}{l}=ql$。

然后选杆 DC 为研究对象，作出受力图如图 4-36c 所示，其中 $F'_{Cy}=F_{Cy}=ql$。根据对称性，易得支座 D 处的约束力

$$F_{Dx}=F'_{Cx}=\frac{1}{2}ql, \quad F_{Dy}=F'_{Cy}=ql$$

再选杆 AB 与杆 BC 的组合为研究对象，作出受力图如图 4-36d 所示，其中 $F_{Cx}=F'_{Cx}=\dfrac{1}{2}ql$。选取投影轴 $x\text{-}y$，并以点 A 为矩心，列平衡方程，解得支座 A 处的约束力

$$F_{Ax}=ql, \quad F_{Ay}=F+ql, \quad M_A=(F+ql)l$$

第五章
空 间 力 系

知 识 要 点

一、力在空间直角坐标轴上的投影

1. 直接投影法（一次投影法）

$$
\left.
\begin{array}{l}
F_x = F\cos\alpha \\
F_y = F\cos\beta \\
F_z = F\cos\gamma
\end{array}
\right\}
\tag{5-1}
$$

式中，α、β、γ 分别为力 $\boldsymbol{F}$ 与 x、y、z 轴正向间的夹角（见图 5-1a）。

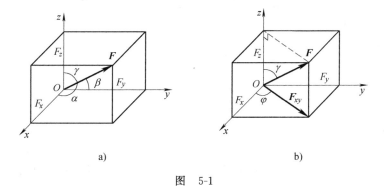

a) b)

图 5-1

2. 二次投影法

$$
\left.
\begin{array}{l}
F_x = F\sin\gamma\cos\varphi \\
F_y = F\sin\gamma\sin\varphi \\
F_z = F\cos\gamma
\end{array}
\right\}
\tag{5-2}
$$

式中，γ 为力 $\boldsymbol{F}$ 与 z 轴正向间的夹角；φ 为力 $\boldsymbol{F}$ 在 xOy 坐标平面上的投影 $\boldsymbol{F}_{xy}$ 与

x 轴正向间的夹角（见图 5-1b）。

二、力对轴的矩

1. 定义

力对轴的矩是对力使物体绕轴转动效应的度量，定义为力在垂直于轴的平面上的投影对该轴与此平面交点的矩，即

$$M_z(\boldsymbol{F}) = M_O(\boldsymbol{F}_{xy}) = \pm F_{xy}d \tag{5-3}$$

力对轴的矩为代数量，正负号由右手螺旋法则确定；或者从轴的正向往负向看去，逆时针转向为正，反之为负。

2. 解析算式

$$\left.\begin{array}{l} M_x(\boldsymbol{F}) = yF_z - zF_y \\ M_y(\boldsymbol{F}) = zF_x - xF_z \\ M_z(\boldsymbol{F}) = xF_y - yF_x \end{array}\right\} \tag{5-4}$$

式中，(x, y, z) 为力 $\boldsymbol{F}$ 作用点的坐标；F_x、F_y、F_z 分别为力 $\boldsymbol{F}$ 在 x、y、z 轴上的投影。

3. 合力矩定理

合力 $\boldsymbol{F}_R$ 对某一轴的矩就等于各分力 $\boldsymbol{F}_i$ 对同一轴的矩的代数和，即

$$M_z(\boldsymbol{F}_R) = \sum M_z(\boldsymbol{F}_i) \tag{5-5}$$

三、空间汇交力系的合成

空间汇交力系可以合成为一个作用线通过汇交点的合力，合力矢 $\boldsymbol{F}_R$ 等于各分力 $\boldsymbol{F}_i$ 的矢量和，即

$$\boldsymbol{F}_R = \sum_{i=1}^{n} \boldsymbol{F}_i \tag{5-6}$$

其大小

$$F_R = \sqrt{\left(\sum F_{ix}\right)^2 + \left(\sum F_{iy}\right)^2 + \left(\sum F_{iz}\right)^2} \tag{5-7}$$

方向余弦

$$\cos(\boldsymbol{F}_R, \boldsymbol{i}) = \frac{\sum F_{ix}}{F_R}, \quad \cos(\boldsymbol{F}_R, \boldsymbol{j}) = \frac{\sum F_{iy}}{F_R}, \quad \cos(\boldsymbol{F}_R, \boldsymbol{k}) = \frac{\sum F_{iz}}{F_R} \tag{5-8}$$

四、空间汇交力系的平衡方程

$$\left.\begin{array}{l} \sum F_{ix} = 0 \\ \sum F_{iy} = 0 \\ \sum F_{iz} = 0 \end{array}\right\} \tag{5-9}$$

注意：由于空间汇交力系的独立平衡方程数目为 3，故在求解空间汇交力系的平衡问题时，最多只能求解 3 个未知量。

五、空间平行力系的平衡方程

$$\left.\begin{array}{l} \sum F_{iz} = 0 \\ \sum M_x(\boldsymbol{F}_i) = 0 \\ \sum M_y(\boldsymbol{F}_i) = 0 \end{array}\right\} \qquad (5\text{-}10)$$

式中，z 轴与力系中各力平行。

注意：由于空间平行力系的独立平衡方程数目为 3，故在求解空间平行力系的平衡问题时，最多只能求解 3 个未知量。

六、空间任意力系的平衡方程

$$\left.\begin{array}{l} \sum F_{ix} = 0 \\ \sum F_{iy} = 0 \\ \sum F_{iz} = 0 \\ \sum M_x(\boldsymbol{F}_i) = 0 \\ \sum M_y(\boldsymbol{F}_i) = 0 \\ \sum M_z(\boldsymbol{F}_i) = 0 \end{array}\right\} \qquad (5\text{-}11)$$

注意：由于空间任意力系的独立平衡方程数目为 6，故在求解空间任意力系的平衡问题时，最多只能求解 6 个未知量。

解 题 方 法

本章习题的主要类型是求解空间力系的平衡问题。

求解空间力系平衡问题的基本思路以及要点与求解平面力系的平衡问题相似，此外，还需特别注意以下几点：

1）注意空间约束与平面约束的差异，在受力分析时，要正确表达空间约束的约束力。

2）要熟练掌握力在空间坐标轴上投影的两种计算方法，并会灵活运用。一般来说，当力与坐标轴的夹角已知时，可用一次投影法；否则，应采用二次投影法。

3）计算力对轴的矩有三种方法：根据定义式即式（5-3）计算；采用解析算式即式（5-4）计算；利用合力矩定理即式（5-5）计算。应熟练掌握，灵活运用。

4）当空间力系平衡时，它在任何平面上的投影力系也平衡。因此，可将空间力系投影到坐标平面上，转化为平面力系来进行计算。

5）当力与某轴相交或平行时，对该轴的矩为零。因此，在建立力矩式平衡方程时，应选取与尽可能多的未知力相交或平行的轴为矩轴，以简化计算。

6）空间力系独立的投影式平衡方程的数目不应超过 3 个，但独立的力矩式平衡方程的数目则可以超过 3 个。因此，在求解空间力系的平衡问题时，可用力矩式平衡方程来取代投影式平衡方程，以简化计算。

习 题 解 答

习题 5-1　如图 5-2 所示，水平圆盘的半径为 r，作用于其外缘 C 处的力 F 位于圆盘 C 处的切平面内，且与圆盘 C 处的切线夹角为 60°，其他尺寸如图所示。试求力 F 对 x、y、z 轴的矩。

解：力 F 在 x、y、z 轴上的投影为

$$F_x = F\cos 60°\cos 30°, \quad F_y = -F\cos 60°\sin 30°, \quad F_z = -F\sin 60°$$

力 F 的作用点 C 的坐标为

$$x = r\sin 30°, \quad y = r\cos 30°, \quad z = h$$

根据力对轴的矩的解析算式，即式（5-4），得 F 对 x、y、z 轴的矩分别为

$$M_x(\boldsymbol{F}) = yF_z - zF_y = \frac{F}{4}(h - 3r)$$

$$M_y(\boldsymbol{F}) = zF_x - xF_z = \frac{\sqrt{3}}{4}F(r + h)$$

$$M_z(\boldsymbol{F}) = xF_y - yF_x = -\frac{Fr}{2}$$

习题 5-2　如图 5-3 所示，在边长为 a 的正立方体的顶角 A 处，沿着对角线作用一力 F。试求力 F 在 x、y、z 三个坐标轴上的投影以及对 x、y、z 三个坐标轴的矩。

解：（1）计算投影

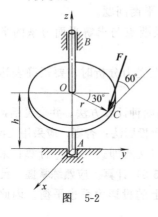

图　5-2

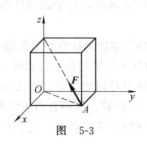

图　5-3

采用一次投影法，得 $\boldsymbol{F}$ 在 z 轴上的投影

$$F_z = F\frac{a}{\sqrt{a^2+a^2+a^2}} = \frac{\sqrt{3}}{3}F$$

采用二次投影法，得 $\boldsymbol{F}$ 在 x 轴、y 轴上的投影

$$F_x = -F\frac{\sqrt{a^2+a^2}}{\sqrt{a^2+a^2+a^2}}\sin 45° = -\frac{\sqrt{3}}{3}F$$

$$F_y = -F\frac{\sqrt{a^2+a^2}}{\sqrt{a^2+a^2+a^2}}\cos 45° = -\frac{\sqrt{3}}{3}F$$

（2）计算力矩　力 $\boldsymbol{F}$ 的作用点 A 的坐标为

$$x = a, \quad y = a, \quad z = 0$$

根据式（5-4），得力 $\boldsymbol{F}$ 对三个坐标轴的矩分别为

$$M_x(\boldsymbol{F}) = yF_z - zF_y = \frac{\sqrt{3}}{3}Fa$$

$$M_y(\boldsymbol{F}) = zF_x - xF_z = -\frac{\sqrt{3}}{3}Fa$$

$$M_z(\boldsymbol{F}) = xF_y - yF_x = 0$$

由于力 $\boldsymbol{F}$ 与 z 轴相交，故 $M_z(\boldsymbol{F}) = 0$ 亦可直接得出。

习题 5-3　图 5-4a 所示为一对称三角支架，已知 A、B、C 三点在半径 $r = 0.5\,\mathrm{m}$ 的圆周上，$l = 1\,\mathrm{m}$，在铰链 O 上作用一水平力 $F = 400\,\mathrm{N}$，该力与杆 AO 位于同一铅垂平面内。若不计各杆自重，试求三根杆所受的力。

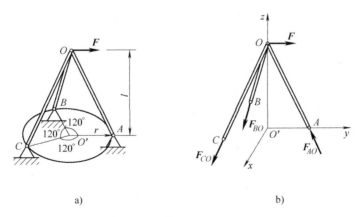

a)　　　　　　　　　b)

图　5-4

解：选取三角支架整体为研究对象，三根杆均为二力杆，作出受力图如图 5-4b 所示。这是空间汇交力系，建立图示坐标轴，列平衡方程

$$\sum F_x = 0, \quad F_{CO} \frac{r}{\sqrt{r^2 + l^2}} \sin 60° - F_{BO} \frac{r}{\sqrt{r^2 + l^2}} \sin 60° = 0$$

$$\sum F_y = 0, \quad F - F_{AO} \frac{r}{\sqrt{r^2 + l^2}} - F_{CO} \frac{r}{\sqrt{r^2 + l^2}} \cos 60° - F_{BO} \frac{r}{\sqrt{r^2 + l^2}} \cos 60° = 0$$

$$\sum F_z = 0, \quad F_{AO} \frac{l}{\sqrt{r^2 + l^2}} - F_{CO} \frac{l}{\sqrt{r^2 + l^2}} - F_{BO} \frac{l}{\sqrt{r^2 + l^2}} = 0$$

解方程，得三根杆所受的力分别为

$$F_{AO} = 596.28 \text{ N}（压）, \quad F_{BO} = F_{CO} = 298.14 \text{ N}（拉）$$

习题 5-4 在图 5-5a 所示起重装置中，已知 $AB = BC = AD = AE$，A、B、C、D、E 处均为铰链连接，$\triangle ABC$ 在 x-y 平面上的投影为 AG 线，AG 线与 y 轴的夹角为 θ，重物的重力为 $\boldsymbol{P}$。若不计杆件自重，试求各杆所受的力。

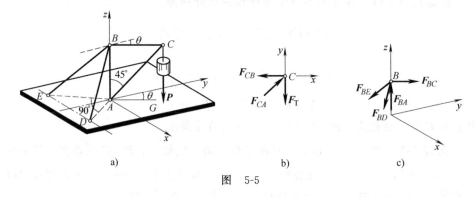

图 5-5

解：先选取节点 C 为研究对象，作出受力图如图 5-5b 所示，其中 $F_T = P$。这是平面汇交力系，列平衡方程，解得 AC、BC 两杆所受的力

$$F_{CA} = \sqrt{2}P, \quad F_{CB} = P$$

再选取节点 B 为研究对象，作出受力图如图 5-5c 所示，其中 $F_{BC} = F_{CB} = P$。这是空间汇交力系，列平衡方程

$$\sum F_x = 0, \quad F_{BC} \sin\theta + F_{BD} \cos 45° \sin 45° - F_{BE} \cos 45° \sin 45° = 0$$

$$\sum F_y = 0, \quad F_{BC} \cos\theta - F_{BD} \cos 45° \cos 45° - F_{BE} \cos 45° \cos 45° = 0$$

$$\sum F_z = 0, \quad F_{BA} - F_{BD} \sin 45° - F_{BE} \sin 45° = 0$$

解方程，得 BE、BD 与 BA 三杆所受的力分别为

$$F_{BE} = P(\cos\theta + \sin\theta), \quad F_{BD} = P(\cos\theta - \sin\theta), \quad F_{BA} = \sqrt{2}P\cos\theta$$

习题 5-5 如图 5-6 所示，三脚圆桌的半径 $r = 500$ mm，重 $P = 600$ N。圆桌的三脚 A、B、C 形成一等边三角形。若在中线 CD 上距圆心为 a 的点 E 处作用一铅直力 $F = 1500$ N，试求使圆桌不致翻倒的最大距离 a。

解：选取圆桌为研究对象，作出受力图如图 5-6 所示。当 a 为最大值时，圆桌处于绕 AB 轴翻倒前的临界状态，有 $F_C=0$。取矩轴 x 与 AB 重合，列平衡方程

$$\sum M_x(\boldsymbol{F})=0, \quad -P \cdot r\sin 30° + F(a - r\sin 30°)=0$$

解得使圆桌不致翻倒的最大距离

$$a = 350 \text{ mm}$$

习题 5-6 如图 5-7 所示，已知作用在曲柄脚踏板上的沿铅直方向的力 $F_1=300$ N；几何尺寸 $b=15$ cm，$h=9$ cm，$\varphi=30°$。试求沿铅直方向的拉力 $\boldsymbol{F}_2$ 以及径向轴承 A、B 处的约束力。

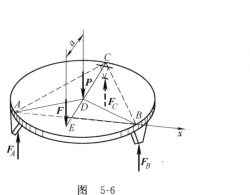

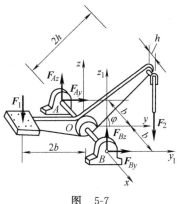

图 5-6   图 5-7

解：选取机构整体为研究对象，作出受力图如图 5-7 所示。这是空间任意力系，包含 5 个未知量，列 5 个有效平衡方程

$$\sum M_x(\boldsymbol{F})=0, \quad F_1 \cdot 2b - F_2 \cdot 2h\cos\varphi = 0$$

$$\sum M_{y_1}(\boldsymbol{F})=0, \quad -F_1 b - F_2(b-h) + F_{Az} \cdot 2b = 0$$

$$\sum M_{z_1}(\boldsymbol{F})=0, \quad -F_{Ay} \cdot 2b = 0$$

$$\sum F_y = 0, \quad F_{Ay} + F_{By} = 0$$

$$\sum F_z = 0, \quad -F_1 - F_2 + F_{Az} + F_{Bz} = 0$$

解得拉力 $\boldsymbol{F}_2$ 以及径向轴承 A、B 处的约束力分别为

$F_2 = 577.4$ N，$F_{Az} = 265.5$ N，$F_{Bz} = 611.9$ N，$F_{Ay} = 0$，$F_{By} = 0$

习题 5-7 如图 5-8 所示，作用于齿轮上的啮合力 F 推动带轮绕水平轴 AB 匀速转动。已知沿铅直方向的带的紧边拉力为 200 N、松边拉力为 100 N。试求啮合力 F 的大小以及径向轴承 A、B 处的约束力。

解：选取传动轴整体为研究对象，作出受力图如图 5-8 所示。这是空间任意力系，包含 5 个未知量，列 5 个有效平衡方程

$$\sum M_y(\boldsymbol{F}) = 0, \quad -200\text{N} \times 80 + 100\text{N} \times 80 + F\cos 20° \times 120 = 0$$

$$\sum M_x(\boldsymbol{F}) = 0, \quad -200\text{N} \times 100 - 100\text{N} \times 100 + F\sin 20° \times 250 - F_{Az} \times 350 = 0$$

$$\sum M_z(\boldsymbol{F}) = 0, \quad F\cos 20° \times 250 + F_{Ax} \times 350 = 0$$

$$\sum F_x = 0, \quad F_{Ax} + F_{Bx} + F\cos 20° = 0$$

$$\sum F_z = 0, \quad F_{Az} + F_{Bz} + 100\text{N} + 200\text{N} - F\sin 20° = 0$$

解得啮合力 $\boldsymbol{F}$ 的大小以及径向轴承 A、B 处的约束力分别为

$F = 70.9\,\text{N}$, $\quad F_{Az} = -68.4\,\text{N}$, $\quad F_{Ax} = -47.6\,\text{N}$, $\quad F_{Bz} = -207\,\text{N}$, $\quad F_{Bx} = -19.1\,\text{N}$

负号表示该力的实际方向与图示方向相反。

习题 5-8　图 5-9 所示传动轴，带轮 I 上的带沿铅直方向，松边拉力 F_2 与紧边拉力 F_1 之比为 $1:2$；带轮 II 上的带沿水平方向，松边拉力 P_2 与紧边拉力 P_1 之比为 $1:3$。已知 $P_2 = 2\,\text{kN}$，带轮 I 直径 $D_1 = 300\,\text{mm}$，带轮 II 直径 $D_2 = 150\,\text{mm}$，试求径向轴承 A、B 处的约束力。

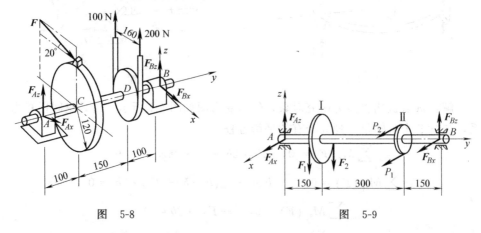

图　5-8　　　　　　　　　　　　图　5-9

解：选取传动轴整体为研究对象，作出受力图如图 5-9 所示。这是空间任意力系，列出 5 个有效平衡方程

$$\sum M_y(\boldsymbol{F}) = 0, \quad F_1 \times 150 - F_2 \times 150 - P_1 \times 75 + P_2 \times 75 = 0$$

$$\sum M_x(\boldsymbol{F}) = 0, \quad -F_1 \times 150 - F_2 \times 150 + F_{Bz} \times 600 = 0$$

$$\sum M_z(\boldsymbol{F}) = 0, \quad -P_1 \times 450 - P_2 \times 450 - F_{Bx} \times 600 = 0$$

$$\sum F_x = 0, \quad F_{Ax} + F_{Bx} + P_1 + P_2 = 0$$

$$\sum F_z = 0, \quad -F_1 - F_2 + F_{Az} + F_{Bz} = 0$$

并有 $F_2 : F_1 = 1:2$，$P_2 : P_1 = 1:3$，联立解之，得径向轴承 A、B 处的约束力

分别为

$$F_{Ax} = -2 \text{ kN}, \quad F_{Az} = 4.5 \text{ kN}, \quad F_{Bx} = -6 \text{ kN}, \quad F_{Bz} = 1.5 \text{ kN}$$

负号表示该力的实际方向与图示方向相反。

习题 5-9 如图 5-10a 所示，已知工件所受镗刀的切削力 $F_z = 500$ N、径向力 $F_x = 150$ N、轴向力 $F_y = 75$ N；刀尖位于 x-y 平面内，其坐标 $x = 75$ mm、$y = 200$ mm。若不计工件自重，试求被切削工件左端 O 固定处的约束力。

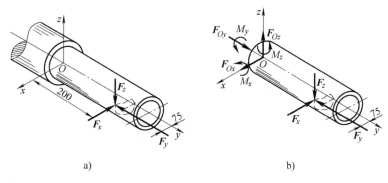

图 5-10

解：选取工件为研究对象，作出受力图如图 5-10b 所示。这是空间任意力系，包含 6 个未知量，列出 6 个平衡方程

$$\sum F_x = 0, \quad F_{Ox} - F_x = 0$$

$$\sum F_y = 0, \quad F_{Oy} - F_y = 0$$

$$\sum F_z = 0, \quad F_{Oz} - F_z = 0$$

$$\sum M_x(\boldsymbol{F}) = 0, \quad M_x - F_z \times 200 \text{ mm} = 0$$

$$\sum M_y(\boldsymbol{F}) = 0, \quad M_y + F_z \times 75 \text{ mm} = 0$$

$$\sum M_z(\boldsymbol{F}) = 0, \quad M_z + F_x \times 200 \text{ mm} - F_y \times 75 \text{ mm} = 0$$

解得被切削工件左端 O 固定处的约束力为

$$F_{Ox} = 150 \text{ N}, \quad F_{Oy} = 75 \text{ N}, \quad F_{Oz} = 500 \text{ N}$$

$$M_x = 100 \text{ N} \cdot \text{m}, \quad M_y = -37.5 \text{ N} \cdot \text{m}, \quad M_z = -24.4 \text{ N} \cdot \text{m}$$

负号表示该约束力偶矩的实际转向与图示转向相反。

习题 5-10 如图 5-11a 所示，边长为 a 的正方形板 $ABCD$ 用六根杆支撑在水平面内，在点 A 沿 AD 边作用一水平力 $\boldsymbol{F}$。若不计板及杆的自重，试求各杆所受的力。

解：选取正方形板为研究对象，作出受力图如图 5-11b 所示。这是空间任意

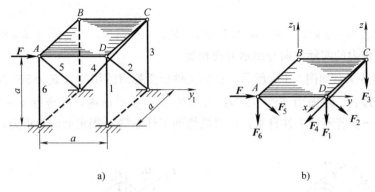

$$\text{图} \quad 5\text{-}11$$

力系，包含 6 个未知量，选取图示坐标轴（见图 5-11a、b），列出如下 6 个平衡方程

$$\sum M_z(\boldsymbol{F}) = 0, \quad Fa - F_5\cos 45° \cdot a = 0$$

$$\sum M_x(\boldsymbol{F}) = 0, \quad F_6 a + F_5\sin 45° \cdot a = 0$$

$$\sum M_{z_1}(\boldsymbol{F}) = 0, \quad Fa + F_2\cos 45° \cdot a = 0$$

$$\sum M_{y_1}(\boldsymbol{F}) = 0, \quad F_6 a + F_1 a = 0$$

$$\sum F_y = 0, \quad F - F_4\sin 45° = 0$$

$$\sum M_y(\boldsymbol{F}) = 0, \quad -F_3 a - F_4\cos 45° \cdot a = 0$$

解得各杆所受的力分别为

$$F_1 = F（拉）, \quad F_2 = -\sqrt{2}F（压）, \quad F_3 = -F（压）$$

$$F_4 = \sqrt{2}F（拉）, \quad F_5 = \sqrt{2}F（拉）, \quad F_6 = -F（压）$$

注意：本题在列平衡方程时，采用了一个投影式和五个力矩式，使得每个方程中只含有一个未知力，从而避免了求解联立方程组，简化了计算。

第六章
静力学专题

知 识 要 点

一、滑动摩擦

1. 滑动摩擦力

两个表面粗糙的物体相互接触，当接触处发生相对滑动趋势或相对滑动时，在接触处彼此作用有阻碍相对滑动趋势或相对滑动的阻力，这种阻力称为滑动摩擦力。滑动摩擦力又可分为三种情况：

（1）静摩擦力 接触处有相对滑动趋势，但尚未发生相对滑动，此时的滑动摩擦力称为静滑动摩擦力，简称静摩擦力，记作 F_s。

静摩擦力方向：沿接触面的切线与相对滑动趋势方向相反。

静摩擦力大小：由平衡方程确定。

（2）最大静摩擦力 接触处处于即将发生相对滑动的临界平衡状态，此时的静滑动摩擦力达到最大值，简称最大静摩擦力，记作 $F_{s\,max}$。

最大静摩擦力方向：沿接触面的切线与相对滑动趋势方向相反。

最大静摩擦力大小：由平衡方程确定，且满足

$$F_{s\,max} = f_s F_N \tag{6-1}$$

式中，f_s 为静摩擦因数，取决于接触物体的材料以及接触表面状况；F_N 为接触处的法向约束力（即正压力）。

（3）动摩擦力 接触处发生相对滑动，此时的滑动摩擦称为动滑动摩擦力，简称动摩擦力，记作 F_k。

动摩擦力方向：沿接触面的切线与相对滑动方向相反。

动摩擦力大小：由下式确定

$$F_k = f F_N \tag{6-2}$$

式中，f 为动摩擦因数，取决于接触物体的材料以及接触表面状况。

2. 摩擦角

当物体接触处处于即将发生相对滑动的临界平衡状态时，全约束力 $\boldsymbol{F}_R$（即最大静摩擦力 $\boldsymbol{F}_{s\,max}$ 与法向约束力 $\boldsymbol{F}_N$ 的合力）与接触面法线间的夹角称为摩擦角，记作 φ_f。摩擦角 φ_f 与静摩擦因数 f_s 满足下列关系式

$$\tan\varphi_f = f_s \tag{6-3}$$

3. 自锁现象

当主动力合力的作用线与接触面法线间的夹角小于或等于摩擦角 φ_f 时，则无论主动力合力有多大，物体都能保持其原有的静止状态。

二、静定平面桁架的内力计算

1. 基本概念

桁架：由直杆在两端用铰链连接而构成的一种承载结构。

节点：桁架中杆件的连接点。节点又作结点。

平面桁架：桁架中所有杆件的轴线均在同一平面内。

零杆：桁架中受力为零的杆件。

2. 计算假设

1）杆件都是直杆。

2）杆件均用理想光滑铰链连接。

3）杆件的重量忽略不计，或平均分配于杆件两端的节点上。

4）所受载荷都作用在节点上，对于平面桁架，且位于桁架同一平面内。

5）杆件均为二力杆，即只承受轴向拉力或轴向压力。

3. 计算方法

（1）节点法　计算桁架内力的一种基本方法，思路为：依次选取桁架的各个节点为研究对象，由平面汇交力系平衡方程求出各杆内力。

（2）截面法　计算桁架内力的另一种基本方法，思路为：适当地选取一截面假想将桁架截开，研究其中任一部分，由平面任意力系平衡方程求出被截杆件内力。

三、物体的重心

1. 基本概念

物体重心：物体的重力作用点。

物体质心：物体的质量分布中心。在均匀重力场中，物体质心与重心位置重合。

物体形心：物体的几何形状中心。对于匀质物体，物体形心与重心（质心）

位置重合。物体形心一定位于其几何对称轴上。

2. 物体重心坐标计算公式

有限分割形式：

$$x_C = \frac{\sum (x_i \Delta P_i)}{P}, \quad y_C = \frac{\sum (y_i \Delta P_i)}{P}, \quad z_C = \frac{\sum (z_i \Delta P_i)}{P} \quad (6\text{-}4)$$

式中，P 为物体重力；ΔP_i、(x_i, y_i, z_i) 分别为将物体有限分割后其中第 i 部分的重力、重心坐标。

无限分割形式为

$$x_C = \frac{\int x \mathrm{d}P}{P}, \quad y_C = \frac{\int y \mathrm{d}P}{P}, \quad z_C = \frac{\int z \mathrm{d}P}{P} \quad (6\text{-}5)$$

式中，$\mathrm{d}P$、(x, y, z) 分别为物体微元的重力、重心坐标。

3. 物体质心坐标计算公式

有限分割形式为

$$x_C = \frac{\sum (x_i \Delta m_i)}{m}, \quad y_C = \frac{\sum (y_i \Delta m_i)}{m}, \quad z_C = \frac{\sum (z_i \Delta m_i)}{m} \quad (6\text{-}6)$$

式中，m 为物体质量；Δm_i、(x_i, y_i, z_i) 分别为将物体有限分割后其中第 i 部分的质量、质心坐标。

无限分割形式为

$$x_C = \frac{\int x \mathrm{d}m}{m}, \quad y_C = \frac{\int y \mathrm{d}m}{m}, \quad z_C = \frac{\int z \mathrm{d}m}{m} \quad (6\text{-}7)$$

式中，$\mathrm{d}m$、(x, y, z) 分别为物体微元的质量、质心坐标。

4. 物体形心坐标计算公式

有限分割形式为

$$x_C = \frac{\sum (x_i \Delta V_i)}{V}, \quad y_C = \frac{\sum (y_i \Delta V_i)}{V}, \quad z_C = \frac{\sum (z_i \Delta V_i)}{V} \quad (6\text{-}8)$$

式中，V 为物体体积；ΔV_i、(x_i, y_i, z_i) 分别为将物体有限分割后其中第 i 部分的体积、形心坐标。

无限分割形式为

$$x_C = \frac{\int x \mathrm{d}V}{V}, \quad y_C = \frac{\int y \mathrm{d}V}{V}, \quad z_C = \frac{\int z \mathrm{d}V}{V} \quad (6\text{-}9)$$

式中，$\mathrm{d}V$、(x, y, z) 分别为物体微元的体积、形心坐标。

说明：对于等厚薄板（即平面图形），则应将式（6-8）、式（6-9）中的体积 V 换为面积 A；对于等截面细杆（即线段），则应将式（6-8）、式（6-9）中的体积 V 换为长度 l。

解 题 方 法

本章习题主要有下列三种类型：

一、求解考虑摩擦的平衡问题

求解考虑摩擦的平衡问题的方法和步骤与不考虑摩擦时大致相同，但需要注意以下几点：

1) 在临界平衡状态下求解考虑摩擦的平衡问题时，在受力图中，最大静摩擦力 $F_{s\,max}$ 的方向不能随意假定，必须按真实方向画出。

2) 由于考虑摩擦力，增加了未知量的数目，因此为使问题获解，除了平衡方程外，还需列出补充方程，即

$$F_s \leqslant F_{s\,max} = f_s F_N \tag{6-10}$$

应特别指出，只有在即将发生相对滑动的临界平衡状态下，才有等式 $F_s = F_{s\,max} = f_s F_N$ 的成立。

3) 当物体处于相对静止时，静摩擦力 F_s 的值可在零与 $F_{s\,max}$ 之间变化，故一般考虑摩擦的平衡问题的解答也是一个范围值。在计算时，可以采取两种方式：一种是考虑临界平衡状态，假定静摩擦力取得最大值，以等式 $F_{smax} = f_s F_N$ 作为平衡方程的补充方程，来确定其范围的界限值，最后再将结果改写为不等式；另一种则是直接采用 $F_s \leqslant f_s F_N$，以不等式进行运算。由于不等式运算不太方便，故建议读者采用前一种计算方式。

4) 若将静摩擦力与法向约束力用其合力，即全约束力取代后，物体上只作用有三个力，在此种情况下，考虑临界平衡状态，引入摩擦角，运用几何法求解往往更为方便。

5) 若问题需要判断物体处于何种状态，则可以先假设物体处于静止状态，利用平衡方程求出此时的静摩擦力 F_s。然后，再将求出的 F_s 与最大静摩擦力 $F_{s\,max}$ 比较，若 $F_s \leqslant F_{s\,max}$，则假设成立，物体处于静止状态；若 $F_s > F_{s\,max}$，则假设不成立，物体发生相对滑动。

二、静定平面桁架的内力计算

1. 计算步骤

1) 选取桁架整体为研究对象，计算桁架的支座约束力。

2) 根据题意，采用节点法选取节点为研究对象，或者采用截面法截取部分桁架为研究对象，并作出研究对象的受力图。

3) 列平衡方程。

4）解方程，求出杆件内力。

2. 注意点

1）若需求出桁架中所有杆件的内力，一般宜采用节点法；若只需计算桁架中某几根特定杆件的内力，一般宜采用截面法；有些特殊问题，则交替采用两种方法更为方便。读者应熟练掌握两种方法，并注意灵活运用。

2）在作受力图时，一定要将所有杆件的内力都假设为拉力。若计算结果为正，则表明杆件受拉；若计算结果为负，则表明杆件受压。否则，容易导致正负号混乱，产生错误。

3）在运用节点法时，每次所选取的节点上的未知力一般不应超过 2 个，因为其对应的平面汇交力系只有 2 个独立的平衡方程；在运用截面法时，所截取的部分桁架上的未知力则一般不应超过 3 个，因为其对应的平面任意力系有 3 个独立的平衡方程。

4）在计算桁架内力时，可以不经计算直接判别零杆，从而大大简化计算过程。关于零杆的判断，有下列常用结论：

① 若二杆节点不受载荷作用，且二杆不共线，则此二杆为零杆。

② 若三杆节点不受载荷作用，且其中两杆共线，则第三杆为零杆。

③ 若二杆节点上只有 1 个载荷作用，且载荷的作用线沿其中一根杆的轴线，则另一杆为零杆。

三、计算物体的重心坐标

1. 计算步骤

1）选取直角坐标系。

2）将物体有限分割（或无限分割）。

3）确定分割后每一部分物体（或物体微元）的重力以及重心坐标。

4）运用有限分割形式（或无限分割形式）的物体重心坐标计算公式求出物体重心坐标。

2. 注意点

1）计算物体重心坐标时，应首先选取坐标系。尽管重心位置是固定不变的，但因坐标系不同，重心坐标也将不同。

2）若物体是由若干个简单形状物体组合构成的，则宜采用"有限分割法"；若物体是形状相对复杂的连续体，则应采用"无限分割法"。

3）对于匀质物体，物体的重心（质心）与形心重合，一定位于其几何对称轴上。

4）若物体被切去一部分，则其重心（形心）坐标仍可采用分割法来计算，只是切去部分的重力（体积）应取负值。

习题解答

习题 6-1 如图 6-1a 所示，一重 $P=980$ N 的物块放在倾角 $\theta=30°$ 的斜面上。已知接触面间的静摩擦因数 $f_s=0.2$。现用 $F=588$ N 的力沿斜面推物体，试问物体在斜面上处于静止还是滑动？此时摩擦力为多大？

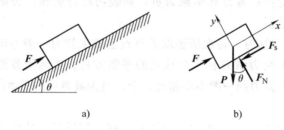

a)   b)

图 6-1

解：假设物体静止，有沿斜面向上滑动趋势。据此，作出受力图如图 6-1b 所示，静摩擦力 F_s 沿斜面向下。

选取图示坐标轴，列平衡方程，解得

$$F_s = 98\,\text{N}, \quad F_N = 848.7\,\text{N}$$

由于

$$F_s < F_{s\,\text{max}} = f_s F_N = 0.2 \times 848.7\,\text{N} = 169.7\,\text{N}$$

所以，假设成立，物体静止。此时的摩擦力 $F_s=98$ N。

习题 6-2 如图 6-2a 所示，已知某物块的质量 $m=300$ kg，被力 F 压在铅直墙面上，物块与墙面间的静摩擦因数 $f_s=0.25$，试求保持物块静止的力 F 的大小。

解：（1）求保持物块静止的力 F 的最大值 考虑物体处于即将向上滑动的临界平衡状态，受力图如图 6-2b 所示。列出 2 个平衡方程和最大静摩擦力补充方程，解得

$$F_{\text{max}} = 13148\,\text{N}$$

考虑物体处于即将绕点 A 翻倒的临界平衡状态，受力图如图 6-2b 所示。由平衡方程 $\sum M_A(F)=0$ 得

$$F_{\text{max}} = 6574\,\text{N}$$

所以，保持物块静止的力 F 的最大值为

$$F_{\text{max}} = 6574\,\text{N}$$

（2）求保持物块静止的力 F 的最小值 考虑物体处于即将向下滑动的临界平衡状态，受力图如图 6-2c 所示。列出 2 个平衡方程和最大静摩擦力补充方程，解得

$$F_{\text{min}} = 4383\,\text{N}$$

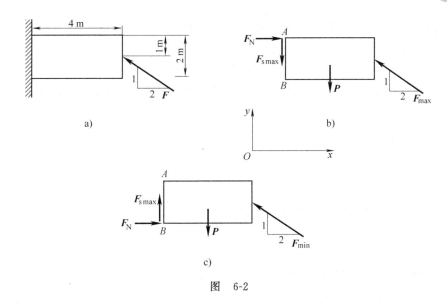

图　6-2

考虑物体处于即将绕点 B 翻倒的临界平衡状态，受力图如图 6-2c 所示。由平衡方程 $\sum M_B(F)=0$ 得

$$F_{min} = 2191\ \text{N}$$

所以，保持物块静止的力 F 的最小值为

$$F_{min} = 4383\ \text{N}$$

根据上述计算可知，保持物块静止的力 F 的取值范围为

$$4383\ \text{N} \leqslant F \leqslant 6574\ \text{N}$$

当 $F<4383$ N 时，物块将向下滑动；当 $F>6574$ N 时，物块将绕点 A 翻倒。

习题 6-3　如图 6-3a 所示，两根相同的匀质杆 AB 和 BC 在端点 B 用光滑铰链连接，A、C 端放在粗糙的水平面上。若当 ABC 成等边三角形时，系统在铅直面内处于临界平衡状态，试求杆端与水平面间的静摩擦因数。

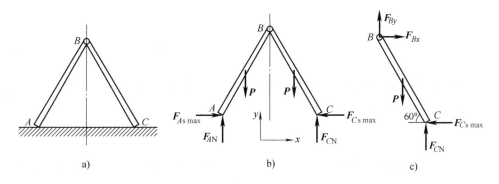

图　6-3

解：先选取整个系统为研究对象，作出受力图如图 6-3b 所示，其中 **P** 为杆的重力。由对称性可得

$$F_{AN} = F_{CN} = P$$

再选取杆 BC 为研究对象，作出受力图如图 6-3c 所示。以点 B 为矩心，列平衡方程

$$\sum M_B(\boldsymbol{F}) = 0, \quad F_{CN} \cdot l\cos 60° - P \cdot \frac{l}{2}\cos 60° - F_{Cs\,max} \cdot l\sin 60° = 0$$

最大静摩擦力补充方程

$$F_{Cs\,max} = f_s F_{CN}$$

联立解之，得杆端与水平面间的静摩擦因数

$$f_s = \frac{\sqrt{3}}{6} = 0.289$$

习题 6-4 平面机构如图 6-4a 所示，曲柄 AO 长为 l，其上作用一矩为 M 的力偶；在图示位置，曲柄 AO 水平，连杆 AB 与铅垂线的夹角为 θ；滑块 B 与水平面之间的静摩擦因数为 f_s，且 $\tan\theta > f_s$。若不计构件自重，试求机构在图示位置保持静平衡时力 **F** 的大小，已知力 **F** 与水平线之间的夹角为 β。

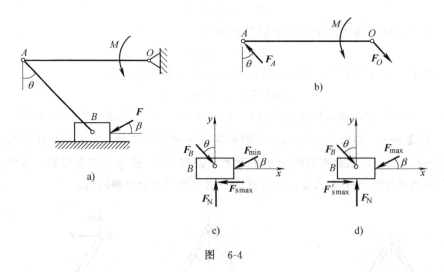

图 6-4

解：首先选取曲柄 AO 为研究对象，注意到连杆 AB 为二力杆，作出受力图如图 6-4b 所示。由平面力偶系平衡方程得

$$F_A = \frac{M}{l\cos 60°}$$

（1）求机构保持静平衡时力 **F** 的最小值 此时滑块处于即将向右滑动的临界平衡状态，作出受力图如图 6-4c 所示，其中，$F_B = F_A = \dfrac{M}{l\cos 60°}$。列出平衡

方程和最大静摩擦力补充方程，联立解之，得机构保持静平衡时力 F 的最小值

$$F_{\min} = \frac{M(\sin\theta - f_{\mathrm{s}}\cos\theta)}{l\cos\theta(\cos\beta + f_{\mathrm{s}}\sin\beta)} = \frac{M\sin(\theta - \varphi_{\mathrm{f}})}{l\cos\theta\cos(\beta - \varphi_{\mathrm{f}})}$$

（2）求机构保持静平衡时力 F 的最大值 此时滑块处于即将向左滑动的临界平衡状态，作出受力图如图 6-4d 所示。列出平衡方程和最大静摩擦力补充方程，联立解之，得机构保持静平衡时力 F 的最大值

$$F_{\max} = \frac{M(\sin\theta + f_{\mathrm{s}}\cos\theta)}{l\cos\theta(\cos\beta - f_{\mathrm{s}}\sin\beta)} = \frac{M\sin(\theta + \varphi_{\mathrm{f}})}{l\cos\theta\cos(\beta + \varphi_{\mathrm{f}})}$$

综上所述，机构在图示位置保持静平衡时力 F 的取值范围为

$$\frac{M\sin(\theta - \varphi_{\mathrm{f}})}{l\cos\theta\cos(\beta - \varphi_{\mathrm{f}})} \leqslant F \leqslant \frac{M\sin(\theta + \varphi_{\mathrm{f}})}{l\cos\theta\cos(\beta + \varphi_{\mathrm{f}})}$$

式中，$\varphi_{\mathrm{f}} = \arctan f_{\mathrm{s}}$。

习题 6-5 凸轮推杆机构如图 6-5a 所示，已知推杆与滑道间的静摩擦因数为 f_{s}，滑道高度为 b。设凸轮与推杆之间为光滑接触面，并不计推杆自重，试问 a 为多大，推杆才不致被卡住。

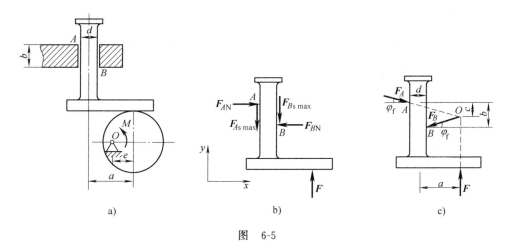

图 6-5

解：（1）解析法 选取推杆为研究对象，设推杆处于即将向上滑动的临界平衡状态，作出受力图如图 6-5b 所示，其中，F 为凸轮对推杆的推力。这是平面任意力系，列出 3 个平衡方程和 2 个最大静摩擦力补充方程，联立解之，得

$$a = \frac{b}{2f_{\mathrm{s}}}$$

故有结论，当 $a < \dfrac{b}{2f_{\mathrm{s}}}$ 时，推杆才不致被卡住。

（2）几何法 选取推杆为研究对象，设推杆处于即将向上滑动的临界平衡状态，将接触点 A、B 处的最大静摩擦力和法向约束力均用其全约束力取代，作

出受力图如图 6-5c 所示。由三力平衡汇交定理可知，推杆所受三力 $\boldsymbol{F}$、$\boldsymbol{F}_A$ 和 $\boldsymbol{F}_B$ 的作用线相交于同一点 O。

根据图示几何关系有

$$\tan\varphi_{\mathrm{f}} = \frac{c}{a+d/2}$$

$$\tan\varphi_{\mathrm{f}} = \frac{b-c}{a-d/2}$$

联立上述两式，并注意到 $\tan\varphi_{\mathrm{f}} = f_{\mathrm{s}}$，即得

$$a = \frac{b}{2f_{\mathrm{s}}}$$

习题 6-6 砖夹的宽度为 250 mm，曲柄 AGB 与 $GCED$ 在 G 点铰接，尺寸如图 6-6a 所示。已知砖重 $P = 120$ N；提起砖的力 $\boldsymbol{F}$ 作用在曲柄 AGB 上，其作用线与砖夹的中心线重合；砖夹与砖间的静摩擦因数 $f_{\mathrm{s}} = 0.5$。试问距离 b 为多大时才能把砖夹起？

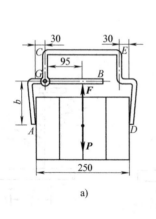

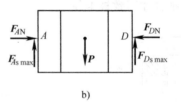

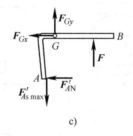

图 6-6

解：考虑砖块处于即将下滑的临界平衡状态。先选取砖块为研究对象，作出受力图如图 6-6b 所示，由对称性和最大静摩擦力补充方程，易得

$$F_{As\,\mathrm{max}} = F_{Ds\,\mathrm{max}} = 60\ \mathrm{N}, \quad F_{AN} = F_{DN} = 120\ \mathrm{N}$$

再选取曲柄 AGB 为研究对象，作出受力图如图 6-6c 所示，其中

$$F = P = 120\ \mathrm{N}, \quad F'_{As\,\mathrm{max}} = F_{As\,\mathrm{max}} = 60\ \mathrm{N}, \quad F'_{AN} = F_{AN} = 120\ \mathrm{N}$$

以 G 点为矩心，由平衡方程 $\sum M_G(\boldsymbol{F}) = 0$，解得

$$b = 110\ \mathrm{mm}$$

故有结论，当距离 $b \leqslant 110$ mm 时才能把砖夹起。

习题 6-7　尖劈顶重装置如图 6-7a 所示，尖劈 A 的顶角为 α，在 B 块上受重力为 P 的重物作用，尖劈 A 与 B 块间的静摩擦因数为 f_s，有滚珠处表示接触面光滑。若不计尖劈 A 与 B 块的自重，试求：（1）顶起重物所需的力 F；（2）去除 F 后能保证自锁的顶角 α。

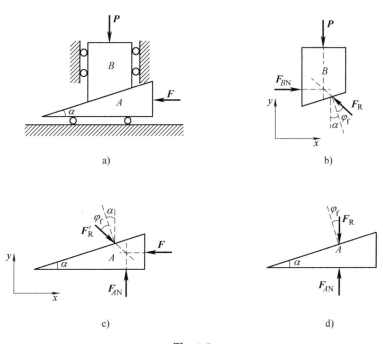

图　6-7

解：（1）求顶起重物所需的力 F　考虑即将顶起重物的临界平衡状态。分别选取 B 块、尖劈 A 为研究对象，作出受力图分别如图 6-7b、c 所示，其中，全约束力 F_R' 与 F_R 互为作用力与反作用力，全约束力与斜面法线间的夹角为摩擦角 $\varphi_f = \arctan f_s$。

对于图 6-7b，列平衡方程

$$\sum F_y = 0, \quad -P + F_R \cos(\alpha + \varphi_f) = 0$$

对于图 6-7c，列平衡方程

$$\sum F_x = 0, -F + F_R' \sin(\alpha + \varphi_f) = 0$$

联立解之，得

$$F = P \tan(\alpha + \varphi_f)$$

故有结论，顶起重物所需的力 F 的大小为

$$F > P \tan(\alpha + \varphi_f)$$

（2）求去除 F 后能保证自锁的顶角 α 去除 F 后，B 块在重力 P 的作用下，有下滑趋势，带动尖劈 A 有向右滑动趋势。考虑即将滑动的临界平衡状态，作出尖劈 A 的受力图如图 6-7d 所示，根据二力平衡原理，此时的全约束力 F_R 必沿铅垂方向，从而得 $\alpha = \varphi_f$。

故有结论，去除 F 后能保证自锁的顶角

$$\alpha \leqslant \varphi_f = \arctan f_s$$

习题 6-8   试用节点法计算如图 6-8a 所示平面桁架各杆内力。

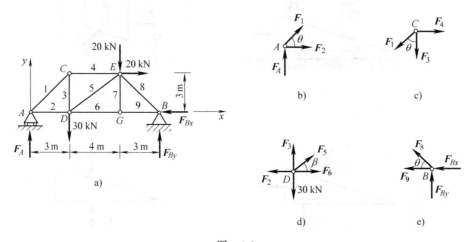

图   6-8

解：首先选取桁架整体为研究对象（见图 6-8a），求得支座约束力

$$F_A = 21 \text{ kN}, \quad F_{By} = 29 \text{ kN}, \quad F_{Bx} = 20 \text{ kN}$$

显然，杆 7 为零杆，$F_6 = F_9$。由节点法，依次选取节点 A、C、D、B 为研究对象，即可求出所有杆件内力。

节点 A：受力图如图 6-8b 所示，列平衡方程，解得杆 1、杆 2 的内力

$$F_1 = -29.7 \text{ kN}, \quad F_2 = 21 \text{ kN}$$

节点 C：受力图如图 6-8c 所示，列平衡方程，解得杆 3、杆 4 的内力

$$F_3 = 21 \text{ kN}, \quad F_4 = -21 \text{ kN}$$

节点 D：受力图如图 6-8d 所示，列平衡方程，解得杆 5、杆 6（杆 9）的内力

$$F_5 = 15 \text{ kN}, \quad F_6 = F_9 = 9 \text{ kN}$$

节点 B：受力图如图 6-8e 所示，由平衡方程 $\sum F_y = 0$，得杆 8 的内力

$$F_8 = -41.0 \text{ kN}$$

在上述计算结果中，正号代表杆件受拉，负号代表杆件受压。

习题 6-9   平面桁架如图 6-9a 所示，已知 $l = 2 \text{ m}$，$h = 3 \text{ m}$，$F = 10 \text{ kN}$。试

用节点法计算各杆内力。

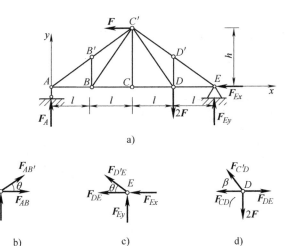

图　6-9

解：首先选取桁架整体为研究对象（见图 6-9a），求得支座约束力

$$F_A = 8.75\ \text{kN}, \quad F_{Ey} = 11.25\ \text{kN}, \quad F_{Ex} = -10\ \text{kN}$$

可以判断，杆 BB'、BC、CC' 与 DD' 为零杆；$F_{AB'} = F_{B'C'}$、$F_{AB} = F_{BC} = F_{CD}$，$F_{C'D'} = F_{D'E}$。故由节点法，依次选取节点 A、E、D 为研究对象，即可求出所有杆件内力。

节点 A：受力图如图 6-9b 所示，列平衡方程，解得杆 AB'、AB 的内力

$$F_{AB'} = -14.58\ \text{kN}, \quad F_{AB} = 11.67\ \text{kN}$$

故得杆 $B'C'$、BC 和 CD 的内力

$$F_{B'C'} = F_{AB'} = -14.58\ \text{kN}, \quad F_{BC} = F_{CD} = F_{AB} = 11.67\ \text{kN}$$

节点 E：受力图如图 6-9c 所示，列平衡方程，解得杆 $D'E$、DE 的内力

$$F_{D'E} = -18.75\ \text{kN}, \quad F_{DE} = 25\ \text{kN}$$

故得杆 $C'D'$ 的内力

$$F_{C'D'} = F_{D'E} = -18.75\ \text{kN}$$

节点 D：受力图如图 6-9d 所示，由平衡方程 $\sum F_y = 0$，得杆 $C'D$ 的内力

$$F_{C'D} = 24.0\ \text{kN}$$

在上述计算结果中，正号代表杆件受拉，负号代表杆件受压。

习题 6-10　平面桁架如图 6-10a 所示，已知 $F = 3\ \text{kN}$，$l = 3\ \text{m}$。试用节点法计算各杆内力。

解：该题无需求支座反力，可直接由节点法求出各杆内力。

显然，杆 BC、CE 为零杆，依次选取节点 E、B、D 为研究对象，即可求出

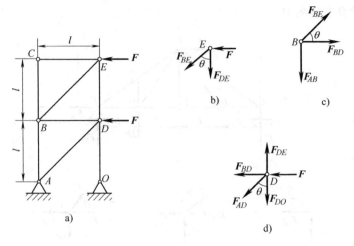

图　6-10

所有杆件内力。

　　节点 E：受力图如图 6-10b 所示，列平衡方程，解得杆 BE、DE 的内力

$$F_{BE} = -3\sqrt{2} \text{ kN} = -4.24 \text{ kN}, \quad F_{DE} = 3 \text{ kN}$$

　　节点 B：受力图如图 6-10c 所示，列平衡方程，解得杆 AB、BD 的内力

$$F_{AB} = -3 \text{ kN}, \quad F_{BD} = 3 \text{ kN}$$

　　节点 D：受力图如图 6-10d 所示，列平衡方程，解得杆 AD、DO 的内力

$$F_{AD} = -6\sqrt{2} \text{ kN} = -8.49 \text{ kN}, \quad F_{DO} = 9 \text{ kN}$$

在上述计算结果中，正号代表杆件受拉，负号代表杆件受压。

　　习题 6-11　平面桁架如图 6-11a 所示，试用截面法计算杆 1、2、3 的内力。

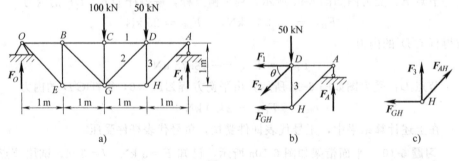

图　6-11

　　解：首先选取桁架整体为研究对象（见图 6-11a），求得支座约束力

$$F_O = 62.5 \text{ kN}, \quad F_A = 87.5 \text{ kN}$$

由截面法，截取如图 6-11b 所示部分桁架为研究对象，作出受力图，列平衡方程，解得

$$F_{GH} = 87.5 \, \text{kN}, \quad F_1 = -125 \, \text{kN（压）}, \quad F_2 = 53.0 \, \text{kN（拉）}$$

再由节点法，截取节点 H（见图 6-11c），得杆 3 的内力

$$F_3 = -F_{GH} = -87.5 \, \text{kN（压）}$$

习题 6-12　平面桁架受力如图 6-12a 所示，ABC 为等边三角形，且 $AD = DB$。试求杆 CD 的内力。

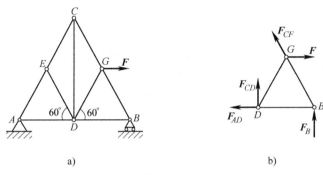

图　6-12

解：可以判断，杆 DE 为零杆。由截面法，截取如图 6-12b 所示部分桁架为研究对象，作出受力图。设等边三角形 BDG 的边长为 a，以点 B 为矩心，列平衡方程

$$\sum M_B(\boldsymbol{F}) = 0, \quad -F_{CD}a - F \cdot a\sin 60° = 0$$

解得杆 CD 的内力

$$F_{CD} = -\frac{\sqrt{3}}{2}F = -0.866F \, \text{（压）}$$

习题 6-13　平面桁架如图 6-13a 所示，已知 F、l，试求杆 1 的内力。

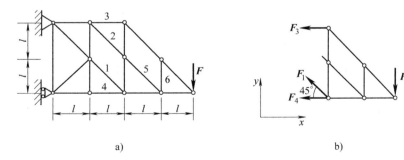

图　6-13

解：首先可以看出，杆 6 为零杆，由此推断杆 5、杆 2 也是零杆。由截面法，截取如图 6-13b 所示部分桁架为研究对象，作出受力图，由平衡方程 $\sum F_y = 0$，得杆 1 的内力

$$F_1 = \sqrt{2}F$$

习题 6-14 平面桁架如图 6-14a 所示，试求杆 1、2、3 的内力。

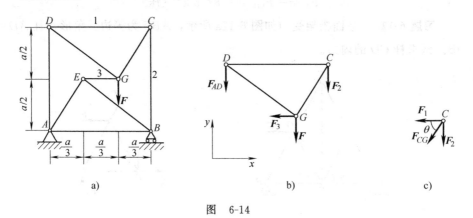

图　6-14

解：由截面法，首先截取如图 6-14b 所示部分桁架为研究对象，作出受力图。由平衡方程 $\sum F_x = 0$，可知杆 3 为零杆；由平衡方程 $\sum M_D(\boldsymbol{F}) = 0$，得

$$F_2 = -\frac{2}{3}F \text{（压）}$$

再由节点法，截取节点 C 为研究对象，作出受力图如图 6-14c 所示。列平衡方程，解得杆 1 的内力

$$F_1 = -\frac{4}{9}F \text{（压）}$$

习题 6-15 试用积分公式计算如图 6-15 所示匀质等厚薄板的重心坐标。

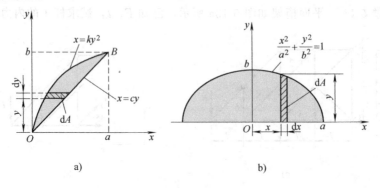

图　6-15

解：（a）如图 6-15a 所示，取微面积元

$$dA = (cy - ky^2)dy$$

故等厚薄板面积

$$A = \int dA = \int_0^b (cy - ky^2)dy$$

由点 B 坐标可得 $c = \dfrac{a}{b}$、$k = \dfrac{a}{b^2}$，代入上式积分得 $A = \dfrac{1}{6}ab$。

根据式（6-9），得该匀质等厚薄板的重心坐标

$$x_C = \frac{\int x dA}{A} = \frac{\int_0^b \dfrac{cy + ky^2}{2}(cy - ky^2)dy}{\dfrac{1}{6}ab} = \frac{\dfrac{1}{15}a^2 b}{\dfrac{1}{6}ab} = \frac{2}{5}a$$

$$y_C = \frac{\int y dA}{A} = \frac{\int_0^b y(cy - ky^2)dy}{\dfrac{1}{6}ab} = \frac{\dfrac{1}{12}ab^2}{\dfrac{1}{6}ab} = \frac{1}{2}b$$

（b）如图 6-15b 所示，取微面积元

$$dA = y dx = \frac{b}{a}\sqrt{a^2 - x^2}\,dx$$

故等厚薄板面积

$$A = \int dA = \frac{2b}{a}\int_0^a \sqrt{a^2 - x^2}\,dx = \frac{\pi}{2}ab$$

根据式（6-9），得该匀质等厚薄板的重心坐标

$$y_C = \frac{\int \dfrac{y}{2}dA}{A} = \frac{\dfrac{b^2}{a^2}\int_0^a (a^2 - x^2)dx}{\dfrac{\pi}{2}ab} = \frac{\dfrac{2}{3}ab^2}{\dfrac{\pi}{2}ab} = \frac{4}{3\pi}b$$

另由对称性得

$$x_C = 0$$

习题 6-16 试确定图 6-16 所示平面图形的形心位置。

解：如图 6-16 所示，该平面图形可分割为三角形（第 1 部分）和小圆（第 2 部分）两部分，但小圆是切去的，其面积应取负值，即有

$$\Delta A_1 = 280 \text{ cm}^2, \quad x_1 = 18.67 \text{ cm}, \quad y_1 = 13.33 \text{ cm}$$

$$\Delta A_2 = -50.27 \text{ cm}^2, \quad x_2 = 20 \text{ cm}, \quad y_2 = 14 \text{ cm}$$

根据式（6-8），得该平面图形的形心坐标

$$x_C = \frac{x_1 \Delta A_1 + x_2 \Delta A_2}{A} = 18.38 \text{ cm}, \, y_C = \frac{y_1 \Delta A_1 + y_2 \Delta A_2}{A} = 13.18 \text{ cm}$$

习题 6-17 试确定图 6-17 所示平面图形的形心位置。

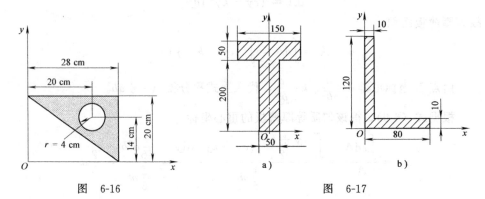

图 6-16   图 6-17

解：（a）如图 6-17a 所示，T 形截面关于 y 轴对称，故形心坐标 $x_C = 0$。
T 形截面可分割为两个矩形，从上往下依次有

$$\Delta A_1 = 7500 \text{ mm}^2, \quad y_1 = 225 \text{ mm}$$

$$\Delta A_2 = 10\,000 \text{ mm}^2, \quad y_2 = 100 \text{ mm}$$

根据式（6-8），得另一个形心坐标

$$y_C = \frac{y_1 \Delta A_1 + y_2 \Delta A_2}{A} = 153.6 \text{ mm}$$

（b）如图 6-17b 所示，L 形截面可分割为两个矩形，从左向右依次有

$$\Delta A_1 = 1200 \text{ mm}^2, \quad x_1 = 5 \text{ mm}, \quad y_1 = 60 \text{ mm}$$

$$\Delta A_2 = 700 \text{ mm}^2, \quad x_2 = 45 \text{ mm}, \quad y_2 = 5 \text{ mm}$$

根据式（6-8），得形心坐标

$$x_C = \frac{x_1 \Delta A_1 + x_2 \Delta A_2}{A} = 19.7 \text{ mm}, \quad y_C = \frac{y_1 \Delta A_1 + y_2 \Delta A_2}{A} = 39.7 \text{ mm}$$

习题 6-18 试确定图 6-18 所示平面图形的形心位置。

解：如图 6-18 所示，该平面图形可分割为矩形（第 1 部分）、三角形（第 2 部分）和半圆（第 3 部分）三个部分，但半圆是切去的，其面积应取负值，即有

$$\Delta A_1 = 10800 \text{ mm}^2, \quad x_1 = 60 \text{ mm}, \quad y_1 = 45 \text{ mm}$$

$$\Delta A_2 = 2700 \text{ mm}^2, \quad x_2 = 140 \text{ mm}, \quad y_2 = 30 \text{ mm}$$

$$\Delta A_3 = -2513.3 \text{ mm}^2, \quad x_3 = 60 \text{ mm}, \quad y_3 = 73.0 \text{ mm}$$

根据式（6-8），得形心坐标

$$x_C = \frac{x_1 \Delta A_1 + x_2 \Delta A_2 + x_3 \Delta A_3}{A} = 79.7 \text{ mm}$$

$$y_C = \frac{y_1 \Delta A_1 + y_2 \Delta A_2 + y_3 \Delta A_3}{A} = 34.9 \text{ mm}$$

习题 6-19 试确定图 6-19 所示匀质折杆的重心位置。

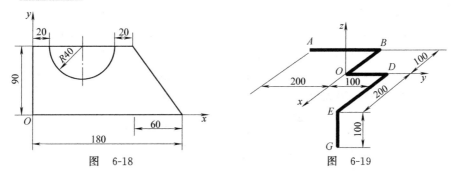

图 6-18　　　　　　　　　　图 6-19

解：如图 6-19 所示，折杆可分割为 AB（第 1 部分）、BO（第 2 部分）、OD（第 3 部分）、DE（第 4 部分）和 EG（第 5 部分）五个部分，依次有

$$\Delta l_1 = 200 \text{ mm}, \quad x_1 = -100 \text{ mm}, \quad y_1 = -100 \text{ mm}, \quad z_1 = 0$$

$$\Delta l_2 = 100 \text{ mm}, \quad x_2 = -50 \text{ mm}, \quad y_2 = 0, \quad z_2 = 0$$

$$\Delta l_3 = 100 \text{ mm}, \quad x_3 = 0, \quad y_3 = 50 \text{ mm}, \quad z_3 = 0$$

$$\Delta l_4 = 200 \text{ mm}, \quad x_4 = 100 \text{ mm}, \quad y_4 = 100 \text{ mm}, \quad z_4 = 0$$

$$\Delta l_5 = 100 \text{ mm}, \quad x_5 = 200 \text{ mm}, \quad y_5 = 100 \text{ mm}, \quad z_5 = -50 \text{ mm}$$

根据式（6-8），得匀质折杆的重心坐标

$$x_C = \frac{\sum x_i \Delta l_i}{l} = 21.4 \text{ mm}$$

$$y_C = \frac{\sum y_i \Delta l_i}{l} = 21.4 \text{ mm}$$

$$z_C = \frac{\sum z_i \Delta l_i}{l} = -7.1 \text{ mm}$$

习题 6-20 试确定图 6-20 所示匀质混凝土基础的重心位置，图中尺寸单位为 m。

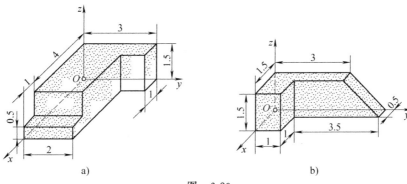

a)　　　　　　　　　　b)

图 6-20

解：（a）如图 6-20a 所示，混凝土基础可分割为三个长方体，从右向左、从里向外依次有

$$\Delta V_1 = 1.5\ \mathrm{m^3}, \quad x_1 = 0.5\ \mathrm{m}, \quad y_1 = 2.5\ \mathrm{m}, \quad z_1 = 0.75\ \mathrm{m}$$

$$\Delta V_2 = 12\ \mathrm{m^3}, \quad x_2 = 2\ \mathrm{m}, \quad y_2 = 1\ \mathrm{m}, \quad z_2 = 0.75\ \mathrm{m}$$

$$\Delta V_3 = 1\ \mathrm{m^3}, \quad x_3 = 4.5\ \mathrm{m}, \quad y_3 = 1\ \mathrm{m}, \quad z_3 = 0.25\ \mathrm{m}$$

根据式（6-8），得该匀质混凝土基础的重心坐标

$$x_C = \frac{x_1 \Delta V_1 + x_2 \Delta V_2 + x_3 \Delta V_3}{V} = 2.02\ \mathrm{m}$$

$$y_C = \frac{y_1 \Delta V_1 + y_2 \Delta V_2 + y_3 \Delta V_3}{V} = 1.16\ \mathrm{m}$$

$$z_C = \frac{z_1 \Delta V_1 + z_2 \Delta V_2 + z_3 \Delta V_3}{V} = 0.716\ \mathrm{m}$$

（b）如图 6-20b 所示，混凝土基础可分割为两个长方体和一个三棱柱体，从左向右依次有

$$\Delta V_1 = 2.25\ \mathrm{m^3}, \quad x_1 = 0.75\ \mathrm{m}, \quad y_1 = 0.5\ \mathrm{m}, \quad z_1 = 0.75\ \mathrm{m}$$

$$\Delta V_2 = 1.5\ \mathrm{m^3}, \quad x_2 = 0.25\ \mathrm{m}, \quad y_2 = 2\ \mathrm{m}, \quad z_2 = 0.75\ \mathrm{m}$$

$$\Delta V_3 = 0.5625\ \mathrm{m^3}, \quad x_3 = 0.25\ \mathrm{m}, \quad y_3 = 3.5\ \mathrm{m}, \quad z_3 = 0.5\ \mathrm{m}$$

根据式（6-8），得该匀质混凝土基础的重心坐标

$$x_C = \frac{x_1 \Delta V_1 + x_2 \Delta V_2 + x_3 \Delta V_3}{V} = 0.511\ \mathrm{m}$$

$$y_C = \frac{y_1 \Delta V_1 + y_2 \Delta V_2 + y_3 \Delta V_3}{V} = 1.41\ \mathrm{m}$$

$$z_C = \frac{z_1 \Delta V_1 + z_2 \Delta V_2 + z_3 \Delta V_3}{V} = 0.717\ \mathrm{m}$$

第七章
材料力学绪论[一]

知 识 要 点

一、材料力学的任务

强度：构件抵抗破坏的能力。

刚度：构件抵抗变形的能力。

稳定性：构件保持原有平衡形态的能力。

材料力学的任务：研究材料在外力作用下的变形和破坏规律，为合理设计构件提供强度、刚度和稳定性方面的基本理论和计算方法。

二、材料力学的基本假设

1. 对变形固体的基本假设

连续性假设：组成固体的物质毫无空隙地充满了固体所占有的整个几何空间。

均匀性假设：固体的力学性能在固体内处处相同。

各向同性假设：固体在各个方向上的力学性能完全相同。

2. 对构件变形的基本假设

小变形假设：构件受力产生的变形量远小于构件的原始尺寸。

三、材料力学的研究对象

材料力学的研究对象：杆件。

杆件：纵向尺寸远大于横向尺寸的构件。

一　从本章开始为材料力学内容，材料力学不强调物理量的矢量性，所有字母均用明体表示。

杆件的几何要素：横截面与轴线。

横截面：杆件的横向截面。

轴线：杆件横截面形心的连线，为杆件的纵向几何中心线。

四、杆件的基本变形

杆件的基本变形：轴向拉伸（压缩）、剪切、扭转、弯曲。

第八章
轴向拉伸与压缩

知 识 要 点

一、基本概念

1. 轴向拉伸（压缩）特点

受力特点：杆件所受外力或外力合力的作用线与杆的轴线重合。

变形特点：杆件沿着轴线方向伸长（缩短）。

2. 内力与截面法

内力：外力引起的构件内部相连部分之间的相互作用力。

截面法：分析确定构件内力的基本方法，其基本思路为

1）沿待求内力的截面，假想地将构件截开，选取其中一部分为研究对象。

2）对所选取的部分进行受力分析，根据平衡原理确定，在暴露出来的截面上有哪些内力。

3）建立平衡方程，求出未知内力。

3. 轴力

轴力：轴向拉伸（压缩）杆件横截面上的内力，其作用线与杆的轴线重合，记作 F_N。

轴力正负号规定：以拉力为正、压力为负。

轴力图：表示轴力随横截面位置变化规律的图线。

4. 应力

应力定义：构件截面上分布内力的集度。

应力单位：国际单位制中，应力的单位为 Pa，$1\ \text{Pa} = 1\ \text{N/m}^2$；工程中，应力的常用单位为 MPa，$1\ \text{MPa} = 10^6\ \text{Pa}$。

正应力：法向应力分量，记作 σ。

正应力正负号规定：以拉应力为正、压应力为负。

切应力：切向应力分量，记作 τ。

切应力正负号规定：以围绕所取分离体顺时针转向的切应力为正、反之为负。

5. 拉（压）杆的变形

轴向变形：拉（压）杆的轴向伸长（缩短）量，定义为 $\Delta l = l_1 - l$，其中 l 为拉（压）杆原长，l_1 为拉（压）杆变形后的长度。

线应变：简称应变，定义为 $\varepsilon = \dfrac{\Delta l}{l} = \dfrac{l_1 - l}{l}$，其中 l 为某线段的原始长度，l_1 为该线段伸长（缩短）后的长度。线应变的量纲为一。

6. 材料的拉伸与压缩试验

弹性变形：卸载后会消失的变形。

塑性变形：卸载后不会消失的变形，塑性变形又称为残余变形。

标距：拉伸试样试验段的原始长度。国家标准规定，对于试验段直径为 d 的圆截面试样，标距 $l = 10d$ 或 $l = 5d$；对于试验段横截面面积为 A 的矩形截面试样，标距 $l = 11.3\sqrt{A}$ 或 $l = 5.65\sqrt{A}$。

低碳钢拉伸 $\sigma\varepsilon$ 曲线的四个阶段：

（1）线弹性阶段　产生弹性变形；应力与应变呈线性关系。

（2）屈服阶段　产生塑性变形；发生屈服现象，即应力基本维持不变，而应变却在显著增加，材料暂时丧失了变形抗力。

（3）强化阶段　产生弹塑性变形；发生强化现象，即材料屈服后又恢复了变形抗力，要使其继续变形必须增加载荷。

（4）缩颈阶段　发生缩颈现象，即变形局部化；材料的变形抗力急剧下降，直至断裂。

冷作硬化现象：对材料预加塑性变形，卸载后再重新加载，所呈现出的比例极限提高、塑性变形降低的现象。

7. 材料的强度指标

比例极限：应力与应变成正比时的最大应力，记作 σ_p。

弹性极限：弹性阶段的最大应力，亦即只发生弹性变形的最大应力，记作 σ_e。材料的弹性极限 σ_e 与比例极限 σ_p 大致相同。

屈服极限：屈服阶段中排除初始瞬时效应后的最小应力（即下屈服点），记作 σ_s。塑性材料拉伸与压缩时的屈服极限大致相同。

名义屈服极限：无屈服阶段的塑性材料产生 0.2% 的塑性应变所对应的应力，记作 $\sigma_{0.2}$。塑性材料拉伸与压缩时的名义屈服极限大致相同。

强度极限：材料拉伸（压缩）断裂前所能承受的最大应力，记作 σ_b。脆性材料压缩时的强度极限 σ_{bc} 要明显大于其拉伸时的强度极限 σ_b。

8. 材料的塑性指标·塑性材料与脆性材料

伸长率：$\delta=\dfrac{l_1-l}{l}\times100\%$，其中 l 为试样标距，即试样试验段的原始长度，l_1 为拉断后试样试验段的长度。

断面收缩率：$\psi=\dfrac{A-A_1}{A}\times100\%$，其中 A 为试样试验段的原始横截面面积，A_1 为拉断后试样断口处的最小横截面面积。

塑性材料：伸长率 $\delta>5\%$ 的材料。

脆性材料：伸长率 $\delta<5\%$ 的材料。

9. 材料的弹性常数

弹性模量：$\sigma\varepsilon$ 曲线的初始直线段的斜率，记作 E，当 $\sigma\leqslant\sigma_{\mathrm{p}}$ 时，有 $E=\dfrac{\sigma}{\varepsilon}$。国际单位制中，弹性模量的单位为 Pa。

横向变形因数：$\nu=\left|\dfrac{\varepsilon'}{\varepsilon}\right|$，其中 ε、ε' 分别为材料轴向拉伸（压缩）时的轴向应变、横向应变。横向变形因数又称为泊松比。横向变形因数的量纲为一。

10. 强度概念

强度失效的两种形式：在静载荷作用下，对于塑性材料，强度失效的形式一般为塑性屈服；对于脆性材料，强度失效的形式一般为脆性断裂。

极限应力：材料强度失效时所对应的应力，记作 σ_{u}。对于塑性材料，极限应力一般取为屈服极限 σ_{s} 或名义屈服极限 $\sigma_{0.2}$；对于脆性材料，极限应力一般取为强度极限 σ_{b}。

许用应力与安全因数：许用应力是指材料安全工作所容许承受的最大应力，记作 $[\sigma]$。工程中规定 $[\sigma]=\dfrac{\sigma_{\mathrm{u}}}{n}$，其中 n 为大于 1 的因数，称为安全因数。塑性材料的安全因数通常取为 $1.5\sim2.2$；脆性材料的安全因数通常取为 $2.5\sim5.0$。塑性材料拉伸与压缩时的许用应力大致相同；脆性材料压缩时的许用应力 $[\sigma_{\mathrm{c}}]$ 要明显大于其拉伸时的许用应力 $[\sigma_{\mathrm{t}}]$。

强度条件：保证构件安全可靠工作、不发生强度失效的条件。

11. 圣维南原理

作用于杆端的外力的分布方式，只会影响杆端局部区域的应力分布，影响区至杆端的距离大致等于杆的横向尺寸。

12. 应力集中概念

应力集中现象：由于构件截面形状或尺寸突然变化而引起的局部应力急剧增大的现象。

理论应力集中因数：$K=\dfrac{\sigma_{\max}}{\sigma}$，其中 $\sigma_{\max}$ 为应力集中处的最大应力，σ 为同一截面上的名义平均应力。

13. 温度应力与装配应力

温度应力：对于超静定结构，因温度变化而产生的应力。

装配应力：对于超静定结构，因构件尺寸误差强行装配而产生的应力。

二、基本公式

1. 拉（压）杆横截面上正应力计算公式

$$\sigma = \frac{F_N}{A} \tag{8-1}$$

式中，F_N 为轴力；A 为横截面面积。

2. 拉（压）杆斜截面上应力计算公式

$$\sigma_\alpha = \sigma \cos^2\alpha = \frac{\sigma}{2} + \frac{\sigma}{2}\cos 2\alpha \tag{8-2}$$

$$\tau_\alpha = \sigma\cos\alpha\sin\alpha = \frac{\sigma}{2}\sin 2\alpha \tag{8-3}$$

式中，σ 为横截面上正应力；α 为斜截面的方位角，定义为斜截面的外法线 n 与杆轴线 x 正方向之间的夹角，并规定以杆轴线 x 为始边、外法线 n 为终边，逆时针转向的 α 角为正，反之为负。

3. 拉（压）杆轴向变形计算公式·胡克定律

$$\Delta l = \frac{F_N l}{EA} \tag{8-4}$$

或者

$$\varepsilon = \frac{\sigma}{E} \tag{8-5}$$

式中，F_N 为轴力；l 为杆件原始长度；A 为杆件横截面面积；E 为材料弹性模量。

胡克定律的适用范围：单向拉伸（压缩）；线弹性，即 $\sigma \leqslant \sigma_p$。

4. 拉（压）杆的强度条件

$$\sigma = \frac{F_N}{A} \leqslant [\sigma] \tag{8-6}$$

式中，$[\sigma]$ 为材料的许用应力。

解 题 方 法

本章习题的主要类型有下列三种：

一、拉（压）杆的强度计算

根据式（8-6）进行轴向拉（压）杆的强度计算。

强度计算有以下三类问题：

（1）校核强度　已知杆件所受外力、横截面面积和材料许用应力，检验强度条件是否满足。

（2）截面设计　已知杆件所受外力和材料许用应力，根据强度条件确定杆件横截面尺寸。

（3）确定许可载荷　已知杆件横截面面积和材料许用应力，根据强度条件确定杆件容许承受的载荷。

在根据式（8-6）进行拉（压）杆强度计算时，应特别注意以下两点：

1）式中的 F_N 为拉（压）杆横截面上的轴力，应根据截面法由平衡方程确定。

2）应综合根据拉（压）杆的轴力图和其截面的削弱情况来判断危险截面，并对可能的危险截面逐一进行强度计算。

二、拉（压）杆的轴向变形计算

根据式（8-4）计算拉（压）杆的轴向变形。

在计算拉（压）杆的轴向变形时，应注意以下几点：

1）若拉（压）杆的轴力、横截面面积或弹性模量沿杆的轴线为分段常数，则应分段运用式（8-4），然后代数相加，即有

$$\Delta l = \sum_{i=1}^{n} \left(\frac{F_N l}{EA} \right)_i \tag{8-7}$$

2）若拉（压）杆的轴力、横截面面积沿杆的轴线为连续函数，则应根据积分元素法，化变为常，先在微段 $\mathrm{d}x$ 上运用式（8-4），然后积分，即有

$$\Delta l = \int_l \frac{F_N(x)}{EA(x)} \mathrm{d}x \tag{8-8}$$

3）计算中要考虑轴力 F_N 的正负号。若最终结果 Δl 为正，则表明杆件伸长；若 Δl 为负，则表明杆件缩短。

三、求解简单拉伸（压缩）超静定问题

运用变形比较法求解简单拉伸（压缩）超静定问题的基本步骤为：

1）画受力图，列平衡方程。

2）画变形图，建立变形协调方程。

3）通过物理关系，将变形协调方程改写为关于未知力的补充方程。

4）联立补充方程和平衡方程，求解未知力。

求解拉伸（压缩）超静定问题的关键在于变形协调方程的建立。在建立变形协调方程时，一定要作出结构的变形图，并注意利用小变形假设，"以切线代弧线""以直代曲"，使问题得到简化。

难 题 解 析

【例题 8-1】 图 8-1a 所示为埋入土中深度为 l 的一根等截面木桩，在顶部承受轴向载荷 F 的作用。假设载荷 F 完全是由沿着木桩分布的摩擦力 F_f 所平衡，F_f 按图 8-1b 所示二次抛物线规律变化。已知木桩的抗拉（压）刚度为 EA，试确定该木桩埋入部分的总缩短量（要求用 F、l 和 EA 表示）。

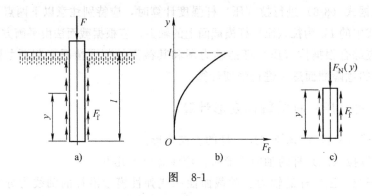

图 8-1

解：（1）计算摩擦力　摩擦力分布规律

$$F_f = ky^2$$

由平衡方程

$$F = \int_0^l F_f \mathrm{d}y = \int_0^l ky^2 \mathrm{d}y$$

得

$$k = 3\frac{F}{l^3}$$

（2）计算轴力　由截面法，得木桩任一截面轴力（见图 8-1c）

$$F_N(y) = \int_0^y F_f \mathrm{d}y = \int_0^y ky^2 \mathrm{d}y = \frac{1}{3}ky^3 = \frac{y^3}{l^3}F$$

（3）计算轴向变形　由式（8-8），得木桩埋入部分的总缩短量

$$\Delta l = \int_0^l \frac{F_N(y)}{EA} \mathrm{d}y = \int_0^l \frac{F}{EAl^3}y^3 \mathrm{d}y = \frac{Fl}{4EA}$$

【例题 8-2】 三杆构架如图 8-2a 所示，已知载荷 $F=40$ kN，三杆的横截面面积分别为 $A_1=200$ mm^2、$A_2=300$ mm^2、$A_3=400$ mm^2，各杆的弹性模量均为 $E=200$ GPa。试求各杆轴力。

解：这是一次超静定问题，需用变形比较法求解。

（1）列平衡方程　截取节点 A 为研究对象（见图 8-2b），设杆 1、2 受拉，杆 3 受压，列平衡方程如下

$$\sum F_x = 0, \quad F_{N3} - F_{N2}\cos 30° = 0 \tag{a}$$

$$\sum F_y = 0, \quad F_{N1} + F_{N2}\sin 30° - F = 0 \tag{b}$$

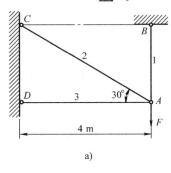
a)

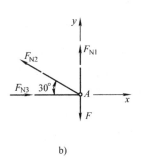
b)

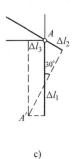
c)

图 8-2

（2）建立变形协调方程　根据小变形假设，采用"以直代曲"的方法来建立变形协调方程。先设想解除节点 A 处约束，各杆将沿轴线自由伸缩，然后在各杆变形后的终点作其轴线的垂线，由于约束的限制，这些垂线必然相交于同一点，其交点 A′ 即为节点 A 的新位置。由图 8-2c 所示变形图可得变形协调方程

$$\Delta l_1 = \frac{\Delta l_2}{\sin 30°} + \frac{|\Delta l_3|}{\tan 30°}$$

（3）建立补充方程　借助胡克定律，由变形协调方程即得关于未知轴力的补充方程

$$\frac{F_{N1} l_1}{A_1} = \frac{F_{N2} l_2}{A_2 \sin 30°} + \frac{F_{N3} l_3}{A_3 \tan 30°} \tag{c}$$

（4）求解各杆轴力　联立方程（a）、（b）、（c），代入有关数据，解得各杆轴力依次为

$$F_{N1} = 35.5\,\text{kN（拉）}, \quad F_{N2} = 8.96\,\text{kN（拉）}, \quad F_{N3} = 7.76\,\text{kN（压）}$$

【例题 8-3】　图 8-3a 所示结构，已知两杆材料相同，弹性模量 $E = 200$ GPa，线胀系数 $\alpha = 12.5 \times 10^{-6}\,\text{℃}^{-1}$，横截面面积同为 $A = 10\,\text{cm}^2$。若杆 1 的温度降低 20 ℃，杆 2 的温度没有变化，试求两杆横截面上的温度应力。

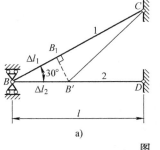
a)

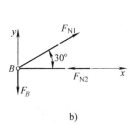
b)

图 8-3

解：这是一次超静定问题，需用变形比较法求解。

（1）列平衡方程　截取节点 B 为研究对象（见图 8-3b），杆 1 受拉，杆 2 受压，其有效平衡方程为

$$\sum F_x = 0, \quad F_{N1}\cos 30° - F_{N2} = 0 \tag{a}$$

（2）建立变形协调方程　设想解除节点 B 处约束，杆 1 沿轴线缩短 Δl_1 至 B_1，由 B_1 作杆 1 轴线的垂线，交杆 2 轴线于 B'，点 B' 即为节点 B 的新位置。由图 8-3a 所示变形图可得变形协调方程

$$|\Delta l_1| = |\Delta l_2|\cos 30°$$

（3）建立补充方程　由物理关系知，杆 1、杆 2 的变形量分别为

$$|\Delta l_1| = \alpha l_1 |\Delta T| - \frac{F_{N1} l_1}{EA}$$

$$|\Delta l_2| = \frac{F_{N2} l_2}{EA}$$

代入变形协调方程即得关于未知轴力的补充方程

$$\alpha l_1 |\Delta T| - \frac{F_{N1} l_1}{EA} = \frac{F_{N2} l_2}{EA}\cos 30° \tag{b}$$

（4）求解各杆轴力　联立方程（a）、（b），代入有关数据，解得杆 1、杆 2 的轴力分别为

$$F_{N1} = 30.3 \text{ kN（拉）}, \quad F_{N2} = 26.2 \text{ kN（压）}$$

（5）计算温度应力　杆 1、杆 2 横截面上的温度应力分别为

$$\sigma_1 = \frac{F_{N1}}{A} = \frac{30.3 \times 10^3 \text{ N}}{10 \times 10^{-4} \text{ m}^2} = 30.3 \text{ MPa（拉）}$$

$$\sigma_2 = \frac{F_{N2}}{A} = \frac{26.2 \times 10^3 \text{ N}}{10 \times 10^{-4} \text{ m}^2} = 26.2 \text{ MPa（压）}$$

习 题 解 答

习题 8-1　（略）

习题 8-2　如图 8-4a 所示，杆 BC 为直径 $d = 16 \text{ mm}$ 的圆截面杆，试计算杆 BC 横截面上的应力。

解：截取图示研究对象并作受力图（见图 8-4b），由平衡方程得杆 BC 的轴力

$$F_N = 25 \text{ kN（拉）}$$

再由式（8-1）即得杆 BC 横截面上的应力

$$\sigma = 124.3 \text{ MPa（拉）}$$

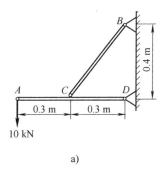

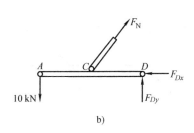

图　8-4

习题 8-3　　如图 8-5a 所示，杆 BC 由两根 20 mm×20 mm×4 mm 的等边角钢构成，试计算杆 BC 横截面上的应力。

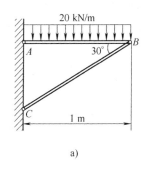

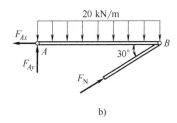

图　8-5

解：截取图示研究对象并作受力图（见图 8-5b），由平衡方程得杆 BC 的轴力

$$F_N = 20 \text{ kN（压）}$$

查型钢表得杆 BC 的横截面面积，再由式（8-1）即得杆 BC 横截面上的应力

$$\sigma = 68.5 \text{ MPa（压）}$$

习题 8-4　　如图 8-6 所示，钢板受到14 kN 的轴向拉力，板上有三个对称分布的铆钉圆孔，已知钢板厚度为 10 mm、宽度为 200 mm，铆钉孔的直径为 20 mm，试求钢板危险横截面上的应力（不考虑铆钉孔引起的应力集中）。

解：开孔截面为危险截面，求得其横截面面积 $A_{\min}=1400$ mm^2。由式（8-1）即得钢板危险横截面上的应力 $\sigma=10$ MPa，为拉应力。

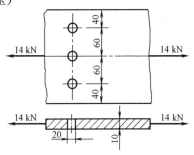

图　8-6

习题 8-5　如图 8-7a 所示，木杆由两段粘接而成。已知杆的横截面面积 $A=1000\ \text{mm}^2$，粘接面的方位角 $\theta=45°$，杆所承受的轴向拉力 $F=10\ \text{kN}$。试计算粘接面上的正应力与切应力，并作图表示出应力的方向。

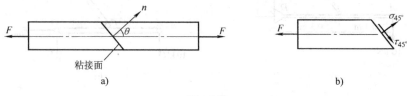

图　8-7

解：先求得横截面上的应力 $\sigma=10\ \text{MPa}$。再由式（8-2）和式（8-3），得粘接面上的正应力、切应力分别为 $\sigma_{45°}=5\ \text{MPa}$、$\tau_{45°}=5\ \text{MPa}$。其方向如图 8-7b 所示。

习题 8-6　如图 8-8a 所示，等直杆的横截面面积 $A=40\ \text{mm}^2$，弹性模量 $E=200\ \text{GPa}$，所受轴向载荷 $F_1=1\ \text{kN}$、$F_2=3\ \text{kN}$。试计算杆内的最大正应力与杆的轴向变形。

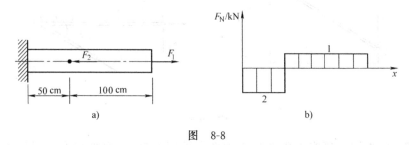

图　8-8

解：由截面法，作出杆的轴力图如图 8-8b 所示。

借助轴力图，由式（8-1）即得杆内的最大正应力 $\sigma=50\ \text{MPa}$，为压应力。

轴力为分段常数，杆的轴向变形应分两段计算，由式（8-7）得杆的轴向变形 $\Delta l=0$。

习题 8-7　阶梯杆如图 8-9a 所示，已知 AC 段的横截面面积 $A_1=1000\ \text{mm}^2$、CB 段的横截面面积 $A_2=500\ \text{mm}^2$，材料的弹性模量 $E=200\ \text{GPa}$，试计算该阶梯杆的轴向变形。

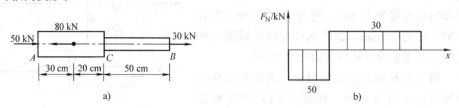

图　8-9

　　解：由截面法，作出杆的轴力图如图 8-9b 所示。

　　轴力与横截面面积均为分段常数，杆的轴向变形应分三段计算，由式（8-7）得杆的轴向变形 $\Delta l = 0.105$ mm。

　　习题 8-8　如图 8-10a 所示，刚性梁 AB 用两根弹性杆 AC 和 BD 悬挂在天花板上。已知 F、l、a、$E_1 A_1$ 和 $E_2 A_2$。欲使刚性梁 AB 保持在水平位置，试确定力 F 的作用位置 x。

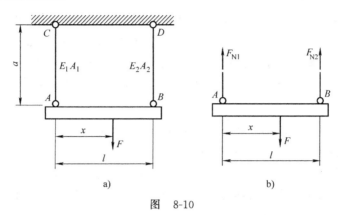

图　8-10

　　解：截取梁 AB 为研究对象（见图 8-10b），由平衡方程，得两杆轴力

$$F_{N1} = \frac{l-x}{l}F, \quad F_{N2} = \frac{x}{l}F$$

　　欲使刚性梁 AB 保持在水平位置，应有 $\Delta l_1 = \Delta l_2$，借助胡克定律，即可解得力 F 的作用位置

$$x = \frac{E_2 A_2}{E_1 A_1 + E_2 A_2}l$$

　　习题 8-9　矩形截面的铝合金拉伸试样如图 8-11 所示，已知 $l=70$ mm、$b=20$ mm、$\delta=2$ mm，在轴向拉力 $F=6$ kN 的作用下试样处于线弹性阶段，若测得此时试验

图　8-11

段的轴向伸长 $\Delta l = 0.15$ mm、横向缩短 $\Delta b = 0.014$ mm，试确定该材料的弹性模量 E 和泊松比 ν。

　　解：试验段的轴向应变 $\varepsilon = 0.00214$，横截面上的应力 $\sigma = 150$ MPa。利用胡克定律，得该材料的弹性模量 $E = 70$ GPa。

　　试验段的横向应变 $\varepsilon' = -0.0007$。根据泊松比概念，得该材料的泊松比 $\nu = 0.33$。

习题 8-10　一外径 $D=60$ mm、内径 $d=20$ mm 的空心圆截面杆，受到 $F=200$ kN 的轴向拉力的作用，已知材料的弹性模量 $E=80$ GPa，泊松比 $\nu=0.3$。试求该杆外径的改变量 ΔD。

解：杆横截面上的正应力 $\sigma=79.6$ MPa。由胡克定律，得轴向应变 $\varepsilon=0.995\times10^{-3}$。利用泊松比，得横向应变 $\varepsilon'=-0.2985\times10^{-3}$。由横向应变，得该杆外径的改变量 $\Delta D=-0.0179$ mm。

习题 8-11　一圆截面拉伸试样，已知其标距 $l=50$ mm，试验段的初始直径 $d=10$ mm；拉断后试验段的长度 $l_1=63.2$ mm，断口处的最小直径 $d_1=5.9$ mm。试确定材料的伸长率和断面收缩率，并判断其属于塑性材料还是脆性材料。

解：由定义，得材料的伸长率 $\delta=26.4\%$，断面收缩率 $\psi=65.2\%$。材料为塑性材料。

习题 8-12　用 Q235 钢制作一圆截面杆，已知该杆承受 $F=100$ kN 的轴向拉力，材料的比例极限 $\sigma_p=200$ MPa、屈服极限 $\sigma_s=235$ MPa、强度极限 $\sigma_b=400$ MPa，并取安全因数 $n=2$。（1）欲拉断圆杆，则其直径 d 最大可达多少？（2）欲使该杆能够安全工作，则其直径 d 最小应取多少？（3）欲使胡克定律适用，则其直径 d 最小应取多少？

解：（1）欲拉断圆杆，应满足 $\sigma\geq\sigma_b$，解得 $d\leq17.8$ mm。

（2）欲使该杆能够安全工作，应满足 $\sigma\leq\dfrac{\sigma_s}{n}$，解得 $d\geq32.9$ mm。

（3）欲使胡克定律适用，应满足 $\sigma\leq\sigma_p$，解得 $d\geq25.2$ mm。

习题 8-13　图 8-12a 所示为一液压装置的液压缸。已知液压缸内径 $D=560$ mm，油压 $p=2.5$ MPa，活塞杆由合金钢制作，许用应力 $[\sigma]=300$ MPa。试确定该活塞杆的直径 d。

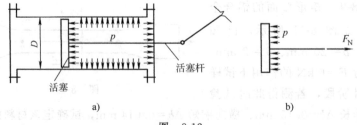

a)　　　　　　　　　　　　b)

图　8-12

解：截取活塞为研究对象并作出受力图如图 8-12b 所示，由平衡方程，得活塞杆轴力 $F_N=615.75$ kN。根据拉（压）杆强度条件，得该活塞杆直径 $d\geq51.1$ mm。

习题 8-14　一正方形截面的粗短阶梯形混凝土立柱如图 8-13a 所示。已知

混凝土的质量密度 $\rho = 2.04 \times 10^3$ kg/m³，许用压应力 $[\sigma_c] = 2$ MPa，载荷 $F = 100$ kN。试根据强度条件确定截面尺寸 a 与 b。

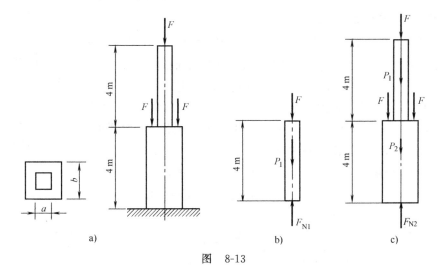

图 8-13

解：考虑混凝土立柱自重，显然可能的危险截面为上半段立柱的底部（见图 8-13b）和整个立柱的底部（见图 8-13c），其上轴力分别为

$$F_{N1} = F + 4a^2\rho g, \qquad F_{N2} = 3F + 4a^2\rho g + 4b^2\rho g$$

对上半段立柱的底部截面进行强度计算，得 $a \geqslant 228$ mm。对整个立柱的底部截面进行强度计算，得 $b \geqslant 398$ mm。

习题 8-15 如图 8-14a 所示，用绳索匀速起吊一重 $P = 20$ kN 的重物，已知 $\alpha = 45°$，绳索的横截面面积 $A = 1260$ mm²，许用应力 $[\sigma] = 10$ MPa。试校核绳索强度。

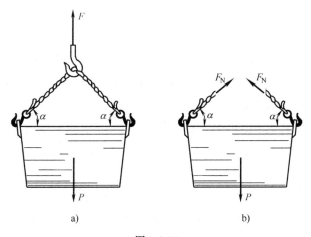

图 8-14

解：用截面法截取重物为研究对象（见图 8-14b），易得 $F_N = 10\sqrt{2}$ kN。根据拉（压）杆强度条件，$\sigma = 11.2$ MPa $>$ $[\sigma]=$ 10 MPa，绳索强度不符合要求。

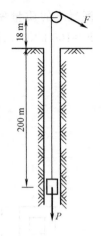

习题 8-16　图 8-15 所示为某矿井提升系统的简图，已知吊重 $P = 45$ kN，钢丝绳的自重 $p = 23.8$ N/m，横截面面积 $A = 251\ \text{mm}^2$，许用应力 $[\sigma] = 210$ MPa。试校核钢丝绳的强度。

解：钢丝绳所受最大拉力 $F = 50188.4$ N。根据拉（压）杆强度条件，$\sigma = 200.0$ MPa $<$ $[\sigma]=210$ MPa，钢丝绳强度符合要求。

习题 8-17　如图 8-16a 所示，液压缸缸盖与缸体用 6 个对称分布的螺栓联接。已知油压 $p = 1$ MPa，液压缸内径 $D = 350$ mm，螺栓材料的许用应力 $[\sigma] = 40$ MPa。试设计螺栓直径 d。

图　8-15

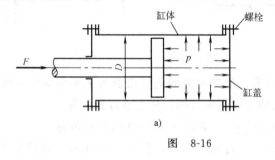

图　8-16

解：截取液压缸缸盖与螺栓为研究对象（见图 8-16b），6 个螺栓对称分布，每个螺栓轴力相等，由平衡方程得单个螺栓轴力 $F_N = 16.0$ kN。

根据拉（压）杆强度条件，得螺栓直径 $d \geqslant 22.6$ mm。

习题 8-18　汽车离合器踏板如图 8-17a 所示，已知 $F_1 = 400$ N，$L = 330$ mm，$l = 56$ mm，圆截面拉杆 AB 的直径 $d = 9$ mm，许用应力 $[\sigma] = 50$ MPa。试校核拉杆 AB 的强度。

解：离合器踏板整体的受力图如图 8-17b 所示，由平衡方程得 $F_2 = 2357.1$ N。拉杆 AB 的轴力 $F_N = F_2 = 2357.1$ N。根据拉（压）杆强度条件，$\sigma = 37.1$ MPa $<$ $[\sigma] = 50$ MPa，拉杆 AB 的强度符合要求。

习题 8-19　悬臂吊车如图 8-18a 所示，已知最大起吊重力 $P = 25$ kN，斜拉杆 BC 用两根等边角钢制成，其许用应力 $[\sigma] = 140$ MPa。试确定等边角钢的型号。

解：截取图示研究对象，作出受力图（见图 8-18b），由平衡方程，得斜拉杆 BC 的轴力 $F_N = 70711$ N。设单根角钢的横截面面积为 A，根据拉（压）杆强度条件，解得 $A \geqslant 2.525\ \text{cm}^2$。查型钢表，取等边角钢的型号为 45 mm×45 mm×3 mm。

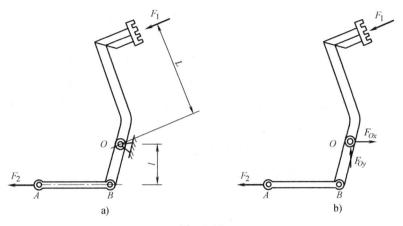

图　8-17

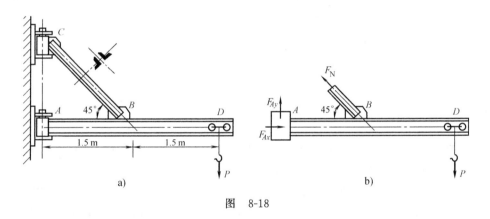

图　8-18

习题 8-20　三角支架如图 8-19a 所示，已知杆 AC 由两根 No. 10 槽钢构成，其许用应力 $[\sigma]_{AC}=160$ MPa；杆 BC 为一根 No. 20a 工字钢，其许用应力 $[\sigma]_{BC}=100$ MPa。试根据强度条件估算许可载荷 $[P]$（暂不考虑压杆 BC 的稳定性）。

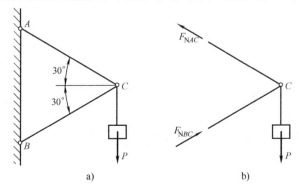

图　8-19

解：截取节点 C 为研究对象，杆 AC 受拉、杆 BC 受压（见图 8-19b），由平衡方程得两杆轴力 $F_{NAC} = F_{NBC} = P$。

由型钢表，查得 No.10 槽钢横截面面积 $A_1 = 12.748 \text{ cm}^2$，根据杆 AC 强度条件，得 $P \leqslant 407.9 \text{ kN}$；再由型钢表，查得 No.20a 工字钢横截面面积 $A_2 = 35.578 \text{ cm}^2$，根据杆 BC 强度条件，得 $P \leqslant 355.8 \text{ kN}$。所以，许可载荷 $[P] = 355 \text{ kN}$。

习题 8-21 图 8-20a 所示构架，已知杆 1 与杆 2 均为圆截面杆，直径分别为 $d_1 = 30 \text{ mm}$ 与 $d_2 = 20 \text{ mm}$；两杆材料相同，许用应力 $[\sigma] = 160 \text{ MPa}$。若所承受载荷 $F = 80 \text{ kN}$，试校核该构架的强度。

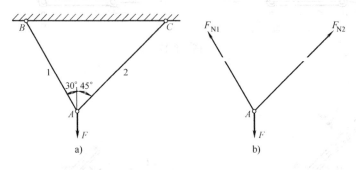

图 8-20

解：截取节点 A 为研究对象，作出受力图（见图 8-20b），杆 1、杆 2 均为拉杆，由平衡方程得两杆轴力分别为 $F_{N1} = 58.56 \text{ kN}$、$F_{N2} = 41.41 \text{ kN}$。

根据拉（压）杆强度条件，分别校核杆 1、杆 2 的强度，$\sigma_1 = 82.8 \text{ MPa} < [\sigma] = 160 \text{ MPa}$、$\sigma_2 = 131.8 \text{ MPa} < [\sigma] = 160 \text{ MPa}$。所以，该构架的强度符合要求。

习题 8-22 图 8-21a 所示结构，拉杆 AB 和 AD 均由两根等边角钢构成，已知材料的许用应力 $[\sigma] = 170 \text{ MPa}$。试选择拉杆 AB 和 AD 的角钢型号。

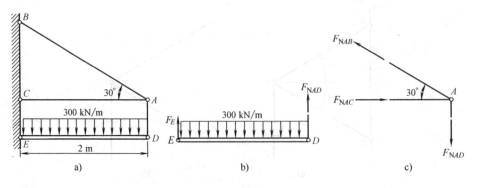

图 8-21

解：依次截取横梁 *ED*、节点 *A* 为研究对象，作出受力图分别如图 8-21b、c 所示，由平衡方程得拉杆 *AD*、*AB* 的轴力分别为 $F_{NAD}=300$ kN、$F_{NAB}=600$ kN。

对于拉杆 *AB*，设单根角钢的截面面积为 A_{AB}，由强度条件得 $A_{AB} \geqslant 17.647$ cm²。查型钢表，可取拉杆 *AB* 的角钢型号为 100 mm×100 mm×10 mm。

对于拉杆 *AD*，设单根角钢的截面面积为 A_{AD}，由强度条件得 $A_{AD} \geqslant 8.824$ cm²。查型钢表，可取拉杆 *AD* 的角钢型号为 80 mm×80 mm×6 mm。

习题 8-23 两端固定的阶梯杆如图 8-22a 所示，已知粗、细两段杆的横截面面积分别为 400 mm²、200 mm²，材料的弹性模量 $E=200$ GPa，试作轴力图并计算杆内的最大正应力。

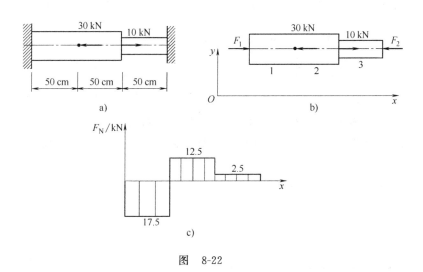

图 8-22

解：一次超静定问题。解除杆的两端约束，作受力图如图 8-22b 所示。列平衡方程

$$-30 \text{ kN} + 10 \text{ kN} + F_1 - F_2 = 0$$

变形协调方程

$$\Delta l = \Delta l_1 + \Delta l_2 + \Delta l_3 = 0$$

补充方程

$$F_1 + F_2 = 15 \text{ kN}$$

联立解得两端支座反力分别为 $F_1=17.5$ kN、$F_2=-2.5$ kN。

作出轴力图如图 8-22c 所示。杆内的最大正应力位于第 1 段的横截面上，$\sigma_{\max}=43.75$ MPa，为压应力。

习题 8-24 如图 8-23 所示，铝合金杆芯与钢质套管构成一复合杆，受到轴向压力 *F* 作用，若铝合金杆芯与钢质套管的抗拉（压）刚度分别为 $E_1 A_1$ 与

E_2A_2，试计算铝合金杆芯与钢质套管横截面上的正应力。

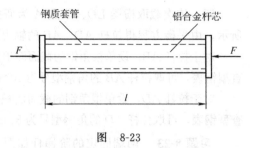

解： 一次超静定问题。设铝合金杆芯与钢质套管的轴力分别为 F_{N1} 与 F_{N2}，有平衡方程 $F_{N1}+F_{N2}=F$。铝合金杆芯与钢质套管的轴向变形相等，有变形协调方程，$\Delta l_1 = \Delta l_2$。补充方程，$\dfrac{F_{N1}}{E_1A_1}=\dfrac{F_{N2}}{E_2A_2}$。联立解得铝合金杆芯与钢质套管的轴力分别为

图 8-23

$$F_{N1} = \frac{E_1A_1}{E_1A_1 + E_2A_2}F\,(\text{压}), \qquad F_{N2} = \frac{E_2A_2}{E_1A_1 + E_2A_2}F\,(\text{压})$$

铝合金杆芯与钢质套管横截面上的正应力分别为

$$\sigma_1 = \frac{E_1}{E_1A_1 + E_2A_2}F\,(\text{压}), \qquad \sigma_2 = \frac{E_2}{E_1A_1 + E_2A_2}F\,(\text{压})$$

习题 8-25　在图 8-24a 所示结构中，假设横梁 BD 是刚性的，两根弹性拉杆 1 与 2 完全相同。已知杆 1、杆 2 的长度为 l，弹性模量为 E，横截面面积 $A=300\ \text{mm}^2$，许用应力 $[\sigma]=160\ \text{MPa}$。若所受载荷 $F=50\ \text{kN}$，试校核两杆强度。

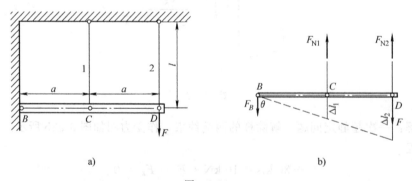

图　8-24

解： 一次超静定问题。截取横梁 BD 为研究对象，作受力图如图 8-24b 所示，列有效平衡方程

$$F_{N1}a + 2F_{N2}a - 2Fa = 0$$

据题意作出变形图如图 8-24b 所示，变形协调方程为

$$\Delta l_2 = 2\Delta l_1$$

补充方程为

$$F_{N2} = 2F_{N1}$$

联立解得两根拉杆轴力分别为 $F_{N1}=20\ \text{kN}$、$F_{N2}=40\ \text{kN}$。

根据拉（压）杆强度条件，$\sigma_{max} = 133.3$ MPa $<$ $[\sigma]$ $= 160$ MPa，故两杆强度符合要求。

习题 8-26 在图 8-25a 所示结构中，杆 1、2、3 的长度、横截面面积、材料均相同，若横梁 AC 是刚性的，试求三杆轴力。

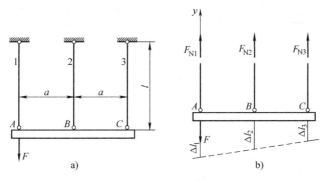

图 8-25

解： 一次超静定问题。截取横梁 AC 为研究对象，假设各杆均受拉，作出受力图如图 8-25b 所示。列平衡方程

$$F_{N1} + F_{N2} + F_{N3} - F = 0, \quad F_{N2}a + F_{N3} \cdot 2a = 0$$

据题意作出变形图如图 8-25b 所示，变形协调方程为

$$2\Delta l_2 = \Delta l_1 + \Delta l_3$$

补充方程为

$$2F_{N2} = F_{N1} + F_{N3}$$

联立解得三杆轴力分别为 $F_{N1} = \dfrac{5}{6}F$（拉）、$F_{N2} = \dfrac{1}{3}F$（拉）、$F_{N3} = -\dfrac{1}{6}F$（压）。

习题 8-27 在图 8-26a 所示结构中，杆 1、2 的横截面面积、材料均相同，若横梁 AB 是刚性的，试求两杆轴力。

解： 一次超静定问题。截取横梁 AB 为研究对象，作出受力图如图 8-26b 所示，列出其有效平衡方程

$$F_{N1}a + F_{N2}\cos\alpha \cdot 2a - F \cdot 3a = 0$$

据题意作出变形图如图 8-26b 所示，变形协调方程为

$$2\Delta l_1 = \frac{\Delta l_2}{\cos\alpha}$$

补充方程为

$$2F_{N1} = \frac{F_{N2}}{\cos^2\alpha}$$

联立解得两杆轴力分别为 $F_{N1} = \dfrac{3}{1 + 4\cos^3\alpha}F$、$F_{N2} = \dfrac{6\cos^2\alpha}{1 + 4\cos^3\alpha}F$。

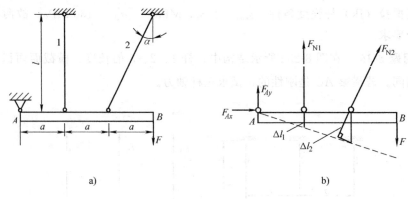

图 8-26

习题 8-28 图 8-27a 所示阶梯钢杆，在温度 $T_1 = 5\ ℃$ 时固定于两刚性平面之间。已知粗、细两段杆的横截面面积分别为 $A_1 = 1000\ mm^2$、$A_2 = 500\ mm^2$，材料的弹性模量 $E = 200\ GPa$、线胀系数 $\alpha = 1.2 \times 10^{-5}℃^{-1}$。试求当温度升高至 $T_2 = 25\ ℃$ 时，杆内的最大正应力。

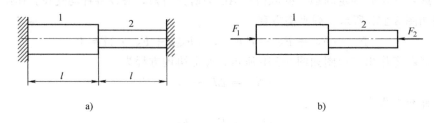

图 8-27

解：一次超静定问题。解除约束（见图 8-27b），钢杆两端约束力 $F_1 = F_2$。

变形协调方程，$\Delta l_T = |\Delta l_F|$，其中，$\Delta l_T$、$\Delta l_F$ 分别表示温度、杆端约束力引起的轴向变形。

利用物理关系和胡克定律，由变形协调方程得补充方程 $\alpha \cdot 2l\,(T_2 - T_1) = \dfrac{F_1 l}{EA_1} + \dfrac{F_2 l}{EA_2}$。

联立解得杆端约束力 $F_1 = F_2 = 32\ kN$。杆内的最大正应力 $\sigma_{max} = 64\ MPa$，为压应力。

习题 8-29 如图 8-28a 所示，等截面直杆在 A 端固定，另一端离刚性平面 B 有 $\delta = 1\ mm$ 的空隙。已知 $a = 1.5\ m$、$b = 1\ m$，杆件的横截面面积 $A = 200\ mm^2$，材料的弹性模量 $E = 100\ GPa$。试求当杆件在 C 截面处受到 $F = 50\ kN$ 的轴向载荷作用时，各段杆的轴力。

解：若假设杆的底端与刚性平面 B 没有接触，则杆的轴向伸长，$\Delta l = 3.75 \text{ mm} > \delta = 1 \text{ mm}$，说明假设不成立，杆的底端将与刚性平面 B 接触。

一次超静定问题。解除杆两端约束，受力图如图 8-28b 所示。平衡方程为

$$F_A + F_B - F = 0$$

变形协调方程为

$$\Delta l = \Delta l_{AC} + \Delta l_{BC} = \delta$$

补充方程为

$$F_A a - F_B b = \delta EA$$

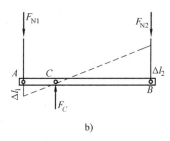

图 8-28

联立解得杆端约束力 $F_A = 28 \text{ kN}$、$F_B = 22 \text{ kN}$。
故得各段杆的轴力为

$$F_{NAC} = 28 \text{ kN（拉）}, \quad F_{NBC} = -22 \text{ kN（压）}$$

习题 8-30 图 8-29a 所示结构，已知横梁 AB 是刚性的，杆 1 与杆 2 的长度、横截面面积、材料均相同，其抗拉（压）刚度为 EA，线胀系数为 α。试求当杆 1 温度升高 ΔT 时，杆 1 与杆 2 的轴力。

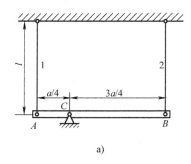

图 8-29

解：一次超静定问题。截取横梁 AB 为研究对象，作出受力图如图 8-29b 所示。有效平衡方程为

$$F_{N1} \cdot \frac{a}{4} - F_{N2} \cdot \frac{3a}{4} = 0$$

据题意作出变形图如图 8-29b 所示，变形协调方程为

$$\Delta l_1 = \frac{1}{3} \left| \Delta l_2 \right|$$

式中，杆 1 的伸长量 $\Delta l_1 = \alpha l \Delta T - \dfrac{F_{N1} l}{EA}$；杆 2 的缩短量 $\left| \Delta l_2 \right| = \dfrac{F_{N2} l}{EA}$。由此得补充方程

$$3\alpha\Delta TEA - 3F_{N1} = F_{N2}$$

联立解得杆 1 与杆 2 的轴力分别为

$$F_{N1} = \frac{9EA\alpha\Delta T}{10} \text{（压）}, \quad F_{N2} = \frac{3EA\alpha\Delta T}{10} \text{（压）}$$

习题 8-31　如图 8-30a 所示，已知钢杆 1、2、3 的长度 $l = 1\,\mathrm{m}$，横截面面积 $A = 2\,\mathrm{cm}^2$，弹性模量 $E = 200\,\mathrm{GPa}$。若因制造误差，杆 3 短了 $\delta = 0.8\,\mathrm{mm}$，试求强行安装后三根钢杆的轴力（假设横梁是刚性的）。

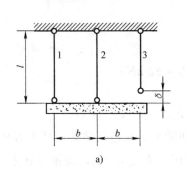 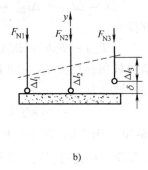

图　8-30

解：一次超静定问题。截断三根钢杆，取下部为研究对象，强行安装后假设三杆均受压，受力图如图 8-30b 所示。列平衡方程

$$-F_{N1} - F_{N2} - F_{N3} = 0, \quad F_{N1}b - F_{N3}b = 0$$

横梁为刚性的，由此作出变形图如图 8-30b 所示。其变形协调方程为

$$2|\Delta l_2| = |\Delta l_1| + |\Delta l_3| + \delta$$

补充方程为

$$2F_{N2}l = F_{N1}l + F_{N3}l + \delta EA$$

联立解得强行安装后三根钢杆的轴力分别为

$$F_{N1} = F_{N3} = -5.33\,\mathrm{kN} \text{（拉）}, \quad F_{N2} = 10.67\,\mathrm{kN} \text{（压）}$$

第九章
剪切与挤压

知 识 要 点

一、基本概念

1. 剪切变形

剪切的受力特点：构件在两侧面受到一对大小相等、方向相反、作用线相距很近的平行外力（外力合力）的作用。

剪切的变形特点：构件沿两侧平行外力的交界面发生相对错动。

剪切面：构件承受剪切变形时，发生错动的截面。

剪力：剪切面上的切向内力，记作 F_S。

双剪：构件承受剪切变形时，同时存在两个剪切面。

2. 挤压

挤压：两构件在局部接触面上互相压紧、传递压力所产生的变形现象。

挤压面：构件承受挤压变形时，传递压力的接触面。

挤压力：构件承受挤压变形时，挤压面上传递的压力，记作 F_{bs}。

挤压应力：构件承受挤压变形时，挤压面上承受的法向接触应力，记作 σ_{bs}。

3. 连接件

连接构件的元件，例如销钉、铆钉、螺栓、键、耳片等。剪切与挤压是连接件的主要变形形式。

二、基本公式

1. 剪切面上切应力的实用计算公式

$$\tau = \frac{F_S}{A_S} \tag{9-1}$$

式中，F_S 为剪切面上的剪力；A_S 为剪切面的面积。

2. 剪切强度条件

$$\tau = \frac{F_S}{A_S} \leqslant [\tau] \tag{9-2}$$

式中，$[\tau]$ 为材料的许用切应力。

3. 挤压应力的实用计算公式

$$\sigma_{bs} = \frac{F_{bs}}{A_{bs}} \tag{9-3}$$

式中，F_{bs} 为挤压面上的挤压力；A_{bs} 为挤压面的计算面积，取实际挤压面在垂直于挤压力的平面上投影的面积。

4. 挤压强度条件

$$\sigma_{bs} = \frac{F_{bs}}{A_{bs}} \leqslant [\sigma_{bs}] \tag{9-4}$$

式中，$[\sigma_{bs}]$ 为材料的许用挤压应力。

解 题 方 法

本章习题的主要类型是连接件的强度计算。连接件的强度计算一般涉及下列三个方面：

一、连接件的剪切强度计算

根据式（9-2），进行连接件的剪切强度计算。

在进行剪切强度计算时，应注意以下两点：

1）剪切面是构件发生相对错动的面，解题时要据此作出正确判断。

2）剪力 F_S 是剪切面上的内力，必须采用截面法计算。

二、连接件与被连接构件的挤压强度计算

根据式（9-4），进行连接件与被连接构件的挤压强度计算。

在进行挤压强度计算时，应注意以下两点：

1）挤压面是连接件与被连接构件之间传递压力的相互接触面，解题时要据此作出正确判断。

2）式（9-4）中的 A_{bs} 为挤压面的计算面积，即为实际挤压面在垂直于挤压力的平面上投影的面积。

三、被连接构件的拉伸强度计算

根据式（8-6），进行被连接构件的拉伸强度计算。

在对被连接构件进行拉伸强度计算时，应综合根据被连接构件的轴力图和其截面的削弱情况来判断危险截面，并对可能的各个危险截面逐一进行强度计算。

难 题 解 析

【例题 9-1】 铆接件如图 9-1 所示，已知铆钉直径 $d=30$ mm，板宽 $b=200$ mm，中间两块主板厚 $t_1=20$ mm，上下两块盖板厚 $t_2=12$ mm，主板所受拉力 $F=400$ kN。试计算：（1）铆钉切应力 τ；（2）铆钉与板之间的挤压应力 σ_{bs}；（3）板的最大拉应力 σ_{max}。

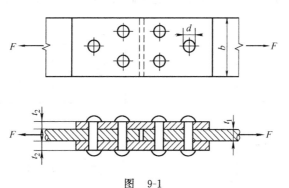

图 9-1

解：（1）铆钉切应力 左右两块主板分别通过三个铆钉与盖板铆接，故每个铆钉的中段与主板之间的挤压力

$$F_{bs1} = \frac{F}{3}$$

注意到铆钉为双剪，截取铆钉中段为研究对象（见图 9-2a），即得每个剪切面上的剪力

$$F_S = \frac{F_{bs1}}{2} = \frac{F}{6}$$

由式（9-1），得铆钉切应力

图 9-2

$$\tau = \frac{F_S}{A_S} = \frac{\dfrac{F}{6}}{\dfrac{\pi d^2}{4}} = \frac{4 \times 400 \times 10^3 \text{ N}}{6 \times \pi \times 30^2 \times 10^{-6} \text{ m}^2} = 94.3 \text{ MPa}$$

（2）铆钉与板之间的挤压应力 根据式（9-3），得铆钉与主板之间的挤压应力

$$\sigma_{bs1} = \frac{F_{bs1}}{A_{bs1}} = \frac{\dfrac{F}{3}}{d t_1} = \frac{400 \times 10^3 \text{ N}}{3 \times 30 \times 20 \times 10^{-6} \text{ m}^2} = 222.2 \text{ MPa}$$

截取铆钉上（下）段为研究对象（见图 9-2b），可得每个铆钉的上（下）段
与盖板之间的挤压力

$$F_{bs2} = F_s = \frac{F}{6}$$

故得铆钉与盖板之间的挤压应力

$$\sigma_{bs2} = \frac{F_{bs2}}{A_{bs2}} = \frac{\frac{F}{6}}{dt_2} = \frac{400 \times 10^3 \text{ N}}{6 \times 30 \times 12 \times 10^{-6} \text{ m}^2} = 185.2 \text{ MPa}$$

（3）**板的最大拉应力**　取右主板为研究对象，作出轴力图（见图 9-3a），
并考虑到其截面的削弱情况，可能的危险截面有两个，需分别计算。

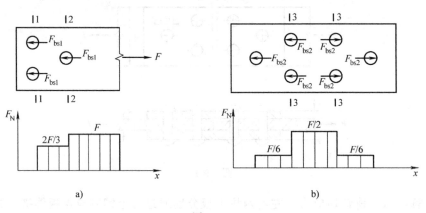

图　9-3

主板左边第一排孔所在的 1—1 截面上的拉应力

$$\sigma_1 = \frac{F_{N1}}{A_1} = \frac{\frac{2F}{3}}{(b-2d)t_1} = \frac{2 \times 400 \times 10^3 \text{ N}}{3 \times (200 - 2 \times 30) \times 20 \times 10^{-6} \text{ m}^2} = 95.2 \text{ MPa}$$

主板左边第二排孔所在的 2—2 截面上的拉应力

$$\sigma_2 = \frac{F_{N2}}{A_2} = \frac{F}{(b-d)t_1} = \frac{400 \times 10^3 \text{ N}}{(200 - 30) \times 20 \times 10^{-6} \text{ m}^2} = 117.6 \text{ MPa}$$

取盖板为研究对象，作出轴力图（见图 9-3b），显然其危险截面为中间两排
孔所在的 3—3 截面，该截面上的拉应力

$$\sigma_3 = \frac{F_{N3}}{A_3} = \frac{\frac{F}{2}}{(b-2d)t_2} = \frac{400 \times 10^3 \text{ N}}{2 \times (200 - 2 \times 30) \times 12 \times 10^{-6} \text{ m}^2} = 119.0 \text{ MPa}$$

综合上述计算结果可知，板的最大拉应力位于盖板的中间两排孔所在截面
上，大小为

$$\sigma_{max} = \sigma_3 = 119.0 \text{ MPa}$$

【例题 9-2】 如图 9-4a 所示，一块钢板用 4 个相同的铆钉固定在立柱上，已知所受载荷 $F=20\ kN$，铆钉直径 $d=20\ mm$，许用切应力 $[\tau]=80\ MPa$，试校核铆钉的剪切强度。

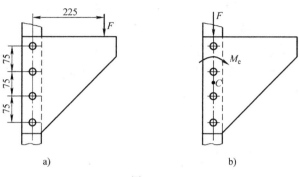

图 9-4

解： （1）计算铆钉剪力 将力 F 向铆钉组截面形心 C 平移，得一作用线通过铆钉组截面形心 C 的力 F 和一使钢板绕 C 点转动的矩 $M_e=0.225F$ 的附加力偶（见图 9-4b）。其中，作用线通过铆钉组截面形心 C 的力 F 在每个铆钉上引起的剪力 F_s' 相等（见图 9-5a），即有

$$F_s'=\frac{F}{4}=5\ kN$$

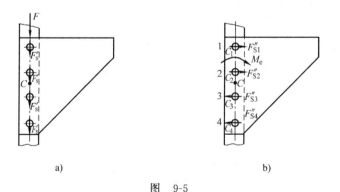

图 9-5

力偶矩 M_e 使钢板绕铆钉组截面形心 C 转动，若视钢板为刚性的，则第 i 个铆钉的平均切应变与该铆钉截面形心 C_i 至点 C 的距离成正比。故可推论，如果铆钉组中每个铆钉完全相同，且在线弹性范围内，则力偶矩 M_e 在第 i 个铆钉上引起的剪力 F_{si}'' 的大小与该铆钉截面形心 C_i 至铆钉组截面形心 C 的距离成正比，F_{si}'' 的方向垂直于 C_i 与 C 的连线（见图 9-5b），即有

$$F_{s1}''=F_{s4}'',\quad F_{s2}''=F_{s3}'',\quad \frac{F_{s1}''}{F_{s2}''}=\frac{0.1125}{0.0375}=3$$

将上述关系式联立下列平衡方程

$$M_e = 2 \times (F''_{S1} \times 0.1125 + F''_{S2} \times 0.0375) = 0.225F$$

即可解得

$$F''_{S1} = F''_{S4} = 18 \text{ kN}, \quad F''_{S2} = F''_{S3} = 6 \text{ kN}$$

显然，铆钉 1（4）较危险，其承受剪力

$$F_{S1} = \sqrt{(F'_s)^2 + (F''_{S1})^2} = \sqrt{5^2 + 18^2} \text{ kN} = 18.68 \text{ kN}$$

（2）校核铆钉剪切强度　对铆钉 1（4）进行剪切强度校核，根据式（9-2），有

$$\tau = \frac{F_{S1}}{\dfrac{\pi d^2}{4}} = \frac{4 \times 18.68 \times 10^3 \text{ N}}{\pi \times 20^2 \times 10^{-6} \text{ m}^2} = 59.5 \text{ MPa} < [\tau] = 80 \text{ MPa}$$

所以，铆钉的剪切强度符合要求。

习 题 解 答

习题 9-1　木榫接头如图 9-6 所示，已知 $a=10 \text{ cm}$，$b=12 \text{ cm}$，$h=35 \text{ cm}$，$c=4.5 \text{ cm}$，$F=40 \text{ kN}$。试计算接头的切应力和挤压应力。

解：木榫接头剪切面上的剪力 $F_S = F$，剪切面的面积 $A_S = hb$，木榫接头的切应力 $\tau = 0.95 \text{ MPa}$。

木榫接头挤压面上的挤压力 $F_{bs} = F$，挤压面为平面，面积 $A_{bs} = cb$，木榫接头的挤压应力 $\sigma_{bs} = 7.4 \text{ MPa}$。

习题 9-2　如图 9-7 所示，用压力机将钢板冲出直径 $d=20 \text{ mm}$ 的圆孔，已知压力机的最大冲剪力为 100 kN，钢板的剪切强度极限 $\tau_b = 200 \text{ MPa}$，试确定所能冲剪的钢板的最大厚度 t。

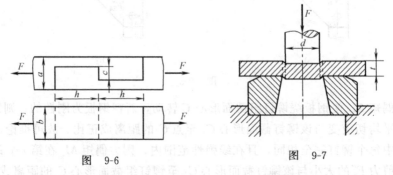

图 9-6　　　　　　　　　图 9-7

解：钢板的剪切面为圆柱面，其面积 $A_S = \pi dt$。欲将钢板冲出圆孔，剪切面上的切应力应满足条件 $\tau \geq \tau_b = 200 \times 10^6 \text{ Pa}$，解得 $t \leq 7.96 \text{ mm}$。

习题 9-3　如图 9-8 所示，用一个螺栓将一根拉杆与两块相同的盖板相连

接，承受 $F=120$ kN 的拉力。已知拉杆厚度 $t=15$ mm，盖板厚度 $\delta=8$ mm，螺栓的许用切应力 $[\tau]=60$ MPa、许用挤压应力 $[\sigma_{bs}]=160$ MPa，拉杆的许用拉应力 $[\sigma]=80$ MPa，试确定螺栓直径 d 和拉杆宽度 b。

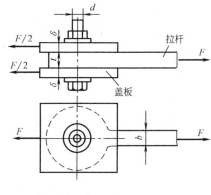

图 9-8

解：螺栓承受双剪，每个剪切面上的剪力 $F_S=F/2$，由剪切强度条件得螺栓直径 $d\geqslant35.7$ mm。由于两块盖板的总厚度要大于拉杆的厚度，因此螺栓与拉杆之间的挤压应力较大。由挤压强度条件得 $d\geqslant50$ mm。故取螺栓直径 $d=50$ mm。

由拉杆的拉伸强度条件得 $b\geqslant100$ mm。故取拉杆宽度 $b=100$ mm。

习题 9-4 如图 9-9 所示，两块厚度 $t=6$ mm 的相同钢板用三个铆钉铆接。已知材料的许用切应力 $[\tau]=100$ MPa，许用挤压应力 $[\sigma_{bs}]=280$ MPa。若 $F=50$ kN，试确定铆钉直径 d。

解：每个铆钉所受剪力 $F_S=F/3$，由剪切强度条件得 $d\geqslant14.6$ mm。每个铆钉所受挤压力 $F_{bs}=F/3$，由挤压强度条件得 $d\geqslant9.9$ mm。故取螺栓直径 $d=15$ mm。

习题 9-5 如图 9-10 所示，d 为拉杆直径，D、h 分别为拉杆端部的直径、厚度。已知轴向拉力 $F=11$ kN，材料的许用切应力 $[\tau]=90$ MPa，许用挤压应力 $[\sigma_{bs}]=200$ MPa，许用拉应力 $[\sigma]=120$ MPa。试确定 d、D 与 h。

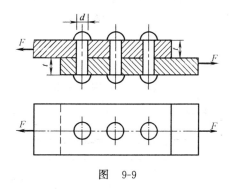

图 9-9

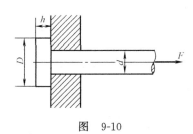

图 9-10

解：由拉杆的拉伸强度条件，得 $d\geqslant10.8$ mm。取拉杆直径 $d=10.8$ mm。

根据拉杆端部的剪切强度确定拉杆端部厚度 h。拉杆端部的剪切面为直径为 d、厚度为 h 的圆柱面，由剪切强度条件，得 $h\geqslant3.6$ mm。取拉杆端部厚度 $h=3.6$ mm。

根据拉杆端部的挤压强度确定拉杆端部直径 D。拉杆端部的挤压面为内径为 d、外径为 D 的圆环形平面，由挤压强度条件，得 $D \geqslant 13.7$ mm。取拉杆端部直径 $D = 13.7$ mm。

习题 9-6　如图 9-11 所示，拉杆用四个铆钉固定在格板上，已知轴向拉力 $F = 80$ kN，拉杆的宽度 $b = 80$ mm、厚度 $\delta = 10$ mm，铆钉直径 $d = 16$ mm，材料的许用切应力 $[\tau] = 100$ MPa、许用挤压应力 $[\sigma_{bs}] = 300$ MPa、许用拉应力 $[\sigma] = 160$ MPa。试校核铆钉与拉杆的强度。

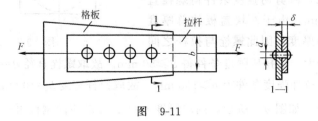

图　9-11

解：四个铆钉，每个铆钉平均承受的剪力 $F_S = F/4$。由剪切强度条件，$\tau = 99.5$ MPa $< [\tau] = 100$ MPa，故铆钉的剪切强度符合要求。

每个铆钉与拉杆之间的挤压力 $F_{bs} = F/4$。由挤压强度条件，$\sigma_{bs} = 125$ MPa $< [\sigma_{bs}] = 300$ MPa，故铆钉与拉杆的挤压强度符合要求。

作出拉杆的轴力图（见图 9-12），可知右边第一排孔所在截面为危险截面，由拉伸强度条件，$\sigma = 125$ MPa $< [\sigma] = 160$ MPa，故拉杆的拉伸强度符合要求。

习题 9-7　如图 9-13 所示，两根矩形截面木杆用两块钢板相连接，已知轴向拉力 $F = 45$ kN，木杆宽度 $b = 250$ mm，木材的许用切应力 $[\tau] = 1$ MPa、许用挤压应力 $[\sigma_{bs}] = 10$ MPa、许用拉应力 $[\sigma] = 6$ MPa。试确定钢板尺寸 δ 与 l，以及木杆厚度 h。

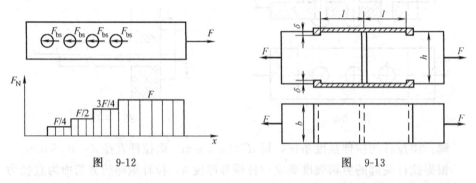

图　9-12　　　　　　　　　　　图　9-13

解：根据木杆挤压强度确定 δ。木杆上下槽的侧面与钢板弯头的内侧面接触，受到挤压。由木杆的挤压强度条件，得 $\delta \geqslant 9$ mm。取钢板尺寸 $\delta = 9$ mm。

根据木杆剪切强度确定 l。由木杆的剪切强度条件，得 $l \geqslant 90$ mm。取钢板尺寸 $l = 90$ mm。

根据木杆拉伸强度确定 h。木杆承受轴向拉伸，其开槽截面为危险截面。由拉伸强度条件，得 $h \geqslant 48$ mm。取木杆厚度 $h = 48$ mm。

习题 9-8　带肩杆件如图 9-14 所示，已知材料的许用切应力 $[\tau] = 100$ MPa，许用挤压应力 $[\sigma_{bs}] = 320$ MPa，许用拉应力 $[\sigma] = 160$ MPa。试确定许可载荷。

解：由杆件的拉伸强度条件，得 $F \leqslant 1256.6$ kN。

杆件凸肩承受剪切和挤压变形。杆件凸肩的剪切面为圆柱面，由剪切强度条件，得 $F \leqslant 1099.6$ kN。杆件凸肩的挤压面为圆环形平面，由挤压强度条件，得 $F \leqslant 7539.8$ kN。

所以，许可载荷 $[F] = 1099.6$ kN。

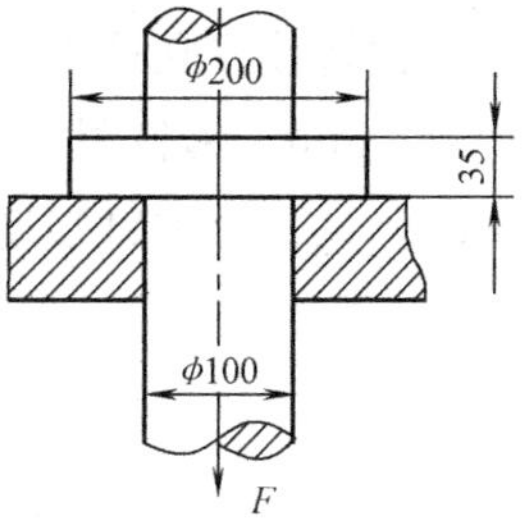

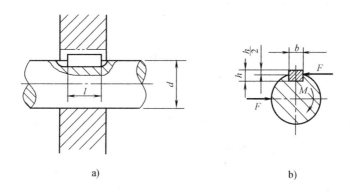

图　9-14

习题 9-9　如图 9-15 所示，已知轴的直径 $d = 80$ mm，键的尺寸 $b = 24$ mm、$h = 14$ mm，键的许用切应力 $[\tau] = 40$ MPa、许用挤压应力 $[\sigma_{bs}] = 90$ MPa。若由轴通过键传递的转矩 $M = 3$ kN·m，请确定键的长度 l。

a)

b)

图　9-15

解：取键和轴为研究对象（见图 9-15b），由力偶矩平衡方程得力 $F = 75$ kN。

由键的剪切强度条件，得 $l \geqslant 78$ mm。由键的挤压强度，得 $l \geqslant 119$ mm。故取键的长度 $l = 119$ mm。

习题 9-10　铆接件如图 9-16 所示，已知铆钉直径 $d = 25$ mm，板厚 $\delta = 12$ mm，板宽 $b = 150$ mm，材料的许用切应力 $[\tau] = 60$ MPa、许用挤压应力 $[\sigma_{bs}] = 160$ MPa、许用拉应力 $[\sigma] = 100$ MPa。试确定许可载荷。

解：每个铆钉平均受力 $F/2$。由铆钉的剪切强度条件，得 $F \leqslant 58.9$ kN。由铆钉与板的挤压强度条件，得 $F \leqslant 96$ kN。

板承受拉伸变形。两孔所在截面为板的危险截面，由拉伸强度条件，得 $F \leqslant 120$ kN。

所以，许可载荷 $[F] = 58.9$ kN。

习题 9-11　如图 9-17 所示，用两个铆钉将 140 mm×140 mm×12 mm 的等边角钢铆接在立柱上，构成托架。已知托架中央承受载荷 $F = 20$ kN，铆钉直径 $d = 20$ mm，铆钉材料的许用切应力 $[\tau] = 40$ MPa、许用挤压应力 $[\sigma_{bs}] = 120$ MPa，试校核铆钉强度。

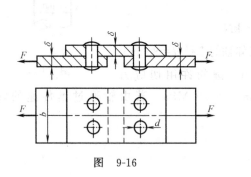

图　9-16

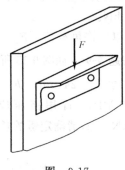

图　9-17

解：两个铆钉，每个铆钉平均受力 $F/2$。由铆钉的剪切强度条件，$\tau = 31.8$ MPa $< [\tau] = 40$ MPa；由铆钉的挤压强度条件，$\sigma_{bs} = 41.7$ MPa $< [\sigma_{bs}] = 120$ MPa，故铆钉的强度符合要求。

习题 9-12　图 9-18 所示联轴器用四个螺栓联接，螺栓对称地分布在直径 $D = 480$ mm 的圆周上。已知联轴器传递的力偶矩 $M = 24$ kN·m，螺栓材料的许用切应力 $[\tau] = 80$ MPa，试根据螺栓的剪切强度确定螺栓直径 d。

解：由对轴心的力矩平衡方程（见图 9-19），得每个螺栓受力 $F = 25$ kN。

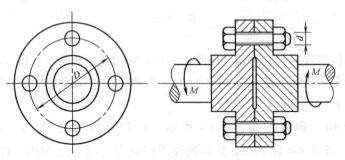

图　9-18

由螺栓剪切强度条件，得 $d \geqslant 19.9$ mm。故取螺栓直径 $d = 20$ mm。

习题 9-13　连接件如图 9-20 所示，已知铆钉直径 $d = 20$ mm，板宽 $b = 100$ mm，中央主板厚 $\delta = 15$ mm，上、下盖板厚 $t = 10$ mm；板和铆钉材料相同，其许用切应力 $[\tau] = 80$ MPa、许用挤压应力 $[\sigma_{bs}] = 220$ MPa、许用拉应力 $[\sigma] = 100$ MPa。若所受轴向载荷 $F = 80$ kN，试校核该连接件的强度。

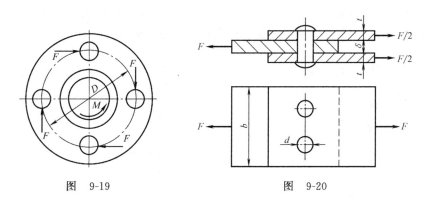

图　9-19　　　　　　　　　　　　　　图　9-20

解：铆钉为双剪，每个剪切面上的剪力 $F_S = F/4$，由剪切强度条件，$\tau = 63.7$ MPa $< [\tau] = 80$ MPa，铆钉的剪切强度符合要求。

由于上、下盖板的总厚度要大于中央主板的厚度，因此铆钉与中央主板之间的挤压应力较大。由挤压强度条件，$(\sigma_{bs})_{max} = 133.3$ MPa $< [\sigma_{bs}] = 220$ MPa，铆钉与板的挤压强度符合要求。

板承受拉伸变形，不难判断，中央主板的开孔截面为危险截面，由拉伸强度条件，$\sigma_{max} = 88.9$ MPa $< [\sigma] = 100$ MPa，板的拉伸强度符合要求。

结论：该连接件的强度符合要求。

习题 9-14　钢螺栓接头如图 9-21 所示，已知螺栓直径 $d = 18$ mm，钢板宽度 $b = 200$ mm、厚度 $\delta = 6$ mm，材料的许用切应力 $[\tau] = 100$ MPa、许用挤压应力 $[\sigma_{bs}] = 240$ MPa、许用拉应力 $[\sigma] = 160$ MPa。试确定该连接件的许可载荷。

解：七个螺栓对称分布，每个螺栓平均受力 $F/7$。由螺栓的剪切强度条件，得 $F \leqslant 178.1$ kN。由螺栓与钢板的挤压强度条件，得 $F \leqslant 181.4$ kN。

钢板承受拉伸变形。取下方钢板为研究对象，作出其受力图与轴力图如图 9-22 所示。由轴力图并考虑到截面削弱情况，钢板可能的危险截面有两个，需分别计算：对于右边一排

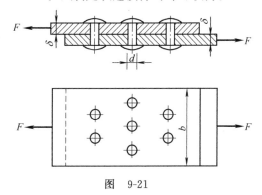

图　9-21

孔所在的 1—1 截面，由拉伸强度条件，得 $F \leqslant 157.4\,\text{kN}$；对于中间一排孔所在的 2—2 截面，由拉伸强度条件，得 $F \leqslant 196.2\,\text{kN}$。

综合以上计算结果，得该连接件的许可载荷为 $[F] = 157.4\,\text{kN}$。

习题 9-15 边长 $b = 200\,\text{mm}$ 的正方形截面混凝土立柱如图 9-23 所示，已知立柱的基底为边长 $a = 1\,\text{m}$ 的正方形混凝土板，立柱承受的轴向压力 $F = 100\,\text{kN}$，混凝土的许用切应力 $[\tau] = 1.5\,\text{MPa}$。假设地基对混凝土板基底的支反力均匀分布，试求为使混凝土板基底不被剪断其厚度 t 的最小值。

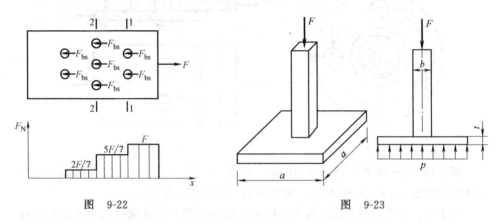

图 9-22　　　　　　　　　　　　图 9-23

解：由整体的平衡方程得地基对混凝土板基底的支反力集度 $p = F/a^2 = 0.1\,\text{MPa}$。混凝土板基底剪切面的面积 $A_S = 4bt$，剪切面上的剪力 $F_S = F - pb^2$。由剪切强度条件，得 $t \leqslant 80\,\text{mm}$。

第十章
扭 转

知 识 要 点

一、基础知识

1. 扭转变形

扭转的受力特点：承受外力偶作用，外力偶的作用面垂直于杆件轴线。

扭转的变形特点：杆件各横截面绕杆件轴线发生相对转动。

2. 外力偶矩与功率、转速之间的换算关系

$$M_e = 9549 \frac{P}{n} \tag{10-1}$$

式中，M_e 为外力偶矩，单位为 N·m；P 为功率，单位为 kW；n 为转速，单位为 r/min。

3. 扭矩与扭矩图

扭矩：杆件受扭转时横截面上的内力偶矩，其作用面即为所在横截面。扭矩记作 T。

扭矩的正负号：根据右手螺旋法则确定，即以右手四指握向表示扭矩转向，若大拇指指向与截面的外法线方向一致，扭矩为正，反之则为负。

扭矩图：表示扭矩随横截面位置变化规律的图线。

4. 切应力互等定理

在任意两个相互垂直的截面上，切应力必然成对出现，其大小相等，方向均垂直于两截面的交线，且共同指向或共同背离该交线。切应力互等定理也称切应力双生定理。

5. 切应变

在切应力作用下，两互相垂直截面的夹角的改变量，记作 γ。切应变也称角应变。

6. 剪切胡克定律

$$\gamma = \frac{\tau}{G} \tag{10-2}$$

式中，G 为材料的弹性常数，称为切变模量或剪切弹性模量，常用单位为 GPa。

剪切胡克定律的适用范围：线弹性，即 $\tau \leqslant \tau_p$（τ_p 为剪切比例极限）。

材料的三个弹性常数，弹性模量 E、切变模量 G 与泊松比 ν，存在下列关系式

$$G = \frac{E}{2(1+\nu)} \tag{10-3}$$

二、圆轴扭转时的应力与强度计算

1. 薄壁圆管扭转时横截面上的切应力

$$\tau = \frac{T}{2\pi R^2 \delta} \tag{10-4}$$

式中，R 为薄壁圆管横截面的平均半径；δ 为壁厚。

式（10-4）为近似公式，当 $\delta/R < 1/10$ 时，其误差 $< 5\%$，可以满足工程要求。

2. 圆轴扭转时横截面上的切应力

$$\tau = \frac{T}{I_p}\rho \tag{10-5}$$

式中，ρ 为点至圆心的距离；I_p 为横截面对圆心的极惯性矩。对于直径为 D 的实心圆轴，极惯性矩

$$I_p = \frac{\pi D^4}{32} \tag{10-6}$$

对于外径为 D、内径为 d 的空心圆轴，极惯性矩

$$I_p = \frac{\pi D^4}{32}(1-\alpha^4) \tag{10-7}$$

式中，$\alpha = d/D$，为空心圆轴的内外径比。

结论：圆轴扭转时横截面上的切应力沿径向线性分布，在圆心处为零，在外缘各点处取得最大值。

3. 圆轴扭转时横截面上的最大切应力

$$\tau_{max} = \frac{T}{W_t} \tag{10-8}$$

式中，W_t 为抗扭截面系数。对于直径为 D 的实心圆轴，抗扭截面系数

$$W_t = \frac{\pi D^3}{16} \tag{10-9}$$

对于外径为 D、内径为 d 的空心圆轴，抗扭截面系数

$$W_{\mathrm{t}} = \frac{\pi D^3}{16}(1 - \alpha^4) \tag{10-10}$$

式中，$\alpha = d/D$，为空心圆轴的内外径比。

4. 扭转圆轴的强度条件

$$\tau_{\max} = \frac{|T|_{\max}}{W_{\mathrm{t}}} \leqslant [\tau] \tag{10-11}$$

式中，$[\tau]$ 为材料的许用扭转切应力。

三、圆轴扭转时的变形与刚度计算

1. 圆轴扭转时两横截面间的相对扭转角

$$\varphi = \frac{Tl}{GI_{\mathrm{p}}} \tag{10-12}$$

式中，l 为两横截面间的距离；GI_{p} 称为抗扭刚度。

在国际单位制中，扭转角 φ 的单位为 rad（弧度）。

2. 圆轴扭转时的单位长度扭转角

$$\varphi' = \frac{\mathrm{d}\varphi}{\mathrm{d}x} = \frac{T}{GI_{\mathrm{p}}} \tag{10-13}$$

在国际单位制中，单位长度扭转角 φ' 的单位为 rad/m（弧度/米）。

3. 圆轴扭转时的刚度条件

$$|\varphi'|_{\max} = \frac{|T|_{\max}}{GI_{\mathrm{p}}} \leqslant [\varphi'] \, (\mathrm{rad/m}) \tag{10-14a}$$

或者

$$|\varphi'|_{\max} = \frac{|T|_{\max}}{GI_{\mathrm{p}}} \times \frac{180°}{\pi} \leqslant [\varphi'] \, (°/\mathrm{m}) \tag{10-14b}$$

式中，$[\varphi']$ 为许用单位长度扭转角。

解 题 方 法

本章习题的主要类型有下列三种：

一、扭转圆轴的强度计算

根据式（10-11），可解决工程中扭转圆轴的强度计算问题。

在按照式（10-11）进行扭转圆轴强度计算时，应注意以下几点：

1）式中的 T 为圆轴横截面上的扭矩，应根据截面法由平衡方程确定。

2）应综合根据圆轴的扭矩图和截面尺寸变化情况来判断危险截面，并对可能的各个危险截面逐一进行强度计算。

3）与拉（压）杆的强度计算类似，扭转圆轴的强度计算也有强度校核、截面设计和确定许可载荷等三类问题。

二、扭转圆轴的刚度计算

根据式（10-14a）或式（10-14b），可解决工程中扭转圆轴的刚度计算问题。

扭转圆轴刚度计算时的注意点与强度计算时的注意点类似。另外，还需特别注意，在刚度条件中，最大单位长度扭转角 $|\varphi'|_{max}$ 的单位要与许用单位长度扭转角 $[\varphi']$ 的单位一致。

三、扭转圆轴的变形计算

根据式（10-12），计算扭转圆轴两截面间的相对扭转角。

在计算扭转圆轴两截面间的相对扭转角时，应注意以下几点：

1）在计算中，应考虑扭矩 T 的正负号，即扭转角 φ 的正负号与扭矩 T 的正负号一致。

2）若圆轴横截面上的扭矩、横截面尺寸沿轴线为分段常数，则应按式（10-12）分段计算各段的扭转角，然后再将其代数相加，即有

$$\varphi = \sum_{i=1}^{n} \left(\frac{Tl}{GI_p}\right)_i \tag{10-15}$$

3）若圆轴横截面上的扭矩、横截面尺寸沿轴线为连续函数，则应根据积分元素法，化变为常，先在微段 dx 上应用式（10-12），然后积分，即有

$$\varphi = \int_l \frac{T}{GI_p} dx \tag{10-16}$$

难 题 解 析

【例题 10-1】　如图 10-1 所示，圆锥形轴的两端承受转矩 M 的作用。已知轴长为 l，左、右端面的直径分别为 d_1、d_2，材料的切变模量为 G。试计算该轴左、右两端面间的相对扭转角。

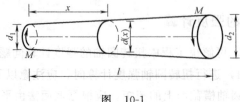

图　10-1

解：如图 10-1 所示，设其任一 x 截面的直径为 $d(x)$，则有

$$d(x) = d_1 + \frac{d_2 - d_1}{l}x$$

故 x 截面的极惯性矩为

$$I_p(x) = \frac{\pi d^4(x)}{32} = \frac{\pi}{32}\left(d_1 + \frac{d_2 - d_1}{l}x\right)^4$$

由式（10-16），即得该轴左、右两端面间的相对扭转角

$$\varphi = \int_0^l \frac{T}{GI_p(x)}dx = \int_0^l \frac{32M}{\pi G\left(d_1 + \dfrac{d_2 - d_1}{l}x\right)^4}dx = \frac{32Ml}{3G\pi(d_2 - d_1)}\left(\frac{1}{d_1^3} - \frac{1}{d_2^3}\right)$$

【例题 10-2】 如图 10-2a 所示，两端固定的阶梯圆轴在截面 C 处受转矩 M_e 的作用。已知 $D_1 = 7$ cm、$D_2 = 5$ cm，$[\tau] = 60$ MPa。试求该轴所允许承受的最大转矩 $[M_e]$。

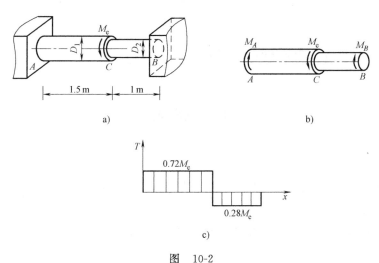

图 10-2

解：（1）求固定端处的约束力偶矩 这是扭转一次超静定问题。解除约束，作出阶梯圆轴的受力图如图 10-2b 所示，列平衡方程

$$M_A + M_B - M_e = 0 \tag{a}$$

建立变形协调方程

$$\varphi_{AB} = \varphi_{AC} + \varphi_{CB} = 0$$

利用式（10-12），由上述变形协调方程得补充方程

$$\frac{M_A \times 1.5}{D_1^4} - \frac{M_B \times 1}{D_2^4} = 0 \tag{b}$$

联立方程（a）、（b），代入数据，解得固定端处的约束力偶矩

$$M_A = 0.72M_e, \quad M_B = 0.28M_e$$

（2）**强度计算** 由截面法，作出阶梯圆轴的扭矩图如图 10-2c 所示，AC 段、CB 段轴的扭矩分别为

$$T_{AC} = 0.72M_e, \quad T_{CB} = -0.28M_e$$

由 AC 段的强度条件

$$(\tau_{max})_{AC} = \frac{T_{AC}}{(W_t)_{AC}} = \frac{0.72M_e}{\frac{\pi}{16} \times 0.07^3 \text{ m}^3} \leqslant [\tau] = 60 \times 10^6 \text{ Pa}$$

解得

$$M_e \leqslant 5.6 \text{ kN} \cdot \text{m}$$

由 CB 段的强度条件

$$(\tau_{max})_{CB} = \frac{|T_{CB}|}{(W_t)_{CB}} = \frac{0.28M_e}{\frac{\pi}{16} \times 0.05^3 \text{ m}^3} \leqslant [\tau] = 60 \times 10^6 \text{ Pa}$$

解得

$$M_e \leqslant 5.3 \text{ kN} \cdot \text{m}$$

所以，该轴所允许承受的最大转矩

$$[M_e] = 5.3 \text{ kN} \cdot \text{m}$$

习 题 解 答

习题 10-1 （略）

习题 10-2 如图 10-3a 所示，已知某传动轴的额定转速 $n = 200$ r/min，主动轮 B 的输入功率为 60 kW，从动轮 A、C、D、E 的输出功率依次为 18 kW、12 kW、22 kW、8 kW。试作出该传动轴的扭矩图，并确定最大扭矩。

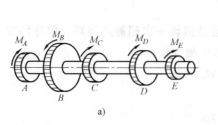
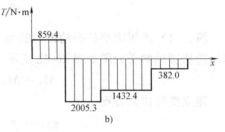

图 10-3

解：由式（10-1），得各外力偶矩分别为 $M_A = 859.4$ N·m、$M_B = 2864.7$ N·m、$M_C = 572.9$ N·m、$M_D = 1050.4$ N·m、$M_E = 382.0$ N·m。

由截面法，作出该传动轴的扭矩图如图 10-3b 所示，最大扭矩 $|T|_{max} = 2005.3$ N·m。

习题 10-3 某薄壁圆管，已知外径 $D=44$ mm，内径 $d=40$ mm，横截面上扭矩 $T=750$ N·m，试计算最大扭转切应力。

解：该薄壁圆管的平均半径 $R=21$ mm，壁厚 $\delta=2$ mm。由于 $\delta/R < 1/10$，故可用式（10-4）计算最大扭转切应力，得 $\tau_{max}=135.3$ MPa。

习题 10-4 如图 10-4 所示，空心圆轴的外径 $D=40$ mm，内径 $d=20$ mm，所受扭矩 $T=1$ kN·m，试计算横截面上 $\rho_A=15$ mm 的点 A 处的扭转切应力 τ_A，以及横截面上的最大与最小扭转切应力。

解：计算得该轴的极惯性矩 $I_p=2.356 \times 10^{-7}$ m^4、抗扭截面系数 $W_t=1.178\times10^{-5}$ m^3。

由式（10-5），得点 A 处的扭转切应力 $\tau_A=63.7$ MPa。

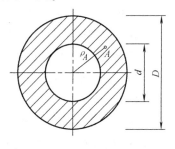

图 10-4

由式（10-5），得最小扭转切应力 $\tau_{min}=42.4$ MPa。由式（10-8），得最大扭转切应力 $\tau_{max}=84.9$ MPa。

习题 10-5 某空心圆轴，已知所传递的转矩 $T=5$ kN·m，材料的许用扭转切应力 $[\tau]=80$ MPa。若轴的外径 $D=100$ mm，试确定其内径 d。

解：由扭转圆轴的强度条件，式（10-11），解得空心圆轴的内外径比 $\alpha=\dfrac{d}{D} \leqslant 0.9085$，故得 $d \leqslant 0.9085D=90.85$ mm。可取轴的内径 $d=90$ mm。

习题 10-6 如图 10-5a 所示，阶梯圆轴由两段平均半径同为 50 mm 的薄壁圆管焊接而成，受到沿轴长度均匀分布的外力偶作用，已知外力偶矩的分布集度 $m_e=3500$ N·m/m，轴的长度 $l=1$ m，左段管的壁厚 $\delta_1=5$ mm，右段管的壁厚 $\delta_2=4$ mm，材料的许用扭转切应力 $[\tau]=50$ MPa。试校核轴的强度。

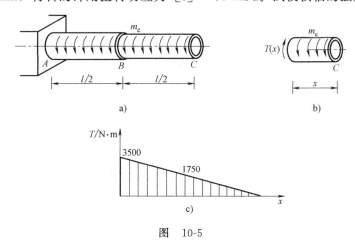

图 10-5

解：由截面法（见图 10-5b），得任一截面 x 处的扭矩 $T(x) = m_e x = 3500x$。由此作出轴的扭矩图如图 10-5c 所示。

综合考虑扭矩图与圆管截面尺寸，截面 A、B 均为可能的危险截面，应分别进行强度校核。由式（10-4），得 $\tau_A = 44.6$ MPa $<$ $[\tau] = 50$ MPa、$\tau_B = 27.9$ MPa $<$ $[\tau] = 50$ MPa，

故该阶梯圆轴的强度符合要求。

习题 10-7　现欲以一内外径比 $\alpha = 0.6$ 的空心圆轴来代替一直径为 400 mm 的实心圆轴，使之具有相同的强度，试确定空心圆轴的内、外径，并比较两轴的重量。

解：根据题意，若要求空心轴与实心轴具有相同的强度，只需其抗扭截面系数 W_t 相等即可。设空心圆轴的内、外径分别为 d、D，据此解得 $d = 252$ mm、$D = 420$ mm。

两轴的重量比就等于两轴的横截面面积比，从而得空心轴与实心轴的重量比为 70.6%。

习题 10-8　如图 10-6a 所示，已知阶梯轴 AB 段的直径 $d_1 = 120$ mm，BC 段的直径 $d_2 = 100$ mm，所受外力偶矩 $M_{eA} = 22$ kN·m，$M_{eB} = 36$ kN·m、$M_{eC} = 14$ kN·m，材料的许用扭转切应力 $[\tau] = 80$ MPa。试校核该轴的强度。

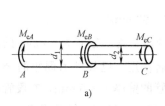
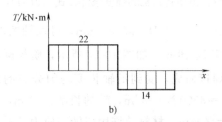

图　10-6

解：由截面法，作出轴的扭矩图如图 10-6b 所示。

由于 AB、BC 两段轴的扭矩、直径均不相同，故需分别进行强度校核。由扭转圆轴的强度条件，即式（10-11），可得 $(\tau_{max})_{AB} = 64.8$ MPa $<$ $[\tau] = 80$ MPa，$(\tau_{max})_{BC} = 71.3$ MPa $<$ $[\tau] = 80$ MPa。故该轴强度满足要求。

习题 10-9　某传动轴如图 10-7a 所示，已知额定转速 $n = 300$ r/min，主动轮 A 输入功率 $P_A = 36$ kW，从动轮 B、C、D 输出功率分别为 $P_B = P_C = 11$ kW、$P_D = 14$ kW。（1）作出轴的扭矩图，并确定轴的最大扭矩；（2）若材料的许用扭转切应力 $[\tau] = 80$ MPa，试确定轴的直径 d；（3）若将轮 A 与轮 D 的位置对调，试问是否合理？为什么？

解：（1）根据式（10-1），得作用在轮 A、B、C、D 上的外力偶矩分别为

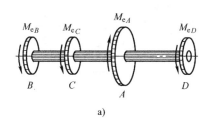 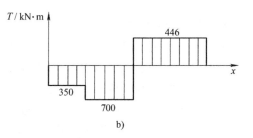

图　10-7

$M_{\mathrm{e}A}=1146\ \mathrm{N\cdot m}$、$M_{\mathrm{e}B}=M_{\mathrm{e}C}=350\ \mathrm{N\cdot m}$、$M_{\mathrm{e}D}=446\ \mathrm{N\cdot m}$。

　　由截面法，作出轴的扭矩图如图 10-7b 所示，轴的最大扭矩 $|T|_{\max}=700\ \mathrm{N\cdot m}$。

　　（2）根据扭转圆轴的强度条件，即式（10-11），解得 $d\geqslant35.5\ \mathrm{mm}$。故取轴的直径 $d=36\ \mathrm{mm}$。

　　（3）将轮 A 与轮 D 的位置对调是不合理的。因为对调后将会增大最大扭矩 $|T|_{\max}$，从而降低轴的承载能力。

　　习题 10-10　如图 10-8a 所示，已知圆轴的直径 $d=150\ \mathrm{mm}$，半长 $l=500\ \mathrm{mm}$，扭转外力偶矩 $M_{\mathrm{e}B}=10\ \mathrm{kN\cdot m}$、$M_{\mathrm{e}C}=8\ \mathrm{kN\cdot m}$，材料的切变模量 $G=80\ \mathrm{GPa}$。（1）作出轴的扭矩图；（2）求轴内的最大扭转切应力；（3）计算 C、A 两截面间的相对扭转角 φ_{AC}。

　　解：（1）由截面法，作出轴的扭矩图如图 10-8b 所示。

　　（2）由式（10-8），得轴内的最大扭转切应力 $\tau_{\max}=12.1\ \mathrm{MPa}$。

　　（3）扭矩沿轴线为分段常数，由式（10-15），得 C、A 两截面间的相对扭转角 $\varphi_{AC}=\varphi_{AB}+\varphi_{BC}=-7.55\times10^{-4}\ \mathrm{rad}=-0.0432°$。

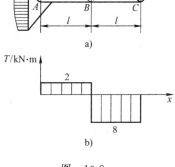

图　10-8

　　习题 10-11　如图 10-9 所示，实心轴和空心轴通过牙嵌离合器连接。已知轴的转速 $n=120\ \mathrm{r/min}$，传递功率 $P=8.5\ \mathrm{kW}$，材料的许用扭转切应力 $[\tau]=45\ \mathrm{MPa}$。试确定实心轴的直径 D_1 和内外径比 $\alpha=0.5$ 的空心轴的外径 D_2。

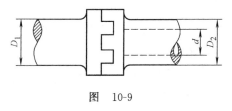

图　10-9

　　解：由式（10-1），得轴传递的扭矩 $T=M_{\mathrm{e}}=676.4\ \mathrm{N\cdot m}$。

　　根据扭转圆轴的强度条件，即式（10-11），解得 $D_1\geqslant42.2\ \mathrm{mm}$，$D_2\geqslant43.1\ \mathrm{mm}$。故可取实心轴的直径 $D_1=42.2\ \mathrm{mm}$，内外径比 $\alpha=0.5$ 的空心轴的外径 $D_2=43.1\ \mathrm{mm}$。

习题 10-12 图 10-10a 所示阶梯圆轴，已知扭转外力偶矩 $M_e = 1$ kN·m，材料的许用扭转切应力 $[\tau] = 80$ MPa、切变模量 $G = 80$ GPa，轴的许用单位长度扭转角 $[\varphi'] = 0.5\,°/m$。试确定该阶梯轴的直径 d_1 与 d_2。

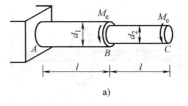

a)

解：由截面法，作出轴的扭矩图如图 10-10b 所示。根据扭矩图，分段进行强度计算和刚度计算。

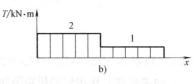

b)

图 10-10

AB 段：由扭转圆轴的强度条件，即式（10-11），得 $d_1 \geqslant 50.3$ mm；由扭转圆轴的刚度条件，即式（10-14b），得 $d_1 \geqslant 73.5$ mm。故取 AB 段的直径 $d_1 = 74$ mm。

BC 段：由扭转圆轴的强度条件，即式（10-11），得 $d_2 \geqslant 39.9$ mm；由扭转圆轴的刚度条件，即式（10-14b），得 $d_2 \geqslant 61.8$ mm。故取 AB 段的直径 $d_2 = 62$ mm。

习题 10-13 已知空心圆轴的外径 $D = 100$ mm、内径 $d = 50$ mm，材料的切变模量 $G = 80$ GPa。若测得间距 $l = 2.7$ m 的两截面间的相对扭转角 $\varphi = 1.8°$，试求：（1）轴内的最大扭转切应力；（2）当轴以 $n = 80$ r/min 的转速转动时所传递的功率。

解：计算得该空心圆轴的极惯性矩 $I_p = 920 \times 10^{-8}$ m^4。

由式（10-12），解得轴所传递的扭矩 $T = 8560$ N·m。

由式（10-8），得轴内的最大扭转切应力 $\tau_{max} = 46.6$ MPa。

由式（10-1），得轴所传递的功率 $P = 71.7$ kW。

习题 10-14 图 10-11a 所示传动轴的直径为 50 mm，额定转速为 300 r/min，电动机通过轮 A 输入 100 kW 的功率，由轮 B、C 和 D 分别输出 45 kW、25 kW 和 30 kW 的功率以带动其他部件。已知材料的许用扭转切应力 $[\tau] = 80$ MPa、切变模量 $G = 80$ GPa，轴的许用单位长度扭转角 $[\varphi'] = 1\,°/m$。试校核该传动轴的强度和刚度。

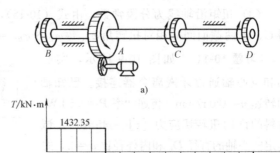

a)

b)

图 10-11

解：由式（10-1），得扭转外力偶矩 $M_A = 3183$ N·m、$M_B = 1432.35$ N·m、$M_C = 795.75$ N·m、$M_D = 954.9$ N·m。

由截面法，作出轴的扭矩

图如图 10-11b 所示，$|T|_{\max}=1750.65 \text{ N}\cdot\text{m}$。

根据扭转圆轴的强度条件，即式（10-11），可得 $\tau_{\max}=71.3 \text{ MPa}\leqslant[\tau]=80 \text{ MPa}$，该传动轴的强度符合要求。

根据扭转圆轴的刚度条件，即式（10-14b），$|\varphi'|_{\max}=2.05 \text{ °/m}>[\varphi']=1 \text{ °/m}$，该传动轴的刚度不符合要求。

习题 10-15 某传动轴受图 10-12a 所示扭转外力偶矩作用。若材料采用 45 钢，切变模量 $G=80 \text{ GPa}$，许用扭转切应力 $[\tau]=60 \text{ MPa}$，轴的许用单位长度扭转角 $[\varphi']=1 \text{ °/m}$，试设计轴的直径，并计算 A、D 两截面间的相对扭转角 φ_{AD}。

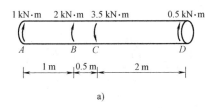
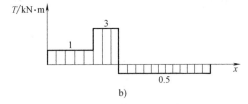

图 10-12

解：由截面法，作出轴的扭矩图如图 10-12b 所示，$|T|_{\max}=3 \text{ kN}\cdot\text{m}$。

根据扭转圆轴的强度条件，即式（10-11），得 $d\geqslant63.4 \text{ mm}$。根据扭转圆轴的刚度条件，即式（10-14b），得 $d\geqslant68.4 \text{ mm}$。故取轴的直径 $d=69 \text{ mm}$。

计算得出轴的极惯性矩 $I_p=2.22\times10^{-6} \text{ m}^4$。由式（10-15），分三段计算，得 A、D 两截面间的相对扭转角

$$\varphi_{AD}=\varphi_{AB}+\varphi_{BC}+\varphi_{CD}=(5.63+8.45-5.63)\times10^{-3} \text{ rad}=8.45\times10^{-3} \text{ rad}$$

习题 10-16 直径 $d=25 \text{ mm}$ 的钢制圆杆，受轴向拉力 60 kN 作用时，在标距为 200 mm 的长度内伸长了 0.113 mm；受矩为 0.2 kN·m 的扭转外力偶作用时，在标距为 200 mm 的长度内相对转过了 0.732°。试确定钢材的弹性模量 E、切变模量 G 和泊松比 ν。

解：由胡克定律，得钢材的弹性模量 $E=216 \text{ GPa}$。

由式（10-12），得钢材的切变模量 $G=81.8 \text{ GPa}$。

由式（10-3），得钢材的泊松比 $\nu=0.32$。

习题 10-17 阶梯圆轴如图 10-13a 所示，已知 AB 段为空心，BC 段与 CE 段为实心，$D=140 \text{ mm}$，$d=100 \text{ mm}$，扭转外力偶矩 $M_{eA}=18 \text{ kN}\cdot\text{m}$、$M_{eB}=32 \text{ kN}\cdot\text{m}$、$M_{eC}=14 \text{ kN}\cdot\text{m}$，材料的许用扭转切应力 $[\tau]=80 \text{ MPa}$、切变模量 $G=80 \text{ GPa}$，轴的许用单位长度扭转角 $[\varphi']=1.2 \text{ °/m}$。试校核该轴的强度和刚度。

解：由截面法，作出轴的扭矩图如图 10-13b 所示。

由扭矩图和截面尺寸不难判断，轴的 AB 段和 CE 段较危险，应分别进行强度计算和刚度计算。

根据扭转圆轴的强度条件，即式（10-11），可得 $(\tau_{\max})_{AB}=45.2$ MPa＜ $[\tau]$ ＝80 MPa、$(\tau_{\max})_{CE}=71.3$ MPa＜ $[\tau]$ ＝80 MPa，该轴的强度符合要求。

根据扭转圆轴的刚度条件，即式（10-14b），$|\varphi'_{AB}|=0.462$ °/m＜ $[\varphi']=$ 1.2 °/m、$|\varphi'_{CE}|=1.02$ °/m＜ $[\varphi']=1.2$ °/m，该轴的刚度符合要求。

习题 10-18 如图 10-14a 所示，阶梯圆轴上装有三个带轮。已知各段轴的直径分别为 $d_1=38$ mm、$d_2=75$ mm，主动轮 B 的输入功率 $P_B=32$ kW，从动轮 A、C 的输出功率分别为 $P_A=14$ kW、$P_C=18$ kW，轴的额定转速 $n=240$ r/min，材料的许用扭转切应力 $[\tau]=60$ MPa、切变模量 $G=80$ GPa，轴的许用单位长度扭转角 $[\varphi']=1.8$ °/m。试校核该轴的强度和刚度。

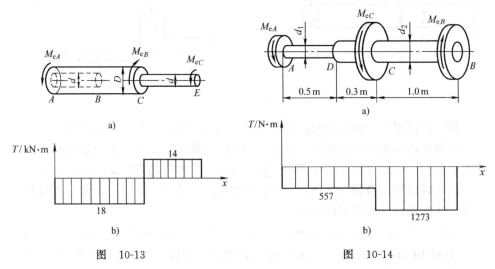

图　10-13　　　　　　　　　　图　10-14

解：由式（10-1），得作用在轮 A、轮 C、轮 B 上的外力偶矩 $M_{eA}=557$ N·m、$M_{eC}=716$ N·m、$M_{eB}=1273$ N·m。

由截面法，作出轴的扭矩图如图 10-14b 所示。由扭矩图和截面尺寸不难判断，轴的 AD 段、CB 段较危险，应分别进行强度计算和刚度计算。

根据扭转圆轴的强度条件，即式(10-11)，可得 $(\tau_{\max})_{AD}=51.6$ MPa＜$[\tau]=60$ MPa、$(\tau_{\max})_{CB}=15.3$ MPa＜ $[\tau]=60$ MPa，该轴的强度符合要求。

根据扭转圆轴的刚度条件，即式(10-14b)，$|\varphi'_{AD}|=1.9$ °/m＞$[\varphi']=1.8$ °/m、$|\varphi'_{CB}|=0.29$ °/m＜ $[\varphi']=1.8$ °/m，由于

$$\frac{|\varphi'_{AD}|-[\varphi']}{[\varphi']}\times100\%=\frac{1.9-1.8}{1.8}\times100\%=5.6\%＞5\%$$

故该轴的刚度不符合要求。

第十一章
弯 曲 内 力

知 识 要 点

一、弯曲概念

1. 弯曲变形

弯曲的受力特点：杆件所受外力垂直于杆的轴线或所受外力偶位于杆的纵向平面内。

弯曲的变形特点：杆的轴线变形后弯成曲线。

对称弯曲：杆件至少具有一个纵向对称平面，且其上的所有外力均作用于同一纵向对称平面内，变形后杆的轴线必然弯成一条位于该纵向对称平面内的平面曲线。对称弯曲又称为平面弯曲。

2. 梁及其分类

梁：主要承受弯曲变形的杆件。

梁的分类：梁可分为静定梁和超静定梁。静定梁又可分为单跨静定梁和多跨静定梁（又称静定组合梁）。单跨静定梁又可分为简支梁、外伸梁和悬臂梁。

简支梁：梁的一端为固定铰支座，另一端为活动铰支座。

外伸梁：简支梁的一端或两端伸出支座以外。

悬臂梁：梁的一端固定，一端自由。

二、弯曲内力·剪力与弯矩

弯曲内力：梁横截面上的内力，包括剪力和弯矩。

剪力：梁横截面上的切向内力。剪力用 F_S 表示。

剪力的正负号规定：当剪力对其所作用的微段梁内任意一点的矩顺时针转向时为正，反之为负，即"顺正逆负"。

弯矩：梁横截面上的内力偶矩，其作用面为外力所在的纵向对称面。弯矩用 M 表示。

弯矩的正负号规定：弯矩以使其作用的微段梁上部受压、下部受拉为正，反之为负。或者，弯矩以使其作用的微段梁产生凹变形为正，反之为负，即"凹正凸负"。

剪力方程：反映剪力随横截面位置变化规律的数学表达式。若以沿梁轴线的坐标 x 表示横截面的位置，则横截面上的剪力 F_s 可以表达为 x 的函数，即有剪力方程

$$F_s = F_s(x) \tag{11-1}$$

弯矩方程：反映弯矩随横截面位置变化规律的数学表达式。若以沿梁轴线的坐标 x 表示横截面的位置，则横截面上的弯矩 M 可以表达为 x 的函数，即有弯矩方程

$$M = M(x) \tag{11-2}$$

剪力图：表示剪力随横截面位置变化规律的图线。即根据剪力方程，以 x 为横坐标，以 F_s 为纵坐标，绘制出的 F_s-x 图线。

弯矩图：表示弯矩随横截面位置变化规律的图线。即根据弯矩方程，以 x 为横坐标，以 M 为纵坐标，绘制出的 M-x 图线。

三、弯矩、剪力与分布载荷集度间的微分关系

直梁的弯矩 $M(x)$、剪力 $F_s(x)$ 与分布载荷集度 $q(x)$ 之间存在下列微分关系：

$$\frac{dF_s(x)}{dx} = q(x) \tag{11-3}$$

$$\frac{dM(x)}{dx} = F_s(x) \tag{11-4}$$

$$\frac{d^2 M(x)}{dx^2} = q(x) \tag{11-5}$$

四、剪力图和弯矩图的主要规律

1）若在梁的某一段内无分布载荷作用，则此段梁的剪力图为一平行于梁轴线的水平直线，弯矩图为一斜率等于剪力 F_s 的斜直线。

2）若在梁的某一段内作用有均布载荷 q，则此段梁的剪力图为一斜率等于 q 的斜直线，弯矩图为二次抛物线。

3）若梁的某一段为纯弯曲，则此段梁的剪力恒为零，弯矩图为一平行于梁轴线的水平直线。

4）若在梁的某一段内，分布载荷集度 $q(x)$ 的方向向上，则此段梁弯矩图的开口向上；反之，若 $q(x)$ 的方向向下，则对应弯矩图的开口向下。

5）若在梁的某一横截面上，剪力为零，则弯矩在该截面处取得极值。

6）在集中横向外力作用的左、右两侧截面，剪力图发生突变，突变值就等于该集中力值；弯矩值不变，但弯矩图的斜率发生突变，即弯矩图发生转折。

7）在集中外力偶作用的左、右两侧截面，剪力不变；弯矩图发生突变，突变值就等于该集中力偶矩值。

解 题 方 法

本章习题主要有下列两种类型：

一、求指定截面上的剪力和弯矩

1. 用截面法求梁指定截面上的剪力和弯矩

（1）步骤

1）计算梁的支座反力。

2）在指定截面处将梁截开，取其中的任一段为研究对象，作受力图。

3）由平衡方程$\sum F_y = 0$，求出剪力F_S。

4）以指定截面的形心C为矩心，由平衡方程$\sum M_C = 0$，求出弯矩M。

（2）注意点

1）如果所截取的梁段上不含支座反力（如悬臂梁的自由端一侧），则步骤1可以省略。

2）在计算静定组合梁的支座反力时，应将其从中间铰链处拆开，按照"先附属，后基本"的顺序，依次求出各个支座反力。

3）在画梁段的受力图时，应假设横截面上的剪力、弯矩均为正。这样，计算结果的正负号即为剪力、弯矩的真实正负号。这种"内力设正法"简单可靠，不易出错。

2. 用简便方法求梁指定截面上的剪力和弯矩

（1）简便方法

1）剪力F_S等于截面一侧梁段上与截面平行的所有外力的代数和。其中，若对截面左侧所有外力求和，则外力以向上为正；若是对截面右侧所有外力求和，则外力以向下为正。即"左上右下为正，反之为负"。

2）弯矩M等于截面一侧梁段上所有外力对该截面形心的矩的代数和。其中，对于外力，无论是位于截面左侧还是右侧，只要向上，对截面形心的矩都取正值；对于外力偶，若位于截面左侧，则以顺时针为正；若在右侧，则以逆时针为正。即"对于外力，上正下负"；"对于外力偶，左顺右逆为正，反之为负"。

（2）注意点

1）简便方法中所指外力，既包含载荷，又包含支座反力。因此，在用简便方法计算剪力、弯矩之前，一定要首先求出支座反力。

2）在用简便方法求剪力、弯矩时，不必将梁截开后作受力图，也无需列平衡方程，可以大大简化计算过程。读者应反复练习，熟练掌握。

二、绘制剪力图和弯矩图

1. 根据剪力方程和弯矩方程绘制剪力图和弯矩图

（1）步骤

1）计算梁的支座反力。

2）根据梁上的外力情况，分段建立梁的剪力方程和弯矩方程。

3）根据梁的剪力方程和弯矩方程，分段描点绘制梁的剪力图和弯矩图。

（2）注意点

1）在建立梁的剪力方程和弯矩方程时，应首先在图中标出沿梁轴线表示横截面位置的坐标 x。通常以梁的左端为坐标 x 的原点，以向右为坐标 x 的正方向。

2）在建立梁的剪力方程和弯矩方程时，既可以用截面法，也可以用简便方法。

3）在画剪力图时，规定以 x 轴的上方为正。

4）在画弯矩图时，对于机械类专业，规定以 x 轴的上方为正，即将弯矩图画在梁的受压一侧；对于土木类专业，则规定以 x 轴的下方为正，即将弯矩图画在梁的受拉一侧。本书遵循机械类专业的规定。

5）剪力图和弯矩图中的分段点、极值点、转折点等特殊点的剪力和弯矩的大小必须标示在图的相应位置上。

2. 根据剪力图和弯矩图的规律快速绘制剪力图和弯矩图

（1）步骤

1）反力。计算梁的支座反力。

2）分段。根据梁上的外力情况分段。

3）定点。根据剪力图和弯矩图的图形规律，确定各段梁的控制截面及其上的剪力和弯矩，即定出绘制各段梁的剪力图和弯矩图的控制点。

4）连线。将各段梁的剪力图和弯矩图的控制点连线成图，画出剪力图和弯矩图。

（2）注意点

1）若某段梁的剪力图或弯矩图为平行于梁轴线的水平直线，则只需要 1 个控制点即可作图，此时可取该段梁的任一截面为控制截面；若某段梁的剪力图或弯矩图为斜直线，则作图需要 2 个控制点，此时一般应选取该段梁的两个端面为控制截面；若某段梁的剪力图或弯矩图为抛物线，则至少需要 3 个控制点才能作图，此时一般应选取该段梁的两个端面和极值所在截面为控制截面。

2）在计算控制截面上的剪力和弯矩时，为了提高速度，一般应采用简便方法。

3）在各段梁的交界处，应特别注意剪力图或弯矩图是否有突变。如果没有突变，则图线一定连续。

4）在梁的自由端面以及铰链所在截面，如果没有集中外力偶作用，则其弯矩一定为零。

5）由式（11-4）积分可得

$$M(x_2) - M(x_1) = \int_{x_1}^{x_2} F_S(x) \, \mathrm{d}x \tag{11-6}$$

即若在两截面间无集中力偶作用，则两截面上的弯矩的差就等于两截面间剪力图的面积。

难 题 解 析

【例题 11-1】 如图 11-1 所示，桥式起重机大梁上的小车的每个轮子对大梁的压力均为 F，试问小车在什么位置时梁内的弯矩为最大？并求出梁内的最大弯矩及其所在截面。设小车的轮距为 d，大梁的跨度为 l。

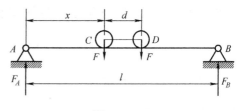

图 11-1

解：（1）计算支座反力 如图 11-1 所示，设小车左轮 C 距离支座 A 为 x，由平衡方程得大梁的支座反力

$$F_A = \frac{2Fl - Fd - 2Fx}{l}, \quad F_B = \frac{2Fx + Fd}{l}$$

（2）确定小车位置与最大弯矩 显然，梁内的最大弯矩只可能在小车车轮所在截面取得。

C 截面处弯矩为

$$M_C = F_A x = \left(\frac{2Fl - Fd - 2Fx}{l} \right) x \tag{a}$$

由 $\dfrac{\mathrm{d}M_C}{\mathrm{d}x} = 0$，得

$$x = \frac{l}{2} - \frac{d}{4} \tag{b}$$

即当轮 C 与支座 A 的距离为 $\dfrac{l}{2} - \dfrac{d}{4}$ 时，梁截面 C 处的弯矩取得最大值。将式

（b）代入式（a），得其最大值

$$M_{C\max} = \left(\frac{l-d}{2} + \frac{d^2}{8l}\right)F$$

D 截面处弯矩为

$$M_D = F_B(l-x-d) = -\frac{2F}{l}x^2 + 2Fx - \frac{3}{l}Fdx - \frac{Fd^2}{l} \tag{c}$$

由 $\dfrac{\mathrm{d}M_D}{\mathrm{d}x} = 0$，得

$$x = \frac{l}{2} - \frac{3d}{4} \tag{d}$$

即当轮 C 与支座 A 的距离为 $\dfrac{l}{2} - \dfrac{3d}{4}$ 时，梁截面 D 处的弯矩取得最大值。将式（d）代入式（c），得其最大值

$$M_{D\max} = \left(\frac{l-3d}{2} + \frac{d^2}{8l}\right)F$$

由于 $M_{C\max} > M_{D\max}$，故当小车的轮 C 与支座 A 的距离为 $\dfrac{l}{2} - \dfrac{d}{4}$ 时，梁内的弯矩最大。截面 C 即为最大弯矩所在截面，梁内的最大弯矩

$$M_{\max} = M_{C\max} = \left(\frac{l-d}{2} + \frac{d^2}{8l}\right)F$$

讨论：当小车右轮 D 与支座 B 相距 $\dfrac{l}{2} - \dfrac{d}{4}$ 时，情况完全相同，只是此时梁内的最大弯矩发生在截面 D 处。

【例题 11-2】 如图 11-2a 所示，简支梁受到按线性规律变化的分布载荷作用，试作其剪力图和弯矩图。

解：（1）计算支座反力 如图 11-2a 所示，选取简支梁 AB 为研究对象，由

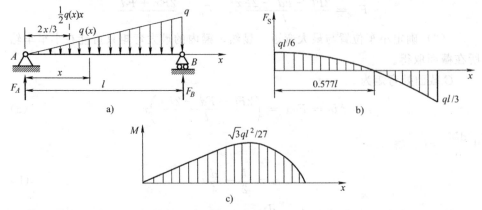

图 11-2

平衡方程得支座反力

$$F_A = \frac{ql}{6} \ (\uparrow), \quad F_B = \frac{ql}{3} \ (\uparrow)$$

（2）列剪力方程和弯矩方程　如图 11-2a 所示，以梁的左端 A 为坐标原点，在坐标为 x 的截面处，载荷集度

$$q(x) = \frac{q}{l}x$$

在 x 截面的左侧梁段上，分布载荷的合力为 $\frac{1}{2}q(x)x$。由简便方法，得 x 截面上的剪力、弯矩，亦即剪力方程、弯矩方程分别为

$$F_S(x) = F_A - \frac{1}{2}q(x)x = \frac{ql}{6} - \frac{qx^2}{2l}$$

$$M(x) = F_A x - \frac{1}{2}q(x)x \cdot \frac{x}{3} = \frac{ql}{6}\left(1 - \frac{x^2}{l^2}\right)x$$

（3）作剪力图和弯矩图　根据剪力方程、弯矩方程，描点绘图，分别作出剪力图、弯矩图如图 11-2b、c 所示。其中，最大弯矩发生在 $F_S(x)=0$ 的截面上，由 $F_S(x)=0$ 解得，$x = \frac{\sqrt{3}}{3}l = 0.577l$。即此时的最大弯矩不在跨中截面取得，但最大弯矩

$$M_{max} = M\left(\frac{\sqrt{3}}{3}l\right) = \frac{\sqrt{3}ql^2}{27} = 0.0642ql^2$$

与跨中截面弯矩

$$M\left(\frac{l}{2}\right) = \frac{ql^2}{16} = 0.0625ql^2$$

相比，相差很小。故对于这种情况，在强度计算中仍可用跨中截面弯矩来代替最大弯矩。

【例题 11-3】　已知简支梁的剪力图如图 11-3a 所示，试确定该梁的载荷情况，并作出其弯矩图。

解：（1）确定梁的载荷情况　A、B 两端简支，根据剪力图中所示 A、B 两端截面上的剪力值，首先可得 A、B 处的支座反力

$$F_A = 14 \ \text{kN} \ (\uparrow), \quad F_B = 12 \ \text{kN} \ (\downarrow)$$

AC 段梁的剪力图为斜率为负的斜直线，说明其上作用有向下的均布载荷，设其集度为 q，根据简便方法，应有

$$F_{SC_-} = F_A - q \times 6 \ \text{m} = -4 \ \text{kN}$$

由此解得

$$q = 3 \ \text{kN/m}$$

由于 C 截面的剪力发生突变，且 $F_{SC_-} = -4 \ \text{kN}$、$F_{SC_+} = -22 \ \text{kN}$，故知 C

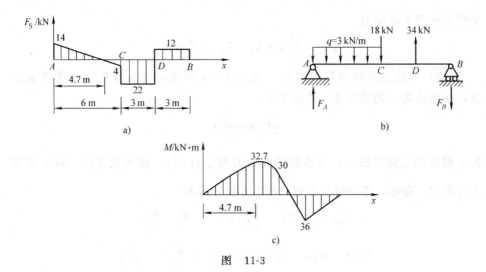

图　11-3

截面处作用有一个大小为 18 kN 的向下的集中力。

由于 D 截面的剪力发生突变，且 $F_{SD_-} = -22\,\text{kN}$、$F_{SD_+} = 12\,\text{kN}$，故知 D 截面处作用有一个大小为 34 kN 的向上的集中力。

综上所述，该简支梁的载荷情况如图 11-3b 所示。最后，再利用平衡方程检验其正确性。请读者自行验证。

（2）作弯矩图　根据载荷图与剪力图，不难作出该简支梁的弯矩图如图 11-3c 所示。

习 题 解 答

习题 11-1　试求图 11-4 所示各梁指定截面（标有细线）的剪力和弯矩。

解：(a) 图 11-4a 所示为悬臂梁，不必先求支座反力。由简便方法，直接可得指定截面上的剪力和弯矩

$$F_{SC_-} = -2F, \qquad M_{C_-} = -2Fl$$

$$F_{SC_+} = -2F, \qquad M_{C_+} = -Fl$$

（b）如图 11-4b 所示，先取外伸梁 AC 为研究对象，由平衡方程求得支座反力

$$F_A = -5F\ (\downarrow), \qquad F_B = 6F\ (\uparrow)$$

再由简便方法，得指定截面上的剪力和弯矩

$$F_{SA} = -5F, \qquad M_A = 2Fl$$

$$F_{SB_-} = -5F, \qquad M_{B_-} = -\frac{Fl}{2}$$

$$F_{SB_+} = F, \qquad M_{B_+} = -\frac{Fl}{2}$$

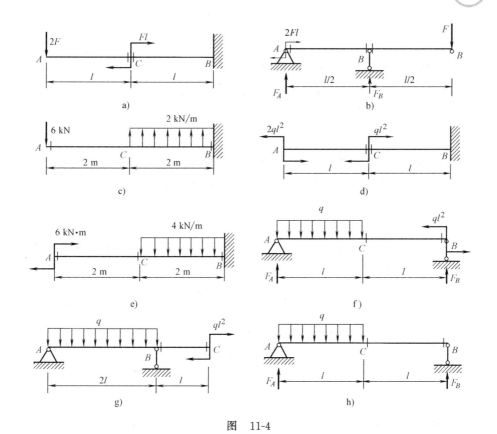

图　11-4

（c）图 11-4c 所示为悬臂梁，不必先求支座反力。由简便方法，直接可得指定截面上的剪力和弯矩

$$F_{SA} = -6 \text{ kN}, \quad M_A = 0$$
$$F_{SB} = -2 \text{ kN}, \quad M_B = -20 \text{ kN} \cdot \text{m}$$

（d）图 11-4d 所示为悬臂梁，不必先求支座反力。由简便方法，直接可得指定截面上的剪力和弯矩

$$F_{SC_-} = 0, \quad M_{C_-} = -2ql^2$$
$$F_{SC_+} = 0, \quad M_{C_+} = -ql^2$$

（e）图 11-4e 所示为悬臂梁，不必先求支座反力。由简便方法，直接可得指定截面上的剪力和弯矩

$$F_{SA} = 0, \quad M_A = 6 \text{ kN} \cdot \text{m}$$
$$F_{SC} = 0, \quad M_C = 6 \text{ kN} \cdot \text{m}$$
$$F_{SB} = -8 \text{ kN}, \quad M_B = -2 \text{ kN} \cdot \text{m}$$

（f）如图 11-4f 所示，先取简支梁 AB 为研究对象，由平衡方程求得支座反力

$$F_A = \frac{5ql}{4} \ (\uparrow), \quad F_B = -\frac{ql}{4} \ (\downarrow)$$

再由简便方法，得指定截面上的剪力和弯矩

$$F_{SC} = \frac{ql}{4}, \quad M_C = \frac{3}{4}ql^2$$

$$F_{SB} = \frac{ql}{4}, \quad M_B = ql^2$$

（g）图 11-4g 所示为外伸梁，但由于指定截面均位于外伸段，故不必求支座反力。由简便方法，直接可得指定截面上的剪力和弯矩

$$F_{SB} = 0, \quad M_B = -ql^2$$

$$F_{SC} = 0, \quad M_C = -ql^2$$

（h）如图 11-4h 所示，先取简支梁 AB 为研究对象，由平衡方程求得支座反力

$$F_A = \frac{3ql}{4} \ (\uparrow), \quad F_B = \frac{ql}{4} \ (\uparrow)$$

再由简便方法，得指定截面上的剪力和弯矩

$$F_{SC} = -\frac{ql}{4}, \quad M_C = \frac{ql^2}{4}$$

$$F_{SB} = -\frac{ql}{4}, \quad M_B = 0$$

习题 11-2　试建立图 11-5 所示各梁的剪力方程和弯矩方程，并绘制剪力图和弯矩图。

解：（a）图 11-5a 所示为悬臂梁，无需求支座反力。

如图 11-5a 所示，在距梁左端 A 为 x 处任取一截面，由简便方法，列出剪力方程、弯矩方程分别为

$$F_S(x) = qx \quad (0 \leqslant x < l)$$

$$M(x) = \frac{1}{2}qx^2 \quad (0 \leqslant x < l)$$

根据剪力方程、弯矩方程，作出剪力图、弯矩图如图 11-5a 所示。

（b）图 11-5b 所示为悬臂梁，无需求支座反力。

如图 11-5b 所示，在距梁左端 A 为 x 处任取一截面，由简便方法，列出其剪力方程、弯矩方程分别为

$$F_S(x) = \frac{ql}{4} - qx \quad (0 < x < l)$$

$$M(x) = \frac{ql}{4}x - \frac{q}{2}x^2 \quad (0 \leqslant x < l)$$

根据剪力方程、弯矩方程，作出剪力图、弯矩图如图 11-5b 所示。

（c）如图 11-5c 所示，先取外伸梁 AC 为研究对象，由平衡方程求出支座反力

$$F_A = -F \ (\downarrow), \quad F_B = 2F \ (\uparrow)$$

根据梁上外力情况，需分 AB、BC 两段建立剪力方程和弯矩方程。在距梁左端 A 为 x 处任取一截面（见图 11-5c），由简便方法，列出剪力方程、弯矩方程分别为

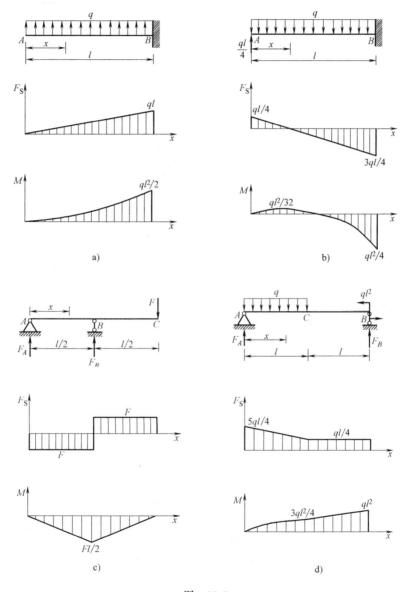

图 11-5

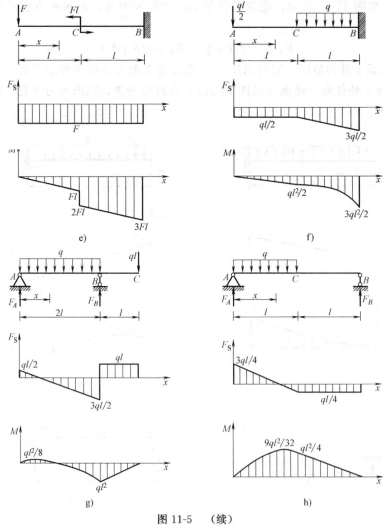

图 11-5　（续）

AB 段：

$$F_S(x) = -F \qquad (0 < x < l/2)$$
$$M(x) = -Fx \qquad (0 \leqslant x \leqslant l/2)$$

BC 段：

$$F_S(x) = F \qquad (l/2 < x < l)$$
$$M(x) = -F(l-x) \qquad (l/2 \leqslant x \leqslant l)$$

根据剪力方程、弯矩方程，分段作出剪力图、弯矩图如图 11-5c 所示。

（d）如图 11-5d 所示，先取简支梁 AB 为研究对象，由平衡方程求出支座反力

$$F_A = \frac{5ql}{4} \ (\uparrow), \qquad F_B = -\frac{ql}{4} \ (\downarrow)$$

根据梁上外力情况，需分 AC、CB 两段建立剪力方程和弯矩方程。在距梁左端 A 为 x 处任取一截面（见图 11-5d），由简便方法，列出剪力方程、弯矩方程分别为

AC 段：

$$F_s(x) = \frac{5ql}{4} - qx \qquad (0 < x \leqslant l)$$

$$M(x) = \frac{5ql}{4}x - \frac{qx^2}{2} \qquad (0 \leqslant x \leqslant l)$$

CB 段：

$$F_s(x) = \frac{ql}{4} \qquad (l \leqslant x < 2l)$$

$$M(x) = \frac{ql^2}{2} + \frac{ql}{4}x \qquad (l \leqslant x < 2l)$$

根据剪力方程、弯矩方程，分段作出该简支梁的剪力图和弯矩图如图 11-5d 所示。

（e）图 11-5e 所示为悬臂梁，无需求支座反力。

根据梁上外力情况，需分 AC、CB 两段建立剪力方程和弯矩方程。在距梁左端 A 为 x 处任取一截面（见图 11-5e），由简便方法，列出剪力方程、弯矩方程分别为

AC 段：

$$F_s(x) = -F \qquad (0 < x \leqslant l)$$
$$M(x) = -Fx \qquad (0 \leqslant x < l)$$

CB 段：

$$F_s(x) = -F \qquad (l \leqslant x < 2l)$$
$$M(x) = -Fx - Fl \qquad (l < x < 2l)$$

根据剪力方程、弯矩方程，分段作出剪力图、弯矩图如图 11-5e 所示。

（f）图 11-5f 所示为悬臂梁，无需求支座反力。

根据梁上外力情况，需分 AC、CB 两段建立剪力方程和弯矩方程。在距梁左端 A 为 x 处任取一截面（见图 11-5f），由简便方法，列出剪力方程、弯矩方程分别为

AC 段：

$$F_s(x) = -\frac{ql}{2} \qquad (0 < x \leqslant l)$$

$$M(x) = -\frac{ql}{2}x \qquad (0 \leqslant x \leqslant l)$$

CB 段：

$$F_S(x) = \frac{ql}{2} - qx \qquad (l \leqslant x < 2l)$$

$$M(x) = -\frac{ql}{2}x - \frac{q(x-l)^2}{2} \qquad (l \leqslant x < 2l)$$

根据剪力方程、弯矩方程，分段作出剪力图、弯矩图如图 11-5f 所示。

（g）如图 11-5g 所示，先取外伸梁 AC 为研究对象，由平衡方程求出支座反力

$$F_A = \frac{ql}{2} \ (\uparrow), \qquad F_B = \frac{5ql}{2} \ (\uparrow)$$

根据梁上外力情况，需分 AB、BC 两段建立剪力方程和弯矩方程。在距梁左端 A 为 x 处任取一截面（见图 11-5g），由简便方法，列出剪力方程、弯矩方程分别为

AB 段：

$$F_S(x) = \frac{ql}{2} - qx \qquad (0 < x < 2l)$$

$$M(x) = \frac{ql}{2}x - \frac{qx^2}{2} \qquad (0 \leqslant x \leqslant 2l)$$

BC 段：

$$F_S(x) = ql \qquad (2l < x < 3l)$$

$$M = -ql(3l - x) \qquad (2l \leqslant x \leqslant 3l)$$

根据剪力方程、弯矩方程，分段作出剪力图和弯矩图如图 11-5g 所示。

（h）如图 11-5h 所示，先取简支梁 AB 为研究对象，由平衡方程求出支座反力

$$F_A = \frac{3ql}{4} \ (\uparrow), \qquad F_B = \frac{ql}{4} \ (\uparrow)$$

根据梁上外力情况，需分 AC、CB 两段建立剪力方程和弯矩方程。在距梁左端 A 为 x 处任取一截面（见图 11-5h），由简便方法，列出剪力方程、弯矩方程分别为

AC 段：

$$F_S(x) = \frac{3ql}{4} - qx \qquad (0 < x \leqslant l)$$

$$M(x) = \frac{3ql}{4}x - \frac{qx^2}{2} \qquad (0 \leqslant x \leqslant l)$$

CB 段：

$$F_S(x) = -\frac{ql}{4} \qquad (l \leqslant x < 2l)$$

$$M(x) = \frac{ql^2}{2} - \frac{ql}{4}x \qquad (l \leqslant x \leqslant 2l)$$

根据剪力方程、弯矩方程，分段作出剪力图、弯矩图如图 11-5h 所示。

习题 11-3 试利用剪力、弯矩与载荷集度间的关系，绘制图 11-6 所示各梁的剪力图和弯矩图。

解：（a）图 11-6a 所示为悬臂梁，无需求支座反力。

根据梁上外力情况，作图时应分为 AC、CB 两段。利用弯矩、剪力和载荷集度间的关系，作出其剪力图和弯矩图如图 11-6a 所示。

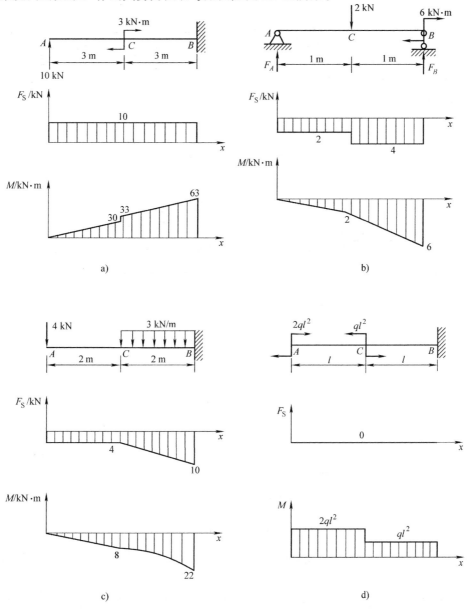

a)

b)

c)

d)

图 11-6

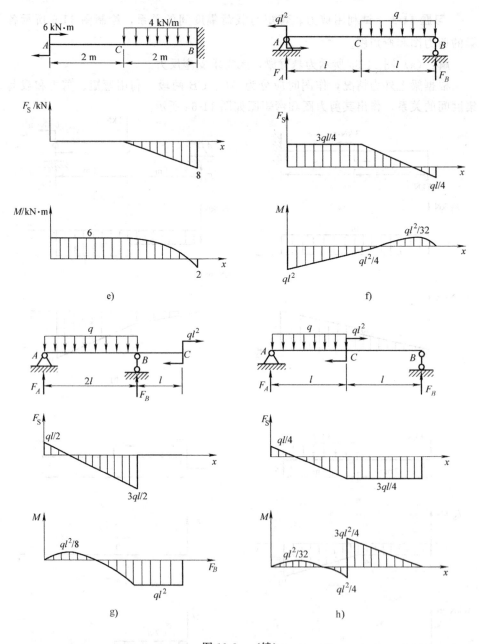

图 11-6 （续）

（b）如图 11-6b 所示，先取简支梁 AB 为研究对象，由平衡方程求出支座反力

$$F_A = -2 \text{ kN}(\downarrow), \quad F_B = 4 \text{ kN}(\uparrow)$$

根据梁上外力情况，作图时应分为 AC、CB 两段。利用弯矩、剪力和载荷集度间的关系，作出其剪力图和弯矩图如图 11-6b 所示。

（c）图 11-6c 所示为悬臂梁，无需求支座反力。

根据梁上外力情况，作图时应分为 AC、CB 两段。利用弯矩、剪力和载荷集度间的关系，作出其剪力图和弯矩图如图 11-6c 所示。

（d）图 11-6d 所示为悬臂梁，无需求支座反力。

显然，梁的剪力恒为零；作弯矩图时应分为 AC、CB 两段。利用弯矩、剪力和载荷集度间的关系，作出其剪力图和弯矩图如图 11-6d 所示。

（e）图 11-6e 所示为悬臂梁，无需求支座反力。

根据梁上外力情况，作图时应分为 AC、CB 两段。利用弯矩、剪力和载荷集度间的关系，作出其剪力图和弯矩图如图 11-6e 所示。

（f）如图 11-6f 所示，先取简支梁 AB 为研究对象，由平衡方程求出支座反力

$$F_A = \frac{3}{4}ql \ (\uparrow), \quad F_B = \frac{1}{4}ql \ (\uparrow)$$

根据梁上外力情况，作图时应分为 AC、CB 两段。利用弯矩、剪力和载荷集度间的关系，作出其剪力图和弯矩图如图 11-6f 所示。

（g）如图 11-6g 所示，先取外伸梁 AC 为研究对象，由平衡方程求出支座反力

$$F_A = \frac{1}{2}ql \ (\uparrow), \quad F_B = \frac{3}{2}ql \ (\uparrow)$$

根据梁上外力情况，作图时应分为 AB、BC 两段。利用弯矩、剪力和载荷集度间的关系，作出其剪力图和弯矩图如图 11-6g 所示。

（h）如图 11-6h 所示，先取简支梁 AB 为研究对象，由平衡方程求出支座反力

$$F_A = \frac{1}{4}ql \ (\uparrow), \quad F_B = \frac{3}{4}ql \ (\uparrow)$$

根据梁上外力情况，作图时应分为 AC、CB 两段。利用弯矩、剪力和载荷集度间的关系，作出其剪力图和弯矩图如图 11-6h 所示。

习题 11-4 图 11-7a 所示外伸梁，承受集度为 q 的均布载荷作用。试问当 a 为何值时梁内的最大弯矩 $|M|_{max}$ 最小。

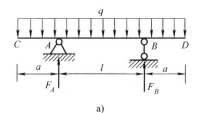

a)

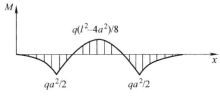

b)

图 11-7

解：由对称性得梁的支座反力 $F_A = F_B = \frac{1}{2}ql + qa$。

作出梁的弯矩图如图 11-7b 所示，其最大正弯矩和最大负弯矩分别为

$$M_{\max} = \frac{1}{8}q(l^2 - 4a^2), \quad M_{\min} = -\frac{1}{2}qa^2$$

欲使梁内的最大弯矩 $|M|_{\max}$ 最小，则应有 $|M_{\max}| = |M_{\min}|$，解得 $a = \frac{l}{\sqrt{8}} = 0.354l$。

习题 11-5　试选择合适的方法，作出简支梁在图 11-8 所示四种载荷作用下的剪力图和弯矩图，并比较其最大弯矩。试问由此可以引出哪些结论？

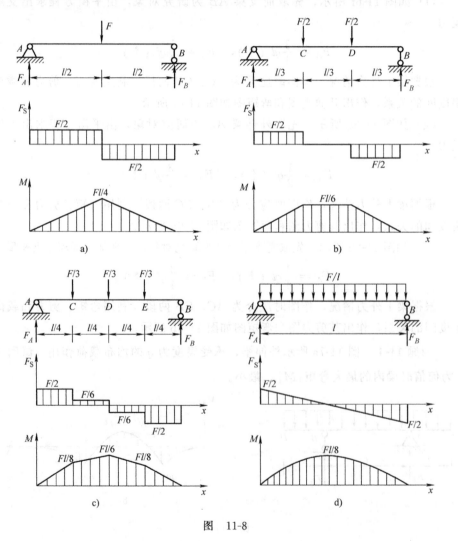

图　11-8

解：在图 11-8 所示的四种载荷作用下，由对称性易知，简支梁 AB 的支座反力相等，均为 $F_A = F_B = \dfrac{F}{2}$（↑）。

利用弯矩、剪力和载荷集度间的关系，分别作出该简支梁在四种载荷作用下的剪力图、弯矩图如图 11-8a、b、c、d 所示，其最大弯矩分别为

$$(\,|M|_{\max})_a = \frac{1}{4}Fl, \quad (\,|M|_{\max})_b = \frac{1}{6}Fl, \quad (\,|M|_{\max})_c = \frac{1}{6}Fl, \quad (\,|M|_{\max})_d = \frac{1}{8}Fl$$

由此可见，将载荷分散作用于梁上，可减小梁内的最大弯矩，从而提高梁的承载能力。

习题 11-6 试选择合适的方法，作出图 11-9 所示各静定组合梁的剪力图和弯矩图，并确定最大剪力 $|F_S|_{\max}$ 和最大弯矩 $|M|_{\max}$。

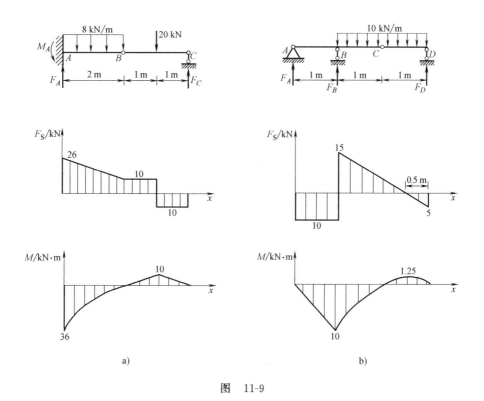

图 11-9

解：（a）根据"先附属，后基本"的顺序，依次求出图 11-9a 所示静定组合梁的支座反力

$$F_C = 10\ \text{kN}\ (\uparrow), \quad F_A = 26\ \text{kN}\ (\uparrow), \quad M_A = 36\ \text{kN}\cdot\text{m}\ (逆时针)$$

利用弯矩、剪力和载荷集度间的关系，分别作出该静定组合梁的剪力图和弯矩图如图 11-9a 所示，其最大剪力、最大弯矩分别为

$$|F_{\mathrm{S}}|_{\max} = 26 \text{ kN}, \quad |M|_{\max} = 36 \text{ kN} \cdot \text{m}$$

　　(b) 根据"先附属，后基本"的顺序，依次求出图 11-9b 所示静定组合梁的支座反力

$$F_D = 5 \text{ kN}\,(\uparrow), \quad F_A = -10 \text{ kN}\,(\downarrow), \quad F_B = 25 \text{ kN}\,(\uparrow)$$

　　利用弯矩、剪力和载荷集度间的关系，分别作出该静定组合梁的剪力图和弯矩图如图 11-9b 所示，其最大剪力、最大弯矩分别为

$$|F_{\mathrm{S}}|_{\max} = 15 \text{ kN}, \quad |M|_{\max} = 10 \text{ kN} \cdot \text{m}$$

第十二章
弯 曲 应 力

一、截面的几何性质

1. 静矩

（1）静矩定义　截面图形对 z 轴、y 轴的静矩分别定义为

$$\left.\begin{array}{l} S_z = \displaystyle\int_A y\,\mathrm{d}A \\[2mm] S_y = \displaystyle\int_A z\,\mathrm{d}A \end{array}\right\} \tag{12-1}$$

式中，z、y 为微元面积 $\mathrm{d}A$ 的坐标。

（2）静矩特征　静矩是相对某一坐标轴而言的，同一截面图形对不同坐标轴的静矩各不相同。

静矩既可以为正值，也可以为负值或零。

在国际单位制中，静矩的单位为 m^3。

（3）静矩与形心的关系

$$\left.\begin{array}{l} S_z = Ay_C \\[2mm] S_y = Az_C \end{array}\right\} \tag{12-2}$$

式中，A 为截面图形的面积；z_C、y_C 为截面图形的形心坐标。

推论：若某坐标轴通过截面图形的形心，则截面图形对该轴的静矩必为零；反之，若截面图形对某坐标轴的静矩为零，则该坐标轴必通过截面图形的形心。

（4）组合截面图形静矩的计算

$$S_z = \sum_{i=1}^{n} A_i y_{Ci}$$
$$S_y = \sum_{i=1}^{n} A_i z_{Ci}$$
（12-3）

式中，A_i 为其中第 i 个组成部分图形的面积；z_{Ci}、y_{Ci} 为其中第 i 个组成部分图形的形心坐标。

2. 惯性矩和极惯性矩

（1）惯性矩定义　截面图形对 z 轴、y 轴的惯性矩分别定义为

$$I_z = \int_A y^2 \, dA$$
$$I_y = \int_A z^2 \, dA$$
（12-4）

式中，z、y 为微元面积 dA 的坐标。

（2）极惯性矩定义　截面图形对坐标原点 O 的极惯性矩定义为

$$I_p = \int_A \rho^2 \, dA \tag{12-5}$$

式中，ρ 为微元面积 dA 到坐标原点 O 的距离。

（3）惯性矩特征　惯性矩是相对某一坐标轴而言的，同一截面图形对不同坐标轴的惯性矩各不相同。

惯性矩恒为正值。

截面图形对任意一对正交坐标轴的惯性矩的和等于截面图形对两轴交点的极惯性矩，即

$$I_p = I_z + I_y \tag{12-6}$$

在国际单位制中，惯性矩与极惯性矩的单位为 m^4。

（4）惯性矩的平行移轴公式

$$I_z = I_{z_C} + a^2 A$$
$$I_y = I_{y_C} + b^2 A$$
（12-7）

式中，I_{z_C}、I_{y_C} 分别为截面图形对其形心轴 z_C、y_C 的惯性矩；z 轴平行于 z_C 轴，a 为两轴间距；y 轴平行于 y_C 轴，b 为两轴间距。

（5）惯性半径定义

$$i_z = \sqrt{\frac{I_z}{A}}$$
$$i_y = \sqrt{\frac{I_y}{A}}$$
（12-8）

（6）组合截面图形惯性矩的计算

$$\left.\begin{array}{l} I_z = \sum_{i=1}^{n} I_{zi} \\[3mm] I_y = \sum_{i=1}^{n} I_{yi} \end{array}\right\} \tag{12-9}$$

式中，I_{zi}、I_{yi} 分别为其中第 i 个组成部分图形对 z 轴、y 轴的惯性矩。

（7）简单截面图形对形心轴的惯性矩

1）矩形截面

$$I_z = \frac{1}{12}bh^3 \tag{12-10}$$

式中，b 为矩形的宽；h 为矩形的高；形心轴 z 沿宽度方向。

2）圆形截面

$$I_z = \frac{1}{64}\pi d^4 \tag{12-11}$$

式中，d 为圆的直径。

3）圆环形截面

$$I_z = \frac{1}{64}\pi D^4 (1-\alpha^4) \tag{12-12}$$

式中，D 为圆环的外径；α 为圆环的内外径比。

工字钢等型钢截面的惯性矩可直接查型钢表（见教材附录 B）。

3. 惯性积

（1）惯性积定义 截面图形对坐标轴 z、y 的惯性积定义为

$$I_{zy} = \int_A zy\,\mathrm{d}A \tag{12-13}$$

式中，z、y 为微元面积 $\mathrm{d}A$ 的坐标。

（2）惯性积特征 惯性积是相对于某一对直角坐标轴而言的，同一截面图形对不同坐标轴的惯性积各不相同。

惯性积既可以为正值，也可以为负值或零。

在国际单位制中，惯性积的单位为 m^4。

若直角坐标轴中有一根轴为图形的对称轴，则图形对该直角坐标轴的惯性积必为零。

4. 主惯性轴与主惯性矩

（1）主惯性轴 若截面图形对某对直角坐标轴 z_0、y_0 的惯性积为零，则该对直角坐标轴 z_0、y_0 称为主惯性轴，简称主轴。若坐标原点位于截面图形的形心，则对应的主惯性轴称为形心主惯性轴，简称形心主轴。

有一根轴为图形对称轴的直角坐标轴就是主惯性轴。

（2）主惯性矩　截面图形对主惯性轴的惯性矩称为主惯性矩。截面图形对形心主惯性轴的惯性矩称为形心主惯性矩。

二、弯曲正应力及其强度计算

1. 中性层与中性轴

中性层：弯曲变形时，梁内长度保持不变的纵向纤维层。

中性轴：中性层与横截面的交线。对称弯曲时，梁的中性轴垂直于载荷作用面且通过截面形心。

2. 中性层的曲率

$$\frac{1}{\rho} = \frac{M}{EI_z} \tag{12-14}$$

式中，E 为材料的弹性模量；I_z 为截面对中性轴 z 的惯性矩。EI_z 称为梁的抗弯刚度。

结论：梁的中性层曲率与梁的弯矩成正比。

3. 弯曲正应力

$$\sigma = \frac{My}{I_z} \tag{12-15}$$

式中，M 为横截面上的弯矩；I_z 为横截面对中性轴 z 的惯性矩；y 为横截面上点的纵坐标，即 $|y|$ 为点到中性轴 z 的距离。

结论：

1）弯曲正应力沿截面高度呈线性分布，在中性轴上各点处为零，在上、下边缘各点处取得最大值。

2）弯曲正应力沿截面宽度均匀分布，即距中性轴等远处各点的弯曲正应力相等。

3）中性轴将横截面分为拉、压两个区域，中性轴的一侧为拉应力，另一侧则为压应力。

4. 最大弯曲正应力

$$\sigma_{\max} = \frac{M}{W_z} \tag{12-16}$$

式中，$W_z = \dfrac{I_z}{|y|_{\max}}$，称为抗弯截面系数。

5. 简单截面的抗弯截面系数

矩形截面：

$$W_z = \frac{1}{6}bh^2 \tag{12-17}$$

圆形截面：

$$W_z = \frac{1}{32}\pi d^3 \qquad (12\text{-}18)$$

圆环形截面：

$$W_z = \frac{1}{32}\pi D^3 (1 - \alpha^4) \qquad (12\text{-}19)$$

工字钢等型钢截面的抗弯截面系数可直接查型钢表（见教材附录 B）。

6. 弯曲正应力强度条件

$$\sigma_{\max} = \frac{M_{\max}}{W_z} \leqslant [\sigma] \qquad (12\text{-}20)$$

说明：该式适用于许用拉应力与许用压应力相等的塑性材料。对于许用拉应力 $[\sigma_t]$ 与许用压应力 $[\sigma_c]$ 不等的脆性材料，则应根据式（12-15）计算出梁内的最大拉应力 $\sigma_{t\,\max}$ 和最大压应力 $\sigma_{c\,\max}$，分别进行拉、压强度计算。

三、弯曲切应力及其强度计算

1. 矩形截面梁的弯曲切应力

$$\tau = \frac{F_S S_z^*}{I_z b} = \frac{F_S}{2I_z}\left(\frac{h^2}{4} - y^2\right) \qquad (12\text{-}21)$$

式中，F_S 为横截面上的剪力；b、h 分别为矩形截面的宽度、高度；y 为横截面上点的纵坐标；S_z^* 为横截面上过纵坐标为 y 的点的横线以外部分面积对中性轴 z 的静矩；I_z 为整个矩形截面对中性轴 z 的惯性矩。

结论：

1）弯曲切应力与剪力平行同向。

2）弯曲切应力沿截面宽度均匀分布，即距中性轴等远处各点的弯曲切应力相等。

3）弯曲切应力沿截面高度呈二次抛物线分布，在上、下边缘各点处为零，在中性轴上各点处取得最大值。

2. 矩形截面梁的最大弯曲切应力

$$\tau_{\max} = \frac{3F_S}{2A} \qquad (12\text{-}22)$$

式中，A 为矩形截面面积。

3. 工字形截面梁的最大弯曲切应力

$$\tau_{\max} = \frac{F_S}{d\,(I_z : S_z^*)} \qquad (12\text{-}23)$$

式中，d 为工字形截面的腹板宽度；S_z^* 为工字形截面的一半面积对中性轴 z 的静矩。对于工字钢，比值 $I_z : S_z^*$ 可直接查型钢表（见教材附录 B）。

4. 圆形截面梁的最大弯曲切应力

$$\tau_{\max} = \frac{4F_S}{3A} \tag{12-24}$$

式中，A 为圆形截面面积。

5. 薄壁圆环形截面梁的最大弯曲切应力

$$\tau_{\max} = 2\frac{F_S}{A} \tag{12-25}$$

式中，A 为薄壁圆环形截面面积。

6. 弯曲切应力强度条件

$$\tau_{\max} \leqslant [\tau] \tag{12-26}$$

四、梁的合理强度设计

（1）合理安排梁的支座　合理安排梁的支座，将简支梁改为外伸梁，可以减小最大弯矩，提高梁的承载能力。

（2）改变载荷作用方式　改变载荷作用方式，将集中载荷分散作用，可以减小最大弯矩，提高梁的承载能力。

（3）合理选择截面形状，增大单位面积的抗弯截面系数 W_z/A　例如，用工字钢梁替换圆形截面梁，可以减轻梁的重量，提高梁的承载能力。

（4）结合材料特性，合理选择截面形状　对于许用拉应力与许用压应力相等的塑性材料梁，宜采用关于中性轴对称的截面；对于许用拉应力小于许用压应力的脆性材料梁，则宜采用中性轴偏于受拉一侧的截面，以使截面上的最大拉应力和最大压应力同步达到材料的许用拉应力和许用压应力，充分发挥材料的强度潜能。

（5）采用变截面梁　采用变截面梁，使截面尺寸随弯矩的减小而减小，可以节省材料，减轻梁的重量。

解 题 方 法

本章习题的主要类型是梁的强度计算。

一、基本步骤

1）作剪力图，确定最大剪力 $|F_S|_{\max}$。

2）作弯矩图，确定最大弯矩 $|M|_{\max}$。

3）计算截面的几何性质。

4）弯曲正应力强度计算。

5）弯曲切应力强度校核。

二、注意点

1）对于工程中常用的非薄壁截面的细长梁，弯曲正应力是主要的，而弯曲切应力是次要的。因此，在进行梁的强度计算时，一定要以弯曲正应力强度条件为主。通常的做法是，首先根据弯曲正应力进行强度计算，最后再对弯曲切应力进行强度校核。

2）若问题只需进行梁的弯曲正应力强度计算，则上述步骤中的1、5可以省略。

3）与其他变形杆件的强度计算类似，梁的强度计算也有强度校核、截面设计和确定许可载荷等三类问题。

4）在对许用拉应力与许用压应力不等、截面关于中性轴又不对称的脆性材料梁进行弯曲正应力强度计算时，一般需同时考虑最大正弯矩和最大负弯矩所在的两个截面，只有当这两个截面上危险点处的正应力都满足强度条件时，整根梁才是安全的。

难 题 解 析

【**例题 12-1**】　如图 12-1 所示，宽度 $b=6$ mm、厚度 $\delta=2$ mm 的钢带，环绕在直径 $D=1400$ mm 的带轮上，已知钢带的弹性模量 $E=200$ GPa，试求钢带承受的弯矩和钢带内的最大弯曲正应力。

解：（1）计算钢带承受的弯矩　环绕在带轮上的部分钢带的中性层的曲率半径（见图 12-1）

$$\rho = \frac{D}{2} + \frac{\delta}{2} = 0.701 \text{ m}$$

由式（12-14），得钢带承受的弯矩

$$M = \frac{EI_z}{\rho} = \frac{Eb\delta^3}{12\rho} = 1.141 \text{ N} \cdot \text{m}$$

（2）计算钢带内的最大弯曲正应力　根据式（12-16），得钢带内的最大弯曲正应力

$$\sigma_{\max} = \frac{M}{W_z} = \frac{M}{\dfrac{b\delta^2}{6}} = \frac{1.141 \times 6}{6 \times 2^2 \times 10^{-9}} \text{ Pa} = 285.2 \text{ MPa}$$

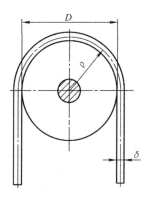

图　12-1

【**例题 12-2**】　如图 12-2a 所示，悬臂梁由两根完全相同的矩形截面木梁自由叠加而成，在自由端承受集中载荷 F 的作用。已知 $b=200$ mm，$h=200$ mm，

$l=3$ m，木材的许用应力 $[\sigma] =10$ MPa，若不计两梁之间的摩擦，试求梁的许可载荷。如果在自由端用两个螺栓将梁连接成一整体，如图 12-2b 所示，问此梁的许可载荷有无改变？若螺栓材料的许用切应力 $[\tau] =100$ MPa，试确定螺栓的最小直径。

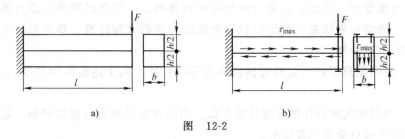

a)   b)

图　12-2

解：（1）确定未加螺栓时梁的许可载荷　未加螺栓时（见图 12-2a），不计梁间的摩擦力，两梁自由弯曲，每根梁都有各自的中性层。注意到，在小变形情况下，两根梁中性层的曲率近似相等，故由式（12-14）可知，两梁的弯矩近似相等，即每根梁横截面上的弯矩各约为总弯矩的 $1/2$。由此得梁的最大正应力

$$\sigma_{max} = \frac{|M_{max}|}{W_z} = \frac{Fl/2}{\dfrac{b\,(h/2)^2}{6}} = \frac{12Fl}{bh^2}$$

由弯曲正应力强度条件

$$\sigma_{max} = \frac{12Fl}{bh^2} \leqslant [\sigma]$$

解得

$$F \leqslant 2.22 \text{ kN}$$

所以，梁的许可载荷

$$[F] = 2.22 \text{ kN}$$

（2）确定加螺栓后梁的许可载荷　加螺栓后（见图 12-2b），两根梁作为一个整体弯曲变形，故此时梁内的最大正应力

$$\sigma_{max} = \frac{|M_{max}|}{W_z} = \frac{Fl}{\dfrac{bh^2}{6}} = \frac{6Fl}{bh^2}$$

由弯曲正应力强度条件

$$\sigma_{max} = \frac{6Fl}{bh^2} \leqslant [\sigma]$$

解得

$$F \leqslant 4.44 \text{ kN}$$

所以，此时梁的许可载荷

$$[F] = 4.44 \text{ kN}$$

可见，加螺栓后梁的承载能力提高了一倍。

（3）确定螺栓直径 根据式（12-22），在许可载荷作用下，梁任一截面上的最大切应力

$$\tau_{max} = \frac{3F_s}{2A} = \frac{3[F]}{2bh} = \frac{3 \times 4.44 \times 10^3}{2 \times 0.2 \times 0.2} \text{ Pa} = 0.17 \text{ MPa}$$

根据切应力互等定理，梁中性层上的切应力（见图 12-2b）

$$\tau = \tau_{max} = 0.17 \text{ MPa}$$

故每个螺栓剪切面上的剪力为

$$F_s = \frac{\tau bl}{2} = \frac{0.17 \times 10^6 \times 0.2 \times 3}{2} \text{ N} = 51 \text{ kN}$$

由连接件的剪切强度条件

$$\tau = \frac{F_s}{A_s} = \frac{51 \times 10^3 \text{ N}}{\frac{\pi}{4}d^2} \leqslant [\tau] = 100 \times 10^6 \text{ Pa}$$

解得

$$d \geqslant 25.2 \text{ mm}$$

所以，螺栓的最小直径为

$$d = 26 \text{ mm}$$

习 题 解 答

习题 12-1 T 形截面如图 12-3 所示，已知 $b_1 = 0.3 \text{ m}$、$b_2 = 0.6 \text{ m}$、$h_1 = 0.5 \text{ m}$、$h_2 = 0.14 \text{ m}$。（1）求阴影部分面积对水平形心轴 z_0 的静矩；（2）问 z_0 轴以上部分面积对 z_0 轴的静矩与阴影部分面积对 z_0 轴的静矩有何关系？

解：（1）如图 12-3 所示，将整个 T 形截面分割为上、下两个矩形，根据平面图形的形心坐标计算公式，得其形心坐标 $y_C = 0.275 \text{ m}$。

将阴影部分分割为上、下两个矩形（见图 12-3），由式（12-3），得阴影部分面积对轴 z_0 的静矩 $S_{z_0} = A_1 y_1 + A_2 y_2 = -0.02 \text{ m}^3$。

（2）由于整个 T 形截面对形心轴 z_0 的静矩为零，由此推断，z_0 轴以上部分面积对 z_0 轴的静矩与阴影部分面积对 z_0 轴的静矩互为相反数，即二者大小相等，正负号相反。

习题 12-2 试求图 12-4 所示各组合截面对水平形心轴 z_0 的惯性矩：（a）No. 40a 工字钢与钢板组成的组合截面，已知钢板厚度 $\delta = 20 \text{ mm}$；（b）T 形截

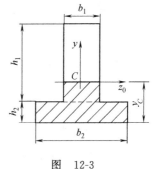

图 12-3

面；(c) 上下不对称的工字形截面。

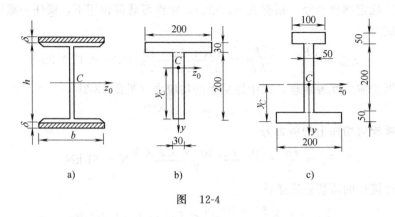

图　12-4

解：(a) 查型钢表，得 No. 40a 工字钢的高度 $h = 400$ mm、翼缘宽度 $b = 142$ mm、对水平形心轴 z_0 的惯性矩 $I_{z_0}^{\mathrm{I}} = 21700$ cm^4。

利用惯性矩的平行移轴公式，由对称性，得上、下两块钢板对水平形心轴 z_0 的惯性矩 $I_{z_0}^{\mathrm{II}} = 25068$ cm^4。

所以，该组合截面对水平形心轴 z_0 的惯性矩

$$I_{z_0} = I_{z_0}^{\mathrm{I}} + I_{z_0}^{\mathrm{II}} = 0.468 \times 10^{-3}\ \mathrm{m}^4$$

(b) 首先确定截面的形心位置。如图 12-4b 所示，将 T 形截面分割为上、下两个矩形，根据平面图形的形心坐标计算公式，得其形心坐标 $y_c = 0.1575$ m。

利用惯性矩的平行移轴公式，得该截面对水平形心轴 z_0 的惯性矩

$$I_{z_0} = 60.1 \times 10^{-6}\ \mathrm{m}^4$$

(c) 首先确定截面的形心位置。如图 12-4c 所示，将上下不对称的工字形截面分割为上、中、下三个矩形，根据平面图形的形心坐标计算公式，得其形心坐标 $y_c = 0.125$ m。

利用惯性矩的平行移轴公式，得该截面对水平形心轴 z_0 的惯性矩

$$I_{z_0} = 25521 \times 10^{-8}\ \mathrm{m}^4$$

习题 12-3　如图 12-5a 所示，简支梁承受均布载荷作用。若分别采用面积相等的实心圆和空心圆截面，其中 $D_1 = 40$ mm、$\dfrac{d_2}{D_2} = \dfrac{3}{5}$，试分别计算各自的最大弯曲正应力并比较其大小。

解：据题意，由实心圆与空心圆的面积相等，得空心圆的内、外径分别为 $d_2 = 30$ mm、$D_2 = 50$ mm。

作出梁的弯矩图如图 12-5b 所示，梁的最大弯矩 $M_{\max} = 1$ kN·m。

对于实心圆截面梁，最大弯曲正应力 $\sigma_{\max 1} = \dfrac{M_{\max}}{W_{z1}} = 159.2$ MPa；对于空心圆

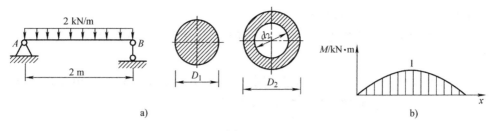

图　12-5

截面梁，最大弯曲正应力 $\sigma_{\max 2} = \dfrac{M_{\max}}{W_{z2}} = 93.5\ \text{MPa}$。

比较二者大小，$\dfrac{\sigma_{\max 1} - \sigma_{\max 2}}{\sigma_{\max 1}} = 41.3\%$，即相对于实心圆截面梁，空心圆截面梁的最大弯曲正应力减小了 41.3%。

习题 12-4　如图 12-6a 所示，矩形截面简支梁 AB 受均布载荷作用。试计算：（1）截面 1—1 上点 K 处的弯曲正应力；（2）截面 1—1 上的最大弯曲正应力，并指出其所在位置；（3）全梁的最大弯曲正应力，并指出其所在截面和在该截面上的位置。

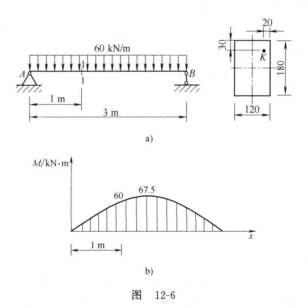

图　12-6

解：作出梁的弯矩图如图 12-6b 所示，截面 1—1 的弯矩和跨中截面的最大弯矩分别为 $M_1 = 60\ \text{kN·m}$、$M_{\max} = 67.5\ \text{kN·m}$。

由式（12-15），得截面 1—1 上点 K 处的弯曲正应力 $\sigma_{1K} = -61.7\ \text{MPa}$。

由式（12-16），得截面 1—1 上的最大弯曲正应力 $\sigma_{1\max} = 92.6\ \text{MPa}$，其发生

于截面 1—1 的上（下）边缘处。

全梁的最大弯曲正应力 $\sigma_{max}=104.2\ \text{MPa}$，其发生于跨中截面的上（下）边缘处。

习题 12-5 No. 20a 工字钢梁如图 12-7a 所示，已知 $[\sigma]=160\ \text{MPa}$，试按弯曲正应力强度条件确定许可载荷 $[F]$。

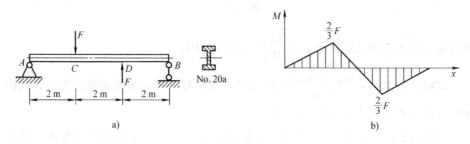

图 12-7

解： 作弯矩图如图 12-7b 所示，可见截面 C、D 同为危险截面，其处最大弯矩 $|M|_{max}=\dfrac{2}{3}F$。

查型钢表得 No. 20a 工字钢的抗弯截面系数 $W_z=237\ \text{cm}^3$。根据弯曲正应力强度条件，即式（12-20），解得 $F\leqslant56880\ \text{N}$。所以，许可载荷 $[F]=56.88\ \text{kN}$。

习题 12-6 圆截面外伸梁如图 12-8a 所示，已知材料的许用应力 $[\sigma]=100\ \text{MPa}$，试按弯曲正应力强度条件确定梁横截面的直径。

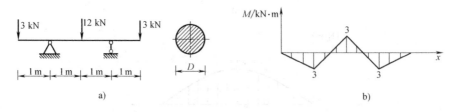

图 12-8

解： 作弯矩图如图 12-8b 所示，最大弯矩 $|M|_{max}=3\ \text{kN}\cdot\text{m}$。

根据弯曲正应力强度条件，即式（12-20），解得 $D\geqslant67.4\ \text{mm}$，故取截面直径 $D=68\ \text{mm}$。

习题 12-7 图 12-9a 所示简易吊车梁 AB 为一根 No. 45a 工字钢，梁自重 $q=804\ \text{N/m}$，最大起吊重量 $F=68\ \text{kN}$，材料的许用应力 $[\sigma]=140\ \text{MPa}$，试校核该梁的弯曲正应力强度。

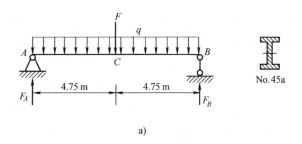

a)

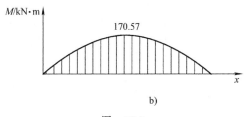

b)

图 12-9

解：由对称性得支座反力 $F_A = F_B = 37.82$ kN。

作出弯矩图如图 12-9b 所示，最大弯矩 $M_{max} = 170.57$ kN·m。

查型钢表得 No.45a 工字钢的抗弯截面系数 $W_z = 1430$ cm³。根据弯曲正应力强度条件，即式（12-20），可得 $\sigma_{max} = 119.3$ MPa $<$ $[\sigma] = 140$ MPa，该梁的强度符合要求。

习题 12-8　槽形截面铸铁梁如图 12-10a 所示，已知槽形截面的形心主惯性矩 $I_z = 4000$ cm⁴，材料的许用拉应力 $[\sigma_t] = 50$ MPa、许用压应力 $[\sigma_c] = 150$ MPa。试校核该梁的弯曲正应力强度。

解：作出梁的弯矩图如图 12-10b 所示，显然截面 B 为危险截面，其上弯矩 $M_B = -30$ kN·m。

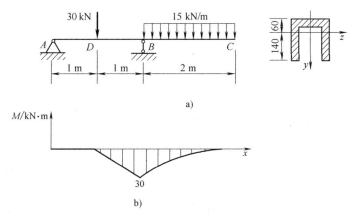

a)

b)

图 12-10

弯矩 M_B 为负值，故最大拉、压应力分别发生在截面 B 的上、下边缘处。根据拉应力强度条件，$\sigma_{t\,max}=45$ MPa$<$ $[\sigma_t]=50$ MPa；根据压应力强度条件，$\sigma_{c\,max}=105$ MPa$<$ $[\sigma_c]=150$ MPa，故该梁的强度符合要求。

习题 12-9 T 形截面悬臂梁如图 12-11a 所示。已知截面的形心主惯性矩 I_z $=10180$ cm^4，$h_2=96.4$ mm；材料的许用拉应力 $[\sigma_t]=40$ MPa，许用压应力 $[\sigma_c]=160$ MPa。试按弯曲正应力强度条件确定梁的许可载荷。

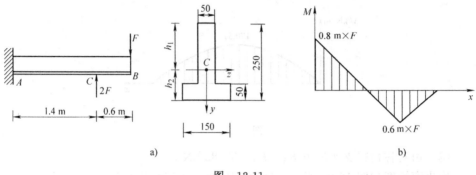

图 12-11

解：作出梁的弯矩图如图 12-11b 所示，最大正、负弯矩分别发生于截面 A、C 处，分别为 $M_A=0.8F$、$M_C=-0.6F$。

此梁为脆性材料，横截面关于中性轴又不对称，故需分别对最大正弯矩和最大负弯矩所在的两个截面进行强度计算。

A 截面：弯矩 M_A 为正值，其上的最大拉、压应力分别发生在截面的下、上边缘处。根据拉应力强度条件 $\sigma_{t\,max}^A=\dfrac{M_A h_2}{I_z}\leqslant [\sigma_t]=40\times10^6$ Pa，得 $F\leqslant52.8$ kN；根据压应力强度条件 $\sigma_{c\,max}^A=\dfrac{M_A h_1}{I_z}\leqslant [\sigma_c]=160\times10^6$ Pa，得 $F\leqslant132.6$ kN。

截面 C：弯矩 M_C 为负值，其上的最大拉、压应力分别发生在截面的上、下边缘处。显然只需考虑拉应力强度条件，根据 $\sigma_{t\,max}^C=\dfrac{|M_C|h_1}{I_z}\leqslant [\sigma_t]=40\times10^6$ Pa，得 $F\leqslant44.2$ kN。

综上所述，梁的许可载荷为 $[F]=44.2$ kN。

习题 12-10 图 12-12a 所示简支梁由 No.36a 工字钢制成。已知载荷 $F=40$ kN、$M_e=150$ kN·m，材料的许用应力 $[\sigma]=160$ MPa。试校核该梁的弯曲正应力强度。

解：选取梁 AB 为研究对象，作受力图（见图 12-12a），由平衡方程得支座反力

$$F_A = 67.5 \text{ kN} (\uparrow), \quad F_B = -27.5 \text{ kN} (\downarrow)$$

作出梁的弯矩图如图 12-12b 所示，最大弯矩 $M_{max} = 95$ kN·m。

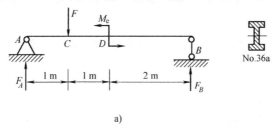

a)

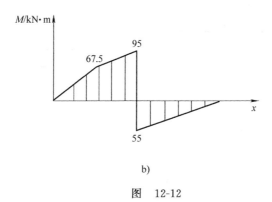

b)

图 12-12

查型钢表得 No.36a 工字钢的抗弯截面系数 $W_z = 875$ cm³。根据弯曲正应力强度条件，即式 (12-20)，可得 $\sigma_{max} = 108.6$ MPa < $[\sigma] = 160$ MPa，该梁的弯曲正应力强度符合要求。

习题 12-11 如图 12-13a 所示，一矩形截面钢梁受均布载荷作用，已知载荷集度 $q = 12$ kN/m，材料的许用应力 $[\sigma] = 160$ MPa。若规定矩形截面的高宽比 $h/b = 2$，试按弯曲正应力强度条件确定截面尺寸。

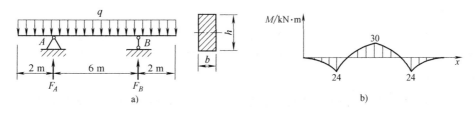

图 12-13

解：作出梁的弯矩图如图 12-13b 所示，最大弯矩 $M_{max} = 30$ kN·m。

根据弯曲正应力强度条件，即式 (12-20)，解得 $b \geqslant 65.5$ mm。故取此梁的截面尺寸为

$$b = 66 \text{ mm}, \quad h = 132 \text{ mm}$$

习题 12-12　T形截面铸铁梁的载荷和截面尺寸如图 12-14a 所示。已知材料的许用拉应力 $[\sigma_t] = 40 \text{ MPa}$、许用压应力 $[\sigma_c] = 160 \text{ MPa}$，试校核梁的弯曲正应力强度。若载荷不变，但将 T形截面倒置，试问是否合理？何故？

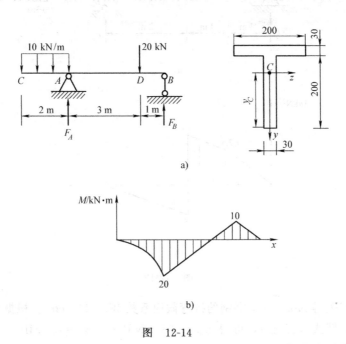

图　12-14

解：选取梁 CB 为研究对象，作受力图（见图 12-14a），由平衡方程得支座反力

$$F_A = 30 \text{ kN}, \quad F_B = 10 \text{ kN}$$

作出梁的弯矩图如图 12-14b 所示，最大正、负弯矩分别发生于 D、A 截面处，分别为 $M_D = 10 \text{ kN}$、$M_A = -20 \text{ kN}$。

如图 12-14a 所示，根据平面图形形心坐标计算公式，得中性轴 z 距下边缘的距离 $y_C = 157.5 \text{ mm}$。利用惯性矩的平行移轴公式，得形心主惯性矩 $I_z = 60.125 \times 10^{-6} \text{ m}^4$。

此梁为脆性材料，横截面关于中性轴又不对称，故需分别对最大正弯矩和最大负弯矩所在的两个截面进行强度校核。

D 截面：弯矩 M_D 为正值，其上的最大拉、压应力分别发生在截面的下、上边缘处。显然，此处只需校核拉应力强度，$\sigma_{t\,max}^D = \dfrac{M_D y_C}{I_z} = 26.2 \text{ MPa} < [\sigma_t] = 40 \text{ MPa}$。

截面 A：弯矩 M_A 为负值，其上的最大拉、压应力分别发生在截面的上、下边

缘处。校核拉应力强度，$\sigma_{t\,max}^{A} = \dfrac{|M_A|(0.23-y_C)}{I_z} = 24.1\ \text{MPa} < [\sigma_t] = 40\ \text{MPa}$；

校核压应力强度，$\sigma_{c\,max}^{A} = \dfrac{|M_A|y_C}{I_z} = 52.4\ \text{MPa} < [\sigma_c] = 160\ \text{MPa}$。

所以，该梁的弯曲正应力强度符合要求。

若将 T 形截面倒置，则梁内的最大拉应力发生在截面 A 的上边缘处，为

$$\sigma_{t\,max} = \sigma_{t\,max}^{A} = \frac{|M|_A y_C}{I_z} = 52.4\ \text{MPa} > [\sigma_t] = 40\ \text{MPa}$$

不满足强度条件。因此，倒置不合理。

习题 12-13 图 12-15 所示简支
梁是由三块截面为 $40\ \text{mm} \times 90\ \text{mm}$ 的
木板胶合而成的，已知胶缝的许用
切应力 $[\tau] = 0.5\ \text{MPa}$，试按胶缝的
切应力强度确定梁的许可载荷 $[F]$。

解：显然，梁任一截面上的剪
力大小相等，为 $F_S = F/2$。

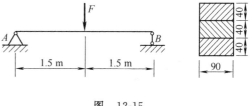

图 12-15

根据矩形截面梁的弯曲切应力计算公式，即式（12-21），由胶缝的切应力强
度条件，得 $F \leqslant 8100\ \text{N}$。所以，梁的许可载荷 $[F] = 8100\ \text{N}$。

习题 12-14 圆形截面梁如图 12-16a 所示，已知材料的许用应力 $[\sigma] = 160\ \text{MPa}$、
$[\tau] = 100\ \text{MPa}$。试确定该梁横截面直径 d。

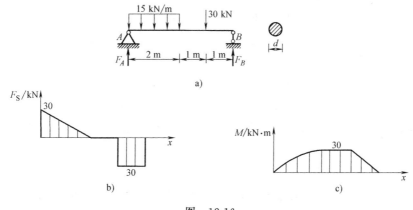

图 12-16

解：由平衡方程，得梁的支座反力（见图 12-16a）$F_A = F_B = 30\ \text{kN}$（↑）。

作出梁的剪力图、弯矩图如图 12-16b、c 所示，其最大剪力、最大弯矩分别为

$$F_{S\,max} = 30\ \text{kN}, \quad M_{max} = 30\ \text{kN} \cdot \text{m}$$

根据弯曲正应力强度条件，即式（12-20），得 $d \geqslant 124\ \text{mm}$。所以，初选梁

的横截面直径 $d=124$ mm。

再进行弯曲切应力强度校核。由式（12-24），$\tau_{max}=3.3$ MPa$<[\tau]=100$ MPa，弯曲切应力强度符合要求。故可选该梁的横截面直径 $d=124$ mm。

习题 12-15　图 12-17a 所示简支梁用工字钢制作，已知 $q=6$ kN/m、$F=20$ kN，钢材的许用应力 $[\sigma]=180$ MPa、$[\tau]=100$ MPa，试选择工字钢的型号。

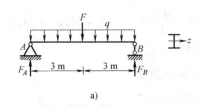

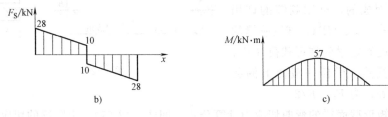

图　12-17

解：由对称性，得梁的支座反力（见图 12-17a）$F_A=F_B=28$ kN（↑）。

作出梁的剪力图、弯矩图如图 12-17b、c 所示，其最大剪力、最大弯矩分别为

$$F_{Smax}=28 \text{ kN}, \quad M_{max}=57 \text{ kN} \cdot \text{m}$$

根据弯曲正应力强度条件，即式（12-20），得 $W_z \geqslant 317$ cm³。所以，初选工字钢的型号为 No. 22b，其抗弯截面系数 $W_z=325$ cm³，满足弯曲正应力强度要求。

再进行弯曲切应力强度校核。查型钢表，No. 22b 工字钢的 $d=9.5$ mm、$I_z : S_z^*=18.7$ cm。由式（12-23），可得 $\tau_{max}=15.8$ MPa$<[\tau]=100$ MPa，弯曲切应力强度符合要求。故可选工字钢的型号为 No. 22b。

习题 12-16　矩形截面外伸梁如图 12-18a 所示，已知载荷 $q=20$ kN/m，$M_e=40$ kN·m；材料的许用应力 $[\sigma]=170$ MPa，$[\tau]=100$ MPa。若规定 $h/b=1.5$，试确定该梁的截面尺寸。

解：由平衡方程，得梁的支座反力（见图 12-18a）$F_A=40$ kN（↑），$F_B=0$。

作出梁的剪力图、弯矩图如图 12-18b、c 所示，其最大剪力、最大弯矩分别为

$$F_{Smax}=40 \text{ kN}, \quad M_{max}=40 \text{ kN} \cdot \text{m}$$

根据弯曲正应力强度条件，即式（12-20），得 $b \geqslant 85.6$ mm。故初选该梁的截面尺寸 $b=86$ mm、$h=129$ mm。

再进行弯曲切应力强度校核。由式（12-22），得 $\tau_{max}=5.4$ MPa$<[\tau]=100$ MPa，

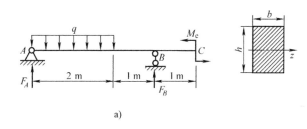

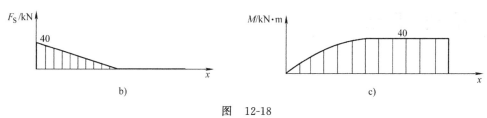

图 12-18

弯曲切应力强度符合要求。故可取该梁的截面尺寸 $b=86$ mm、$h=129$ mm。

习题 12-17 简支梁 AB 如图 12-19 所示，若集中力 F 作用在中间截面处（见图 12-19a），则梁内最大弯曲正应力将为许用应力的 130%。为使该梁符合强度要求，在梁和载荷不变的情况下，可在集中力 F 与梁 AB 间加一辅梁 CD（见图 12-19b），试确定辅梁 CD 的最小长度 a。假设辅梁 CD 的强度足够。

解：分别作无辅梁、有辅梁时的弯矩图如图 12-19c、d 所示，无辅梁、有辅梁时的最大弯矩分别为 $M_{1\max}=\dfrac{1}{4}Fl$、$M_{2\max}=\dfrac{1}{4}F(l-a)$。

无辅梁时，有 $\sigma_{1\max}=\dfrac{Fl}{4W_z}=1.3\,[\sigma]$；有辅梁时，$\sigma_{2\max}=\dfrac{F(l-a)}{4W_z}=[\sigma]$。联立解之，得辅梁 CD 的最小长度 $a=\dfrac{3}{13}l=0.23l$。

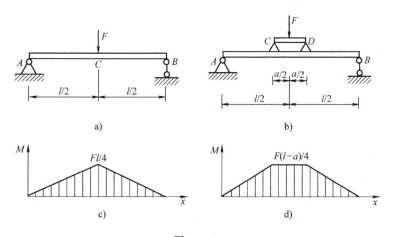

图 12-19

第十三章
弯 曲 变 形

知 识 要 点

一、基本概念

1. 弯曲变形与挠曲线

梁弯曲变形后，轴线成为曲线，这条曲线称为挠曲线。对于对称弯曲，挠曲线是一条位于梁纵向对称平面内的光滑连续曲线。以变形前梁的轴线为 x 轴，垂直向上的轴为 w 轴。在 x-w 坐标轴系中，挠曲线方程可表为

$$w = f(x) \qquad (13\text{-}1)$$

2. 梁横截面的位移参数

（1）挠度 梁横截面形心在垂直于梁轴线方向上的线位移，记作 w。挠度 w 即为挠曲线上点的纵坐标。在所取坐标系中，规定挠度 w 向上为正，反之为负。

（2）转角 梁横截面相对于原来位置转过的角度，记作 θ。转角 θ 等于挠曲线切线的斜率或挠度 w 对坐标 x 的一阶导数，即

$$\theta = \frac{\mathrm{d}w}{\mathrm{d}x} \qquad (13\text{-}2)$$

在所取坐标系中，规定转角 θ 沿逆时针方向为正，反之为负。

3. 位移边界条件和位移连续条件

位移边界条件：梁弯曲变形时，支座约束对梁位移所施加的限制条件。例如，在固定端处，梁的挠度和转角均等于零；在铰支座处，梁的挠度等于零。

位移连续条件：挠曲线所应满足的光滑连续条件，即在相邻梁段的交界处，相连两截面的挠度和转角相等。

二、弯曲变形的计算方法

1. 梁的挠曲线曲率

$$\frac{1}{\rho(x)} = \frac{M(x)}{EI_z} \tag{13-3}$$

式中，$M(x)$ 为梁的弯矩方程；EI_z 为梁的抗弯刚度，可简写为 EI。

2. 梁的挠曲线近似微分方程

$$\frac{\mathrm{d}^2 w}{\mathrm{d}x^2} = \frac{M(x)}{EI} \tag{13-4}$$

3. 积分法

梁的转角方程

$$\theta = \int \frac{M(x)}{EI} \mathrm{d}x + C \tag{13-5}$$

梁的挠曲线方程

$$w = \int \left[\int \frac{M(x)}{EI} \mathrm{d}x \right] \mathrm{d}x + Cx + D \tag{13-6}$$

式中，C、D 为积分常数，可根据梁的位移边界条件和位移连续条件确定。

4. 叠加法

在小变形且材料服从胡克定律的情况下，当等截面直梁上有几种载荷同时作用时，可以先分别计算出每一种载荷单独作用在梁上时所产生的变形，然后再代数相加，即可得到梁在几种载荷共同作用下所产生的变形。

三、梁的刚度计算

1. 梁的刚度条件

$$|w|_{\max} \leqslant [w] \tag{13-7}$$

式中，$[w]$ 为梁的许用挠度。

2. 梁的合理刚度设计

（1）合理选择截面形状　选用以较小面积可获得较大惯性矩的截面，例如工字形截面。

（2）合理选择材料　选用弹性模量较大的材料。因各种钢材的弹性模量十分接近，故改变钢材的品种对提高梁的刚度并无意义。

（3）减小梁的跨度　合理安排支座或增加支座，减小梁的跨度。

（4）改变载荷作用方式　分散载荷或尽可能使载荷作用点靠近支座，以减小弯曲变形。

解 题 方 法

本章习题主要有下列四种类型：

一、用积分法计算梁的弯曲变形

1. 基本步骤

1）列弯矩方程。

2）根据式（13-5），一次积分，得转角方程。

3）根据式（13-6），再次积分，得挠曲线方程。

4）根据梁的位移边界条件和位移连续条件确定积分常数。

5）计算指定截面的挠度和转角。

2. 注意点

1）积分法是计算弯曲变形的一种基本方法，其优点在于适用性广泛，可用于求在各种载荷作用下的等截面梁或变截面梁的转角和挠曲线的普遍方程；其缺点是计算过程冗繁，特别是在求某一指定截面的挠度和转角时，远不如叠加法等其他方法来得方便。

2）积分应遍及全梁。在梁的弯矩方程或抗弯刚度的分段处，必须分段积分，分段建立转角和挠曲线方程。

3）在根据梁的位移边界条件和位移连续条件确定积分常数时，应注意以下几点：

① 积分常数的个数一定正好等于梁的位移边界条件和位移连续条件的总个数。

② 在遍及全梁积分时，若无需分段，则积分常数仅由位移边界条件即可全部确定。

③ 在固定端处，梁的转角、挠度均为零；在铰支座处，梁的挠度为零但转角不为零。

④ 在中间铰支座处，既存在位移边界条件，又存在位移连续条件。

⑤ 在中间铰链处，挠度连续，但转角不连续。

二、用叠加法计算梁的弯曲变形

1. 基本步骤

1）将实际复杂载荷分解为若干个简单载荷的叠加。

2）画出梁在每一种简单载荷单独作用下的变形曲线（即挠曲线）。

3）根据变形曲线，计算梁在每一种简单载荷单独作用下的变形。

4）将梁在每一种简单载荷单独作用下的变形代数相加，得梁在实际复杂载荷作用下的变形。

2. 注意点

1）叠加法的适用条件：小变形；材料服从胡克定律；等直梁。

2）简单载荷作用下梁的变形可直接在有关教科书或手册中查到。

3）实际复杂载荷的分解要便于查表。

4）在运用叠加法时，一定要画出梁在每一种简单载荷单独作用下的变形曲线，并根据变形曲线来正确计算梁的变形。

5）应根据变形曲线正确判断转角、挠度的正负号。

6）在载荷无法进一步分解且依然无法查表或者梁的抗弯刚度 EI 为分段常数的情况下，可以考虑采用"分段刚化法"，即将梁先分为几段简单等直梁，分别计算每一段梁的弯曲变形，在计算每一段梁的变形时将其余各段刚化，以便于查表。然后，再将各段梁产生的变形代数相加即得梁的实际变形。在运用"分段刚化法"时，各段梁除受作用于本段梁上的载荷的影响之外，还可能受到作用在其他梁段上的载荷的影响，需要具体分析。

7）在运用叠加法时，不但要考虑各梁段本身的变形所引起的位移，还应考虑其他梁段的变形以及弹性支撑的变形所引起的该梁段的刚性位移。

三、梁的刚度计算

梁的刚度计算同样有刚度校核、截面设计和确定许可载荷等三类问题，其基本步骤为：

1）运用积分法或叠加法计算梁的最大挠度。

2）根据式（13-7）进行梁的刚度计算。

四、用变形比较法求解简单超静定梁

1. 基本步骤

1）解除多余约束，得到基本静定梁，并以相应的多余约束力代替多余约束的作用，得到原超静定梁的相当系统。

2）根据多余约束的性质，建立变形（位移）协调方程。

3）计算相当系统在多余约束处的相应位移，由变形（位移）协调方程得到补充方程。

4）由补充方程求出多余约束力，将超静定梁转化为静定梁。

2. 注意点

1）凡是在维持梁平衡的前提下可以去除的约束，都可视为多余约束。因此，多余约束的选取不是唯一的，即相当系统可以有不同的选择，在实际选择

时应以简单为原则。

2）多余约束选择的不同，其相应的变形（位移）协调方程也就不同，但不会影响最终结果的唯一性。

3）变形比较法主要适用于简单超静定梁。

难 题 解 析

【**例题 13-1**】　如图 13-1a 所示外伸梁，承受集中载荷作用，试绘制挠曲线的大致形状图。设抗弯刚度 EI 为常数。

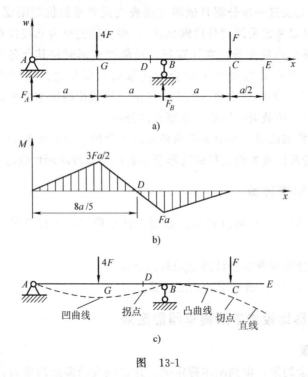

图　13-1

解：（1）作梁的弯矩图　先由梁的平衡方程，求得 A、B 支座反力

$$F_A = \frac{3}{2}F, \quad F_B = \frac{7}{2}F$$

然后作梁的弯矩图如图 13-1b 所示。

（2）绘制挠曲线的大致形状图　由弯矩图可见：AD 段的弯矩为正；DC 段的弯矩为负；横截面 D 的弯矩为零，其位置坐标 $x_D = 8a/5$；CE 段的弯矩为零。

由弯矩图，根据挠曲线近似微分方程以及二阶导数的几何意义可知，该梁的挠曲线具有以下特点：AD 段为凹曲线；DC 段为凸曲线；CE 段为直线；在

截面 D 处挠曲线存在拐点。

此外，在铰支座 A 与 B 处，梁的挠度均为零；在截面 C、D 处，挠曲线还应满足连续光滑条件。

综上所述，绘制挠曲线的大致形状图如图 13-1c 中的虚线所示。

由该例可见，绘制挠曲线的基本依据为：

1）根据弯矩为正、负、零值点或零值区，确定挠曲线的凹、凸、拐点或直线区。

2）在梁的支座处，挠曲线应满足位移边界条件；在弯矩分段处，挠曲线应满足连续光滑条件。

【例题 13-2】 如图 13-2 所示，等截面悬臂梁的抗弯刚度为 EI，在梁下有一曲面，方程为 $y=-kx^3$（k 为已知常数）。现在梁的自由端施加横向力 F 与力偶矩 M_e，使梁变形后与该曲面密合，且曲面不受压力，试确定所加的力 F 与力偶矩 M_e。

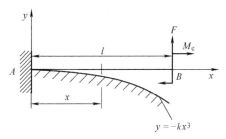

图 13-2

解：（1）求梁的挠曲线方程 由积分法或叠加法，得梁的挠曲线方程为

$$w = \frac{1}{EI}\left[-\frac{F}{6}x^3 + \left(\frac{1}{2}Fl - \frac{1}{2}M_e\right)x^2\right]$$

（2）确定力 F 与力偶矩 M_e 欲使梁变形后与曲面 $y=-kx^3$ 密合，且曲面不受压力，则梁的挠曲线方程应与曲面方程一致，即有

$$\frac{1}{EI}\left[-\frac{F}{6}x^3 + \left(\frac{1}{2}Fl - \frac{1}{2}M_e\right)x^2\right] = -kx^3$$

比较上述方程左右两边的同次方系数，即得

$$F = 6kEI, \quad M_e = 6kEIl$$

【例题 13-3】 某框架结构简图如图 13-3a 所示，假设两根立柱是刚性的，五根圆截面横梁的长为 l、直径为 d，弹性模量为 E。若基础 B 下沉 δ，试求横梁内最大弯曲正应力。

解：（1）建立横梁简化力学模型 横梁的简化力学模型如图 13-3b 所示，为两端固定的超静定梁。

（2）解除多余约束 将 B 处固定端视为多余约束，解除之。在小变形情况下，梁端的水平约束力对弯曲变形影响很小，可以忽略不计。故其对应的多余约束力有竖直约束力 F_B 与约束力偶 M_B，得原超静定梁的相当系统如图 13-3c 所示。这是二次超静定问题。

（3）建立变形（位移）协调方程 变形（位移）协调条件为固定端 B 处的

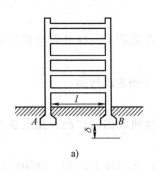

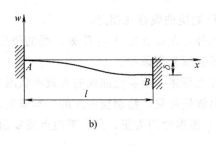

a)

b)

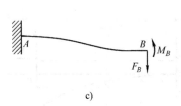

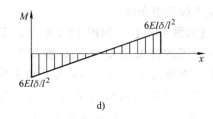

c)

d)

图 13-3

转角等于零，即

$$\theta_B = -\frac{F_B l^2}{2EI} + \frac{M_B l}{EI} = 0 \tag{a}$$

和固定端 B 处的挠度等于 δ，即

$$|w_B| = \frac{F_B l^3}{3EI} - \frac{M_B l^2}{2EI} = \delta \tag{b}$$

（4）解方程，求多余未知力　联立方程（a）、（b），解得多余约束力

$$F_B = \frac{12EI\delta}{l^3}, \quad M_B = \frac{6EI\delta}{l^2}$$

（5）求横梁内最大弯曲正应力　作出弯矩图如图 13-3d 所示，梁的最大弯矩

$$M_{max} = \frac{6EI\delta}{l^2}$$

根据式（12-16），得横梁内最大弯曲正应力

$$\sigma_{max} = \frac{M_{max}}{W_z} = \frac{6EI\delta}{l^2} \cdot \frac{32}{\pi d^3} = \frac{3Ed\delta}{l^2}$$

习 题 解 答

习题 13-1　写出图 13-4 所示各梁的位移边界条件。

解：（a）如图 13-4a 所示，外伸梁 CB 的位移边界条件为

$$w|_{x=a} = w_A = 0, \quad w|_{x=a+l} = w_B = 0$$

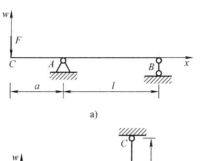

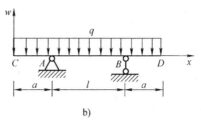

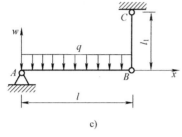

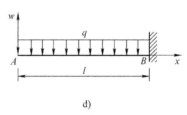

图 13-4

（b）如图 13-4b 所示，外伸梁 CD 的位移边界条件为

$$w\big|_{x=a} = w_A = 0, \quad w\big|_{x=a+l} = w_B = 0$$

（c）如图 13-4c 所示，横梁 AB 的位移边界条件为

$$w\big|_{x=0} = w_A = 0, \quad w\big|_{x=l} = w_B = -\Delta l_{BC}$$

（d）如图 13-4d 所示，悬臂梁 AB 的位移边界条件为

$$w\big|_{x=l} = w_B = 0, \quad \theta\big|_{x=l} = \theta_B = 0$$

习题 13-2 用积分法建立图 13-5 所示简支梁的转角方程和挠曲线方程。设梁的抗弯刚度 EI 为常量。

解：如图 13-5 所示，令 $l = a + b$，由平衡方程得简支梁 AB 的支座反力

$$F_A = -\frac{M_e}{l} \; (\downarrow), \quad F_B = \frac{M_e}{l} \; (\uparrow)$$

图 13-5

分段列出弯矩方程

AC 段 $(0 \leqslant x_1 < a)$：

$$M(x_1) = -\frac{M_e}{l}x_1$$

CB 段 $(a < x_2 \leqslant l)$：

$$M(x_2) = \frac{M_e}{l}(l - x_2)$$

将上述弯矩方程分别依次代入式（13-5）、式（13-6）积分，得转角方程

AC 段 $(0 \leqslant x_1 < a)$：

$$\theta_1 = -\frac{M_e}{2EIl}x_1^2 + C_1 \tag{a}$$

CB 段 $(a < x_2 \leqslant l)$：

$$\theta_2 = -\frac{M_e}{2EIl}(l - x_2)^2 + C_2 \tag{b}$$

和挠曲线方程

AC 段（$0 \leqslant x_1 < a$）：
$$w_1 = -\frac{M_e}{6EIl}x_1^3 + C_1 x_1 + D_1 \qquad \text{(c)}$$

CB 段（$a < x_2 \leqslant l$）：
$$w_2 = \frac{M_e}{6EIl}(l - x_2)^3 + C_2 x_2 + D_2 \qquad \text{(d)}$$

由该梁的位移边界条件

$$w_1 \big|_{x_1=0} = w_A = 0, \quad w_2 \big|_{x_2=l} = w_B = 0$$

和位移连续条件

$$w_1 \big|_{x_1=a} = w_2 \big|_{x_2=a}, \quad \theta_1 \big|_{x_1=a} = \theta_2 \big|_{x_2=a}$$

得 4 个积分常数分别为

$$C_1 = \frac{M_e}{6EIl}(l^2 - 3b^2), \quad D_1 = 0$$

$$C_2 = \frac{M_e}{6EIl}(4l^2 - 6la - 3b^2), \quad D_2 = -\frac{M_e}{6EI}(4l^2 - 6la - 3b^2)$$

最后，将所得积分常数回代到式（a）～式（d）中，整理即得该梁的转角方程

AC 段（$0 \leqslant x_1 \leqslant a$）：
$$\theta_1 = \frac{M_e}{6EIl}(l^2 - 3b^2 - 3x_1^2)$$

CB 段（$a \leqslant x_2 \leqslant l$）：
$$\theta_2 = \frac{M_e}{6EIl}[-3x_2^2 + 6l(x_2 - a) + (l^2 - 3b^2)]$$

和挠曲线方程

AC 段（$0 \leqslant x_1 \leqslant a$）：
$$w_1 = \frac{M_e}{6EIl}(l^2 x_1 - 3b^2 x_1 - x_1^3)$$

CB 段（$a \leqslant x_2 \leqslant l$）：
$$w_2 = \frac{M_e}{6EIl}[-x_2^3 + 3l(x_2 - a)^2 + (l^2 - 3b^2)x_2]$$

习题 13-3 用积分法建立图 13-6 所示悬臂梁的转角方程和挠曲线方程，并计算梁的最大挠度 $|w|_{max}$ 和最大转角 $|\theta|_{max}$。设梁的抗弯刚度 EI 为常量。

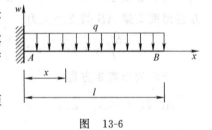

图 13-6

解：如图 13-6 所示，该悬臂梁 AB 的弯矩方程为

$$M(x) = -\frac{q}{2}(l - x)^2$$

将上述弯矩方程依次代入式（13-5）、式（13-6）积分，得转角方程

$$\theta = \frac{q}{6EI}(l - x)^3 + C \qquad \text{(a)}$$

和挠曲线方程

$$w = -\frac{q}{24EI}(l-x)^4 + Cx + D \qquad (b)$$

由该梁的位移边界条件

$$w\big|_{x=0} = w_A = 0, \quad \theta\big|_{x=0} = \theta_A = 0$$

得 2 个积分常数分别为

$$C = -\frac{ql^3}{6EI}, \quad D = \frac{ql^4}{24EI}$$

再将所得积分常数回代到式（a）、式（b）中，整理即得该梁的转角方程

$$\theta = -\frac{q}{6EI}(x^3 - 3lx^2 + 3l^2x) \qquad (c)$$

和挠曲线方程

$$w = -\frac{q}{24EI}(x^4 - 4lx^3 + 6l^2x^2) \qquad (d)$$

容易判断，梁的最大转角和最大挠度均发生在自由端 B 截面处，将 $x=l$ 代入式（c）、（d），得其最大挠度、最大转角分别为

$$|w|_{max} = \frac{ql^4}{8EI}, \quad |\theta|_{max} = \frac{ql^3}{6EI}$$

习题 13-4 用积分法建立图 13-7 所示外伸梁的转角方程和挠曲线方程，并求 A、B 两截面的转角 θ_A、θ_B 和 A、D 两截面的挠度 w_A、w_D。已知 $F = \frac{1}{2}ql$，梁的抗弯刚度 EI 为常量。

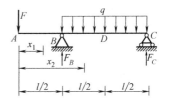

图 13-7

解：如图 13-7 所示，由平衡方程得简支梁 AB 的支座反力

$$F_B = \frac{5}{4}ql^2 (\uparrow), \quad F_C = \frac{1}{4}ql (\uparrow)$$

分段列出梁的弯矩方程

AB 段 $(0 \leqslant x_1 \leqslant \frac{l}{2})$： $M(x_1) = -\frac{ql}{2}x_1$

BC 段 $(\frac{l}{2} \leqslant x_2 \leqslant \frac{3}{2}l)$： $M(x_2) = \frac{1}{4}ql\left(\frac{3}{2}l - x_2\right) - \frac{1}{2}q\left(\frac{3}{2}l - x_2\right)^2$

将上述弯矩方程分别依次代入式（13-5）、式（13-6）积分，得转角方程

AB 段 $(0 \leqslant x_1 \leqslant \frac{l}{2})$： $\theta_1 = -\frac{ql}{4EI}x_1^2 + C_1$ $\qquad$ (a)

BC 段 $(\frac{l}{2} \leqslant x_2 \leqslant \frac{3}{2}l)$： $\theta_2 = -\frac{ql}{8EI}\left(\frac{3}{2}l - x_2\right)^2 + \frac{q}{6EI}\left(\frac{3}{2}l - x_2\right)^3 + C_2$ $\quad$ (b)

和挠曲线方程

AB 段（$0 \leqslant x_1 \leqslant \dfrac{l}{2}$）：$\quad w_1 = -\dfrac{ql}{12EI}x_1^3 + C_1 x_1 + D_1$ $\qquad$ (c)

BC 段（$\dfrac{l}{2} \leqslant x_2 \leqslant \dfrac{3}{2}l$）：$w_2 = \dfrac{ql}{24EI}\left(\dfrac{3}{2}l - x_2\right)^3 - \dfrac{q}{24EI}\left(\dfrac{3}{2}l - x_2\right)^4 + C_2 x_2 + D_2$

$\qquad\qquad\qquad\qquad\qquad\qquad\qquad\qquad\qquad\qquad\qquad\qquad\qquad\qquad$ (d)

由该梁的位移边界条件

$$w_1 \big|_{x_1 = \frac{l}{2}} = w_B = 0, \quad w_2 \big|_{x_2 = \frac{3}{2}l} = w_C = 0$$

和位移连续条件

$$w_1 \big|_{x_1 = \frac{l}{2}} = w_2 \big|_{x_2 = \frac{l}{2}}, \quad \theta_1 \big|_{x_1 = \frac{l}{2}} = \theta_2 \big|_{x_2 = \frac{l}{2}}$$

得 4 个积分常数分别为

$$C_1 = \dfrac{5ql^3}{48EI}, \quad D_1 = -\dfrac{ql^4}{24EI}, \quad C_2 = 0, \quad D_2 = 0$$

再将所得积分常数回代到式（a）～式（d）中，整理即得该梁的转角方程

AB 段（$0 \leqslant x_1 \leqslant \dfrac{l}{2}$）：$\qquad \theta_1 = -\dfrac{ql}{4EI}x_1^2 + \dfrac{5ql^3}{48EI}$ $\qquad$ (e)

BC 段（$\dfrac{l}{2} \leqslant x_2 \leqslant \dfrac{3}{2}l$）：$\theta_2 = -\dfrac{ql}{8EI}\left(\dfrac{3}{2}l - x_2\right)^2 + \dfrac{q}{6EI}\left(\dfrac{3}{2}l - x_2\right)^3$ $\quad$ (f)

和挠曲线方程

AB 段（$0 \leqslant x_1 \leqslant \dfrac{l}{2}$）：$\qquad w_1 = -\dfrac{ql}{12EI}x_1^3 + \dfrac{5ql^3}{48EI}x_1 - \dfrac{ql^4}{24EI}$ $\qquad$ (g)

BC 段（$\dfrac{l}{2} \leqslant x_2 \leqslant \dfrac{3}{2}l$）：$w_2 = \dfrac{ql}{24EI}\left(\dfrac{3}{2}l - x_2\right)^3 - \dfrac{q}{24EI}\left(\dfrac{3}{2}l - x_2\right)^4$ $\quad$ (h)

最后，将 $x_1 = 0$、$x_1 = \dfrac{l}{2}$ 分别代入式（e），求得 A、B 两截面的转角分别为

$$\theta_A = \dfrac{5ql^3}{48EI}, \quad \theta_B = \dfrac{ql^3}{24EI}$$

将 $x_1 = 0$、$x_2 = l$ 分别代入式（g）、式（h），求得 A、D 两截面的挠度分别为

$$w_A = -\dfrac{ql^4}{24EI}, \quad w_D = \dfrac{ql^4}{384EI}$$

习题 13-5 用叠加法计算图 13-8a 所示悬臂梁自由端截面 B 的挠度和转角。设梁的抗弯刚度 EI 为常量。

解：在均布载荷 q 单独作用下（见图 13-8b），查表得横截面 B 的转角和挠度

$$(\theta_B)_q = -\dfrac{ql^3}{6EI}, \quad (w_B)_q = -\dfrac{ql^4}{8EI}$$

在力偶 M_e 单独作用下（见图 13-8c），查表得横截面 C 的转角和挠度

$$(\theta_C)_{M_e} = \dfrac{M_e l}{2EI} = \dfrac{ql^3}{4EI}, \quad (w_C)_{M_e} = \dfrac{M_e l^2}{8EI} = \dfrac{ql^4}{16EI}$$

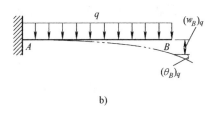

b)

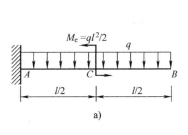

a)

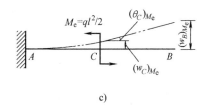

c)

图 13-8

由图 13-8c 所示几何关系，得在力偶 M_e 单独作用下截面 B 的转角和挠度

$$(\theta_B)_{M_e} = (\theta_C)_{M_e} = \frac{ql^3}{4EI}, \quad (w_B)_{M_e} = (w_C)_{M_e} + (\theta_C)_{M_e} \cdot \frac{l}{2} = \frac{3ql^4}{16EI}$$

将以上结果叠加，即得在均布载荷 q 和力偶 M_e 共同作用下截面 B 的挠度和转角

$$w_B = (w_B)_q + (w_B)_{M_e} = \frac{ql^4}{16EI}$$

$$\theta_B = (\theta_B)_q + (\theta_B)_{M_e} = \frac{ql^3}{12EI}$$

习题 13-6 用叠加法计算图 13-9a 所示简支梁截面 C 的挠度和截面 B 的转角。设梁的抗弯刚度 EI 为常量。

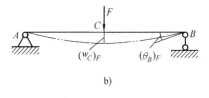

b)

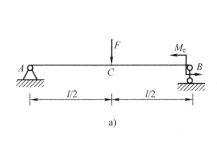

a)

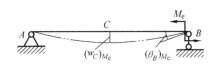

c)

图 13-9

解：在载荷 F 单独作用下（见图 13-9b），查表得截面 C 的挠度和截面 B 的转角

$$(w_C)_F = -\frac{Fl^3}{48EI}, \quad (\theta_B)_F = \frac{Fl^2}{16EI}$$

在载荷 M_e 单独作用下（见图 13-9c），查表得截面 C 的挠度和截面 B 的转角

$$(w_C)_{M_e} = -\frac{M_el^2}{16EI}, \quad (\theta_B)_{M_e} = \frac{M_el}{3EI}$$

将以上结果叠加，即得在 F 和 M_e 共同作用下截面 C 的挠度和截面 B 的转角

$$w_C = (w_C)_F + (w_C)_{M_e} = -\frac{Fl^3}{48EI} - \frac{M_el^2}{16EI}$$

$$\theta_B = (\theta_B)_F + (\theta_B)_{M_e} = \frac{Fl^2}{16EI} + \frac{M_el}{3EI}$$

习题 13-7 用叠加法计算图 13-10a 所示悬臂梁截面 C 的转角和截面 B 的挠度。设梁的抗弯刚度 EI 为常量。

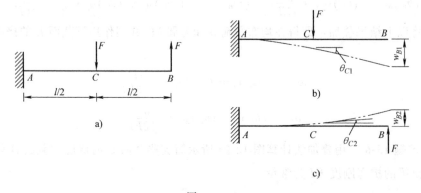

图　13-10

解：在作用于 C 点的载荷 F 单独作用下（见图 13-10b），查表得截面 C 的转角和截面 B 的挠度

$$\theta_{C1} = -\frac{Fl^2}{8EI}, \quad w_{B1} = -\frac{5Fl^3}{48EI}$$

在作用于 B 点的载荷 F 单独作用下（见图 13-10c），查表得截面 C 的转角和截面 B 的挠度

$$\theta_{C2} = \frac{3Fl^2}{8EI}, \quad w_{B2} = \frac{Fl^3}{3EI}$$

将以上结果叠加，即得在两个载荷共同作用下截面 C 的转角和截面 B 的挠度

$$\theta_C = \theta_{C1} + \theta_{C2} = \frac{Fl^2}{4EI}$$

$$w_B = w_{B1} + w_{B2} = \frac{11Fl^3}{48EI}$$

习题 13-8 用叠加法计算图 13-11a 所示外伸梁截面 A、B 的转角和截面 C 的挠度。设梁的抗弯刚度 EI 为常量。

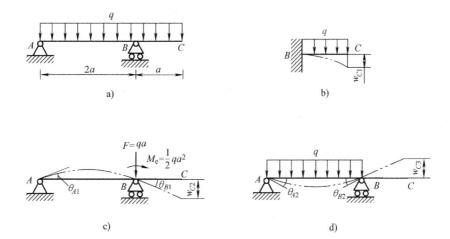

图 13-11

解：外伸梁的变形在教材的表 13-1 中查不到，故采用"分段刚化法"计算。

首先将梁的 AB 段视为刚体，此时 BC 段即相当于在均布载荷作用下的悬臂梁，如图 13-11b 所示，查表得截面 C 处的挠度

$$w_{C1} = -\frac{qa^4}{8EI}$$

然后，将梁的 BC 段视为刚体，并将作用于 BC 段的均布载荷向 B 点简化，得一集中力 F 和一集中力偶 M_e，如图 13-11c 所示。其中，力 F 作用于支座 B 上，不会使梁的 AB 段产生变形；在力偶 M_e 作用下，AB 段发生变形，查表得截面 A、B 的转角

$$\theta_{A1} = \frac{qa^3}{6EI}, \quad \theta_{B1} = -\frac{qa^3}{3EI}$$

由于 BC 段的刚体位移（见图 13-11c），截面 C 的挠度

$$w_{C2} = \theta_{B1}a = -\frac{qa^4}{3EI}$$

同时，作用于 AB 段上的均布载荷 q 亦使 AB 段发生变形，如图 13-11d 所示，查表得截面 A、B 的转角

$$\theta_{A2} = -\frac{qa^3}{3EI}, \quad \theta_{B2} = \frac{qa^3}{3EI}$$

由于 BC 段的刚体位移（见图 13-11d），截面 C 的挠度

$$w_{C3} = \theta_{B2}a = \frac{qa^4}{3EI}$$

将上述所得结果叠加，即得截面 A、B 的转角和截面 C 的挠度分别为

$$\theta_A = \theta_{A1} + \theta_{A2} = -\frac{qa^3}{6EI}$$

$$\theta_B = \theta_{B1} + \theta_{B2} = 0$$

$$w_C = w_{C1} + w_{C2} + w_{C3} = -\frac{qa^4}{8EI}$$

习题 13-9 如图 13-12a 所示，在简支梁的一半跨度内作用均布载荷 q，试用叠加法计算跨中截面 C 的挠度。设梁的抗弯刚度 EI 为常量。

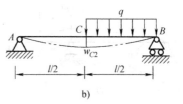

b)

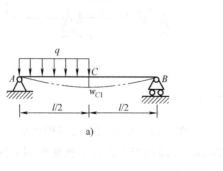

a)

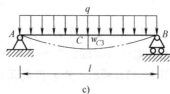

c)

图 13-12

解：图 13-12a 与图 13-12b 的载荷叠加等于图 13-12c 的载荷，而由对称性可知，图 13-12a 与图 13-12b 所示梁的跨中截面 C 的挠度相等，故图 13-12a 所示简支梁跨中截面 C 的挠度为

$$w_{C1} = w_{C2} = \frac{1}{2}w_{C3} = -\frac{5ql^4}{768EI}$$

提示：该题亦可采用其他形式的叠加解法，同样很方便，请读者自行尝试。

习题 13-10 试用叠加法计算图 13-13a 所示外伸梁的外伸端截面 C 的挠度和转角。设梁的抗弯刚度 EI 为常量。

解：将图 13-13a 所示外伸梁分解为如图 13-13b、c、d 三种情况的叠加。查表得，截面 C 的转角分别为

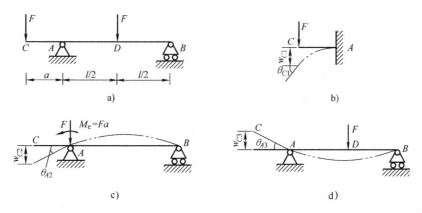

图 13-13

$$\theta_{C1} = \frac{Fa^2}{2EI}, \quad \theta_{C2} = \theta_{A2} = \frac{Fal}{3EI}, \quad \theta_{C3} = \theta_{A3} = -\frac{Fl^2}{16EI}$$

截面 C 的挠度分别为

$$w_{C1} = -\frac{Fa^3}{3EI}, \quad w_{C2} = -\theta_{A2}a = -\frac{Fla^2}{3EI}, \quad w_{C3} = |\theta_{A3}|a = \frac{Fl^2a}{16EI}$$

将上述所得结果叠加，即得图 13-13a 所示外伸梁的外伸端截面 C 的挠度和转角

$$w_C = w_{C1} + w_{C2} + w_{C3} = -\frac{Fa}{48EI}(16a^2 + 16la - 3l^2)$$

$$\theta_C = \theta_{C1} + \theta_{C2} + \theta_{C3} = \frac{F}{48EI}(24a^2 + 16la - 3l^2)$$

习题 13-11 如图 13-14 所示，桥式起重机的最大起吊载荷 $F = 20$ kN。起重机大梁为 No. 32a 工字钢，材料的弹性模量 $E = 210$ GPa，大梁的跨度 $l = 8.76$ m，若规定许用挠度 $[w] = l/500$，试校核大梁刚度。

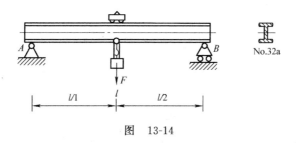

图 13-14

解：查型钢表得，No. 32a 工字钢的自重 $q = 52.717$ kg/m $= 516.6$ N/m，惯性矩 $I_z = 1.11 \times 10^{-4}$ m^4。显然，梁的最大挠度发生在跨中截面，由叠加法得

$$|w|_{\max} = \frac{Fl^3}{48EI_z} + \frac{5ql^4}{384EI_z} = 0.012 \text{ m} + 0.0017 \text{ m} = 0.0137 \text{ m}$$

根据梁的刚度条件，$|w|_{max}=0.0137\text{ m}<[w]=\dfrac{l}{500}=0.0175\text{ m}$，大梁刚度符合要求。

注意：此题如不考虑梁的自重，产生的误差达 12.4%，不符合工程规定。

习题 13-12 一简支房梁受力如图 13-15 所示，为了避免梁下天花板上的灰泥可能开裂，要求梁的最大挠度不超过 5.6 mm。已知材料的弹性模量 $E=6.9$ GPa，试确定此房梁截面惯性矩的最小值。

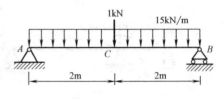

图 13-15

解：显然，梁的最大挠度发生在跨中截面 C，由叠加法得

$$|w|_{max}=|(w_C)_q|+|(w_C)_F|=\frac{5ql^4}{384EI_z}+\frac{Fl^3}{48EI_z}$$

由梁的刚度条件，得 $I_z\geqslant6.7\times10^4\text{ cm}^4$，故此房梁截面惯性矩的最小值为

$$I_{zmin}=6.7\times10^4\text{ cm}^4$$

习题 13-13 工字钢简支梁如图 13-16a 所示，已知跨度 $l=5$ m，力偶矩 $M_{e1}=5$ kN·m、$M_{e2}=10$ kN·m，材料的弹性模量 $E=200$ GPa、许用应力 $[\sigma]=160$ MPa，梁的许用挠度 $[w]=l/500$。试选择工字钢型号。

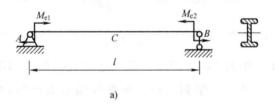

a)

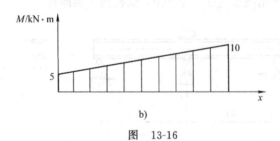

b)

图 13-16

解：作出梁的弯矩图如图 13-16b 所示，最大弯矩 $M_{max}=10$ kN·m。

根据梁的弯曲正应力强度条件，即式（12-20），得 $W_z\geqslant62.5\text{ cm}^3$。

简支梁的最大挠度可用跨中截面挠度替代。由叠加法，得此梁跨中截面 C 的挠度 $|w_C|=\dfrac{(M_{e1}+M_{e2})l^2}{16EI_z}$。根据梁的刚度条件，得 $I_z\geqslant1170\text{ cm}^4$。

根据上述计算结果查型钢表，可选择 No.18 工字钢，其抗弯截面系数 $W_z = 185 \text{ cm}^3$，惯性矩 $I_z = 1660 \text{ cm}^4$，同时满足梁的强度和刚度要求。

说明：一般情况下，简支梁的跨中截面挠度接近于最大挠度，故在刚度计算时，可以用跨中截面挠度来代替最大挠度，以方便计算，如本题所示。

习题 13-14 试计算图 13-17a 所示超静定梁的支座反力，并作出梁的弯矩图。设梁的抗弯刚度 EI 为常量。

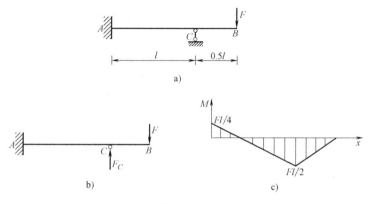

图 13-17

解：一次超静定问题，将 C 处链杆支座视为多余约束。解除该处约束，以相应的多余约束力 F_C 代之作用，得到原超静定梁的相当系统，如图 13-17b 所示。

变形（位移）协调条件为支座 C 处的挠度等于零，即 $w_C = 0$。

由叠加法计算相当系统的 w_C，得补充方程

$$w_C = (w_C)_{F_C} + (w_C)_F = \frac{F_C l^3}{3EI} - \frac{7Fl^3}{12EI} = 0$$

由上述补充方程，即得多余约束力 $F_C = \dfrac{7}{4}F$ (↑)。

根据相当系统作出梁的弯矩图如图 13-17c 所示。

习题 13-15 试计算图 13-18a 所示超静定梁的支座反力，并作出梁的弯矩图。设梁的抗弯刚度 EI 为常量。

解：一次超静定问题，将 B 处活动铰支座视为多余约束。解除该处约束，以相应的多余约束力 F_B 代之作用，得到原超静定梁的相当系统，如图 13-18b 所示。

变形（位移）协调条件为支座 B 处的挠度等于零，即 $w_B = 0$。

由叠加法计算相当系统的 w_B，得补充方程

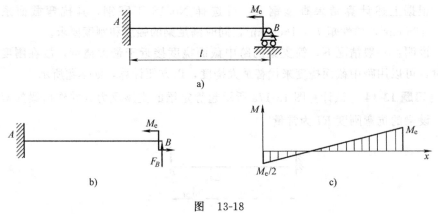

图 13-18

$$w_B = (w_B)_{F_B} + (w_B)_{M_e} = \frac{F_B l^3}{3EI} + \frac{M_e l^2}{2EI} = 0$$

由上述补充方程，得多余约束力 $F_B = -\dfrac{3M_e}{2l}$（↓）。

根据相当系统作出梁的弯矩图如图 13-18c 所示。

习题 13-16 某房屋建筑中的一等截面梁可简化为受均布载荷作用的双跨梁，如图 13-19a 所示，试作出梁的弯矩图。设梁的抗弯刚度 EI 为常量。

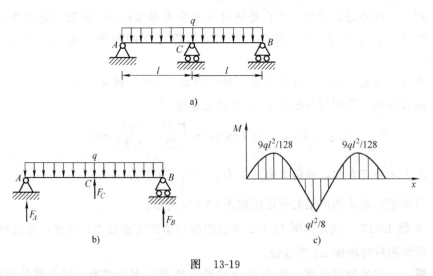

图 13-19

解：一次超静定问题，将 C 处活动铰支座视为多余约束。解除该处约束，以相应的多余约束力 F_C 代之作用，得到原超静定梁的相当系统，如图 13-19b 所示。

变形（位移）协调条件为支座 C 处的挠度等于零，即 $w_C = 0$。

由叠加法计算相当系统的 w_C，得补充方程

$$w_C = (w_C)_{F_C} + (w_C)_q = \frac{l^3}{24EI}(4F_C - 5ql) = 0$$

由上述补充方程，得多余约束力 $F_C = \dfrac{5ql}{4}$ （↑）。

根据相当系统，由对称性得支座 A、B 处的约束力 $F_A = F_B = \dfrac{3ql}{8}$ （↑）。作出梁的弯矩图如图 13-19c 所示。

习题 13-17 如图 13-20a 所示，受均布载荷 q 作用的钢梁 AB 一端固定，另一端用钢拉杆 BC 系住。钢梁的抗弯刚度为 EI，钢拉杆的抗拉刚度为 EA，尺寸 h、l 均为已知，试求钢拉杆 BC 的轴力。

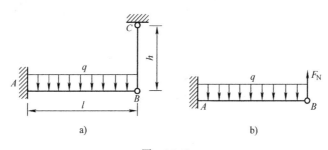

图　13-20

解：一次超静定问题，视拉杆 BC 为多余约束。解除该处约束，以相应的多余约束力 F_N 代之作用，得到原超静定梁 AB 的相当系统，如图 13-20b 所示。

变形（位移）协调条件为梁 AB 端点 B 的挠度等于拉杆 BC 的轴向伸长，即 $|w_B| = \Delta l_{BC}$。

用叠加法计算 w_B，得补充方程

$$|w_B| = |(w_B)_q + (w_B)_{F_N}| = \frac{ql^4}{8EI} - \frac{F_N l^3}{3EI} = \frac{F_N h}{EA}$$

由上述补充方程，得多余约束力，即钢拉杆 BC 的轴力

$$F_N = \frac{3Aql^4}{8(Al^3 + 3hI)}$$

习题 13-18 静定组合梁如图 13-21a 所示，试求集中载荷 F 的作用点 G 的挠度。设梁的抗弯刚度 EI 为常量。

解：采用"分段刚化法"计算。

如图 13-21b 和图 13-21c 所示，将组合梁从中间铰链 C 处拆分为 AC 和 CD 两部分，由 CD 部分的平衡方程易得中间铰链 C 处的约束力为 $F/2$。

AC 部分为外伸梁，首先计算其在 C 点的挠度。如图 13-21d 和图 13-21f 所

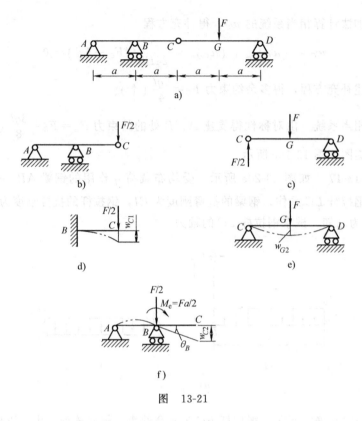

图 13-21

示，采用"分段刚化法"，得外伸梁 AC 在 C 点的挠度

$$w_C = w_{C1} + w_{C2} = w_{C1} + \theta_B a = -\frac{Fa^3}{6EI} - \frac{Fa^3}{6EI} = -\frac{Fa^3}{3EI}$$

此时，将 CD 部分视为刚性的，则因其随同 C 点的刚体位移而引起的点 G 的挠度为

$$w_{G1} = \frac{1}{2}w_C = -\frac{Fa^3}{6EI}$$

再将 AC 部分视为刚性的，此时 CD 部分则可视为简支梁，如图 13-21e 所示，查表得点 G 的挠度

$$w_{G2} = -\frac{Fa^3}{6EI}$$

将上述结果叠加，即得集中载荷 F 的作用点 G 的挠度为

$$w_G = w_{G1} + w_{G2} = -\frac{Fa^3}{6EI} - \frac{Fa^3}{6EI} = -\frac{Fa^3}{3EI} \ (\downarrow)$$

第十四章
应力状态分析与强度理论

知 识 要 点

一、应力状态的基本概念

1. 点的应力状态

受力构件内的点在不同方位截面上应力的集合。

2. 单元体

单元体系指围绕构件内一点取出的一个无限小的正六面体。可以认为，单元体上的各个截面均通过该点，单元体上任一截面上的应力就是该点在该截面上的应力。因此，在单元体内的各个截面上，应力均匀分布；在单元体内的任意一对平行截面上，应力相等。

单元体是分析研究点的应力状态的基础。

3. 主平面与主应力

主平面：切应力为零的平面。通过任意点，都存在三个相互垂直的主平面。

主应力：主平面上的正应力。任意点都有三个主应力。三个主应力分别用 σ_1、σ_2、σ_3 表示，且规定 $\sigma_1 \geqslant \sigma_2 \geqslant \sigma_3$。

4. 应力状态的分类

单向应力状态：三个主应力中只有一个不等于零。

二向应力状态（平面应力状态）：三个主应力中有两个不等于零。

三向应力状态（空间应力状态）：三个主应力都不等于零。

单向应力状态又称为简单应力状态；二向和三向应力状态则统称为复杂应力状态。

二、二向应力状态分析的解析法

1. 任意斜截面上的应力

$$\sigma_\alpha = \frac{\sigma_x + \sigma_y}{2} + \frac{\sigma_x - \sigma_y}{2}\cos 2\alpha - \tau_{xy}\sin 2\alpha \tag{14-1}$$

$$\tau_\alpha = \frac{\sigma_x - \sigma_y}{2}\sin 2\alpha + \tau_{xy}\cos 2\alpha \tag{14-2}$$

2. 主平面的方位角

$$\tan 2\alpha_0 = \frac{-2\tau_{xy}}{\sigma_x - \sigma_y} \tag{14-3}$$

3. 正应力极值·主应力

正应力极值

$$\begin{matrix}\sigma_{\max}\\ \sigma_{\min}\end{matrix} = \frac{\sigma_x + \sigma_y}{2} \pm \sqrt{\left(\frac{\sigma_x - \sigma_y}{2}\right)^2 + \tau_{xy}^2} \tag{14-4}$$

主应力

若 $\sigma_{\max} > 0$、 $\sigma_{\min} > 0$， 则 $\sigma_1 = \sigma_{\max}$、 $\sigma_2 = \sigma_{\min}$、 $\sigma_3 = 0$

若 $\sigma_{\max} > 0$、 $\sigma_{\min} < 0$， 则 $\sigma_1 = \sigma_{\max}$、 $\sigma_2 = 0$、 $\sigma_3 = \sigma_{\min}$

若 $\sigma_{\max} < 0$、 $\sigma_{\min} < 0$， 则 $\sigma_1 = 0$、 $\sigma_2 = \sigma_{\max}$、 $\sigma_3 = \sigma_{\min}$

4. 切应力极值所在平面的方位角

$$\tan 2\alpha_1 = \frac{\sigma_x - \sigma_y}{2\tau_{xy}} \tag{14-5}$$

结论：与主平面相交45°。

5. 切应力极值

$$\tau_{\max} = \sqrt{\left(\frac{\sigma_x - \sigma_y}{2}\right)^2 + \tau_{xy}^2} \tag{14-6}$$

三、二向应力状态分析的图解法

1. 应力圆方程

$$\left(\sigma_\alpha - \frac{\sigma_x + \sigma_y}{2}\right)^2 + \tau_\alpha^2 = \left(\frac{\sigma_x - \sigma_y}{2}\right)^2 + \tau_{xy}^2 \tag{14-7}$$

其中，应力圆圆心坐标：$\left(\dfrac{\sigma_x + \sigma_y}{2},\ 0\right)$；应力圆半径：$R = \sqrt{\left(\dfrac{\sigma_x - \sigma_y}{2}\right)^2 + \tau_{xy}^2}$。

2. 应力圆的作法

如图 14-1 所示，作图方法如下：

1) 建立 σ-τ 坐标系。

2) 按一定比例尺量取横坐标 $OA = \sigma_x$、纵坐标 $AD = \tau_{xy}$，得到与 x 截面应力

对应的点 D。

3）再按一定比例尺量取横坐标 $OB=\sigma_y$、纵坐标 $BD'=\tau_{yx}=-\tau_{xy}$，得到与 y 截面应力对应的点 D'。

4）连接 DD'，交 σ 轴于点 C。

5）以点 C 为圆心、CD 为半径作圆即得。

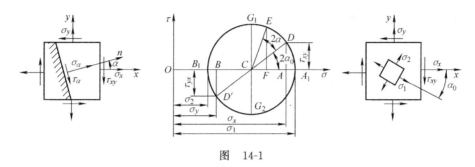

图　14-1

3. 二向应力状态分析的图解法

如图 14-1 所示，应力圆圆周上任一点的横坐标、纵坐标分别代表单元体某一截面上的正应力、切应力；应力圆上半径转过的角度等于单元体上对应截面外法线旋转角度的 2 倍，且转向一致。可概括为：点面对应，基准一致，转向相同，倍角关系。

根据上述规律，利用应力圆，即可方便地采用图解法进行二向应力状态分析。

四、纯剪切应力状态的主要结论

纯剪切应力状态：在单元体的四侧面上只存在切应力，且在另两个侧面上没有任何应力（见图 14-2）。纯剪切应力状态属于二向应力状态。

主平面为 $\pm45°$ 斜截面（见图 14-2）。

主应力

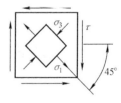

图　14-2

$$\sigma_1 = \tau, \quad \sigma_2 = 0, \quad \sigma_1 = -\tau \tag{14-8}$$

最大切应力

$$\tau_{\max} = \tau \tag{14-9}$$

五、三向应力状态的主要结论

最大正应力

$$\sigma_{\max} = \sigma_1 \tag{14-10}$$

最小正应力

$$\sigma_{\min} = \sigma_3 \tag{14-11}$$

最大切应力

$$\tau_{\max} = \frac{\sigma_1 - \sigma_3}{2} \tag{14-12}$$

说明：上述结论同样适用于单向应力状态和二向应力状态。

六、广义胡克定律

$$\left. \begin{aligned} \varepsilon_x &= \frac{1}{E} \left[\sigma_x - \nu (\sigma_y + \sigma_z) \right] \\ \varepsilon_y &= \frac{1}{E} \left[\sigma_y - \nu (\sigma_z + \sigma_x) \right] \\ \varepsilon_z &= \frac{1}{E} \left[\sigma_z - \nu (\sigma_x + \sigma_y) \right] \end{aligned} \right\} \tag{14-13}$$

$$\left. \begin{aligned} \gamma_{xy} &= \frac{\tau_{xy}}{G} \\ \gamma_{yz} &= \frac{\tau_{yz}}{G} \\ \gamma_{zx} &= \frac{\tau_{zx}}{G} \end{aligned} \right\} \tag{14-14}$$

说明：

1）广义胡克定律在线弹性、小变形的条件下适用。

2）当单元体的六个侧面皆为主平面时，则应将广义胡克定律中的下标 x、y、z 依次换成 1、2、3，此时得到的沿三个主方向的线应变 ε_1、ε_2、ε_3 称为主应变，且有 $\varepsilon_1 \geqslant \varepsilon_2 \geqslant \varepsilon_3$。

七、强度理论

经过实践证明，在一定范围内成立的关于材料强度失效因素的假说称为强度理论。根据强度理论，可以利用简单应力状态的试验结果，来建立复杂应力状态下的强度条件。工程中常用的强度理论有下列四种：

1. 第一强度理论（最大拉应力理论）

第一强度理论认为，最大拉应力是引起材料脆性断裂的主要因素，其对应的强度条件为

$$\sigma_{r1} = \sigma_1 \leqslant [\sigma] \tag{14-15}$$

第一强度理论主要适用于脆性材料且以拉应力为主的场合。

2. 第二强度理论（最大伸长线应变理论）

第二强度理论认为，最大伸长线应变是引起材料脆性断裂的主要因素，其对应的强度条件为

$$\sigma_{r2} = \sigma_1 - \nu(\sigma_2 + \sigma_3) \leqslant [\sigma] \qquad (14\text{-}16)$$

式中，ν 为材料的泊松比。

第二强度理论主要适用于脆性材料且以压应力为主的场合。

3. 第三强度理论（最大切应力理论）

第三强度理论认为，最大切应力是引起材料塑性屈服的主要因素，其对应的强度条件为

$$\sigma_{r3} = \sigma_1 - \sigma_3 \leqslant [\sigma] \qquad (14\text{-}17)$$

第三强度理论主要适用于塑性材料。

4. 第四强度理论（畸变能密度理论）

第四强度理论认为，畸变能密度是引起材料塑性屈服的主要因素，其对应的强度条件为

$$\sigma_{r4} = \sqrt{\frac{1}{2}\left[(\sigma_1 - \sigma_2)^2 + (\sigma_2 - \sigma_3)^2 + (\sigma_3 - \sigma_1)^2\right]} \leqslant [\sigma] \qquad (14\text{-}18)$$

第四强度理论主要适用于塑性材料。

八、圆筒形薄壁压力容器

壁厚 δ 远小于内径 D（$\delta < D/20$）的封闭圆筒形薄壁容器，承受内压 p 的作用。

1. 横截面上的轴向拉应力

$$\sigma_x = \frac{pD}{4\delta} \qquad (14\text{-}19)$$

2. 纵截面上的周向拉应力

$$\sigma_t = \frac{pD}{2\delta} \qquad (14\text{-}20)$$

解 题 方 法

本章习题主要有下述三种类型：

一、二向应力状态分析

1. 解题步骤

1）从构件中截取单元体。

2）计算单元体四侧面上的应力 σ_x、σ_y、τ_{xy}。

3）根据题意采用解析法或图解法确定待求未知量。

2. 注意点

1）应力状态分析是以单元体为基础的，若题目中没有直接给出单元体，一

定要首先从构件中截取单元体，并根据已学知识，求出单元体四侧面上的应力 σ_x、σ_y、τ_{xy}。

2）在用解析法的公式计算时，要注意 σ_x、σ_y、τ_{xy} 的正负号以及斜截面方位角 α 的定义与正负号，其规定为：

① σ_x、σ_y，以拉应力为正、压应力为负。

② 将 τ_{xy} 对单元体内任一点取矩，以顺时针转向为正、逆时针转向为负。

③ α 为斜截面的外法线 n 与 x 轴正方向之间的夹角，并以 x 轴为始边、外法线 n 为终边，α 角的转向为逆时针时为正，反之为负。

3）式（14-6）所确定的是二向应力状态下面内切应力的极值，而任意应力状态下切应力的最大值则应按式（14-12）计算。

4）在用图解法求解时，应注意以下两点：

① 在作应力圆时，要选取适当的比例尺，作出的应力圆不能太小，否则容易产生较大误差。

② 要严格遵循"点面对应，基准一致，转向相同，倍角关系"的原则，根据所选定的比例尺，正确量取待求未知量。

5）主应力一定要根据其代数值大小依次记作 $\sigma_1 \geqslant \sigma_2 \geqslant \sigma_3$。

6）在绘制主应力单元体时，要正确判断 σ_1、σ_2、σ_3 的作用面，不能随意标注。

二、广义胡克定律的应用

广义胡克定律建立了复杂应力状态下应力与应变的关系，被广泛用于在复杂受力情况下已知构件的受力求变形，或者已知构件的变形求受力。在应用广义胡克定律解题时，应注意以下几点：

1）广义胡克定律适用于满足线弹性、小变形条件的任意应力状态。

2）广义胡克定律中的 x、y、z 三个方向必须相互垂直。

3）在应用广义胡克定律进行计算时，要考虑 σ_x、σ_y、σ_z 的正负号，即拉应力为正、压应力为负。

三、强度理论的应用

1. 解题步骤

1）对构件中的危险点进行应力状态分析，求出危险点的三个主应力。

2）选择适当的强度理论进行强度计算。

2. 注意点

1）解决复杂应力状态下的强度问题，才需要使用强度理论，但强度理论本身对于任何一种应力状态都是适用的。

2）一般情况下，脆性材料应选用第一或第二强度理论；塑性材料则应选用第三或第四强度理论。但需要指出，选择强度理论的根本依据应当是构件的强度失效类型。对于脆性断裂的强度失效类型，应选用第一或第二强度理论；对于塑性屈服的强度失效类型，则应选用第三或第四强度理论。而构件究竟发生何种类型的强度失效，实际上非但取决于材料，还与应力状态有关。例如，在三向拉伸应力状态下，即使是塑性材料，也将发生脆性断裂，故应采用第一强度理论；在三向压缩应力状态下，即使是脆性材料，也将发生塑性屈服，故应采用第三或第四强度理论。

3）第一与第二强度理论均适用于脆性断裂的强度失效类型，但在以拉应力为主的场合，宜用第一强度理论；在以压应力为主的场合，宜用第二强度理论。

4）第三与第四强度理论均适用于塑性屈服的强度失效类型，其中，第三强度理论偏于保守，第四强度理论更为精确。

难 题 解 析

【例题 14-1】 如图 14-3a 所示，有一两端受扭转外力偶矩 M_e 和轴向拉力 F 作用的圆筒形薄壁压力容器。已知容器的内径 $d=80\ \text{mm}$，壁厚 $\delta=2\ \text{mm}$，筒体长度 $l=1\ \text{m}$；材料的弹性模量 $E=200\ \text{GPa}$，泊松比 $\nu=0.25$；容器所受内压 $p=10\ \text{MPa}$，扭转外力偶矩 $M_e=640\pi\ \text{N}\cdot\text{m}$。若材料的许用应力 $[\sigma]=200\ \text{MPa}$，试根据第三强度理论，确定许可拉力 $[F]$，并计算此时容器筒体的轴向伸长 Δl 和内径改变量 Δd。

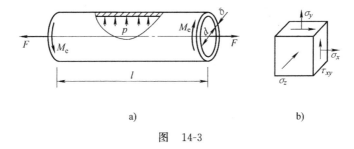

图 14-3

解：（1）取单元体 围绕筒壁上任意一点截取单元体如图 14-3b 所示，其六侧面上的应力分别为

$$\sigma_x = \frac{pd}{4\delta} + \frac{F}{A} = \left(\frac{10 \times 10^6 \times 80}{4 \times 2} + \frac{F}{\pi \times 80 \times 2 \times 10^{-6}} \right) \text{Pa} = (100 + 19.9 \times 10^{-4} F)\ \text{MPa}$$

$$\sigma_y = \frac{pd}{2\delta} = 200\ \text{MPa}$$

$$\sigma_z = -p = -10\ \text{MPa}$$

$$\tau_{xy} = -\frac{M_e}{2\pi R^2 \delta} = -\frac{640\pi}{2\pi\ (40+1)^2 \times 2 \times 10^{-9}}\ \text{Pa} = -95.2\ \text{MPa}$$

（2）计算主应力　由式（14-4），面内正应力极值

$$\sigma_{max} = \frac{\sigma_x + \sigma_y}{2} + \sqrt{\left(\frac{\sigma_x - \sigma_y}{2}\right)^2 + \tau_{xy}{}^2}$$

$$= \left[(150 + 9.95 \times 10^{-4}F) + \frac{1}{2}\sqrt{(19.9 \times 10^{-4}F - 100)^2 + 4 \times 95.2^2}\right]\ \text{MPa}$$

$$\sigma_{min} = \frac{\sigma_x + \sigma_y}{2} - \sqrt{(\frac{\sigma_x - \sigma_y}{2})^2 + \tau_{xy}{}^2}$$

$$= \left[(150 + 9.95 \times 10^{-4}F) - \frac{1}{2}\sqrt{(19.9 \times 10^{-4}F - 100)^2 + 4 \times 95.2^2}\right]\ \text{MPa}$$

不难判断，$\sigma_{max} > \sigma_{min} > 0$，故有主应力

$$\sigma_1 = \sigma_{max}, \quad \sigma_2 = \sigma_{min}, \quad \sigma_3 = \sigma_z = -10\ \text{MPa}$$

（3）强度计算　根据第三强度理论，

$$\sigma_{r3} = \sigma_1 - \sigma_3 = \left[(150 + 9.95 \times 10^{-4}F) + \frac{1}{2}\sqrt{(19.9 \times 10^{-4}F - 100)^2 + 4 \times 95.2^2} + 10\right]\ \text{MPa}$$

$$\leqslant [\sigma] = 200\ \text{MPa}$$

解得

$$F \leqslant 558\ \text{kN}$$

所以，许可拉力

$$[F] = 558\ \text{kN}$$

（4）变形计算　由广义胡克定律，得容器筒体的轴向应变

$$\varepsilon_x = \frac{1}{E}[\sigma_x - \nu(\sigma_y + \sigma_z)] = 5.83 \times 10^{-3}$$

周向应变

$$\varepsilon_y = \frac{1}{E}[\sigma_y - \nu(\sigma_z + \sigma_x)] = -0.52 \times 10^{-3}$$

所以，容器筒体的轴向伸长

$$\Delta l = \varepsilon_x l = 5.83\ \text{mm}$$

内径改变量

$$\Delta d = \varepsilon_y d = -0.04\ \text{mm}$$

【例题 14-2】　一钢制圆轴承受拉伸与扭转组合变形，如图 14-4a 所示。已知圆轴直径 $d = 200$ mm，弹性模量 $E = 200$ GPa。现采用直角应变花测得轴表面点 O 沿轴向、横向、45°方向的应变分别为 $\varepsilon_x = 320 \times 10^{-6}$、$\varepsilon_y = -96 \times 10^{-6}$、$\varepsilon_{45°} = 565 \times 10^{-6}$，试确定轴向载荷 F 和外力偶矩 M_e 的大小。

解：轴表面点 O 为二向应力状态，其单元体如图 14-4b 所示。

（1）确定轴向载荷 F　由胡克定律，得轴向应力

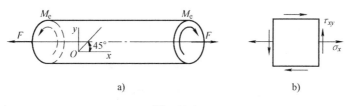

图　14-4

$$\sigma_x = E\varepsilon_x = 200 \times 10^9 \, \text{Pa} \times 320 \times 10^{-6} = 64 \, \text{MPa}$$

所以，轴向载荷

$$F = \sigma_x A = 64 \times 10^6 \, \text{Pa} \times \frac{\pi}{4} \times 0.2^2 \, \text{m}^2 = 20.1 \, \text{kN}$$

（2）确定外力偶矩 M_e　由广义胡克定律，可得45°方向应变

$$\varepsilon_{45°} = \varepsilon_x \cos^2 45° + \varepsilon_y \sin^2 45° + \gamma_{xy} \sin 45° \cos 45°$$

将 ε_x、ε_y 和 $\varepsilon_{45°}$ 代入求解，得

$$\gamma_{xy} = 906 \times 10^{-6}$$

泊松比

$$\nu = -\frac{\varepsilon_y}{\varepsilon_x} = \frac{96}{320} = 0.3$$

由剪切胡克定律，得

$$\tau_{xy} = G\gamma_{xy} = \frac{E}{2(1+\nu)}\gamma_{xy} = 69.7 \, \text{MPa}$$

从而，得外力偶矩

$$M_e = T = W_t \tau_{xy} = \frac{\pi}{16} \times 0.2^3 \, \text{m}^3 \times 69.7 \times 10^6 \, \text{Pa} = 109 \, \text{N} \cdot \text{m}$$

【例题 14-3】　带尖角的轴向拉杆如图 14-5a 所示，试分析尖角点 A 的应力状态。

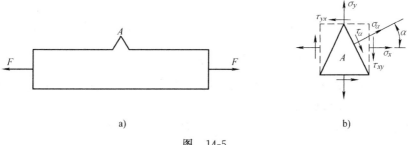

图　14-5

解：围绕尖角点 A 截取单元体如图 14-5b 所示，记四侧面上的应力分别为 σ_x、σ_y、τ_{xy}。因为在任一自由边界所对应的 α 斜截面上，应力皆为零，即对于任意的 α 恒有

$$\sigma_\alpha = \frac{\sigma_x + \sigma_y}{2} + \frac{\sigma_x - \sigma_y}{2}\cos2\alpha - \tau_{xy}\sin2\alpha = 0$$

$$\tau_\alpha = \frac{\sigma_x - \sigma_y}{2}\sin2\alpha + \tau_{xy}\cos2\alpha = 0$$

因此，必有 $\sigma_x = \sigma_y = \tau_{xy} = 0$，即尖角点 A 为零应力状态。

【例题 14-4】　如图 14-6a 所示，已知某点在与水平面成 $\pm 30°$ 的两相交斜截面上的应力，试用图解法求其主应力和主方向。

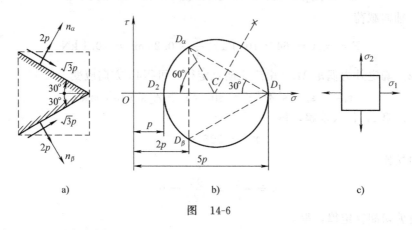

图　14-6

解：（1）画应力圆（见图 14-6b）

1）建立 σ-τ 坐标轴系，选取比例尺，由两斜截面上的应力定出 $D_\alpha(2p, \sqrt{3}p)$、$D_\beta(2p, -\sqrt{3}p)$ 两点。

2）D_α、D_β 为应力圆上的两点。设应力圆的圆心为 C，由于两斜截面相交 $60°$，故有圆心角 $\angle D_\alpha CO = \angle D_\beta CO = 60°$，其对应的圆周角为 $30°$。因此，过 D_α（或 D_β）作与 σ 轴成 $30°$ 夹角的斜线，交 σ 轴于 D_1，D_1 必为应力圆上的一点。再作 $D_\alpha D_1$ 的垂直平分线，交 σ 轴于 C，即得圆心。

3）以 C 为圆心、CD_α 为半径作圆，即得应力圆。

（2）求主应力和主方向　如图 14-6b 所示，由应力圆的几何关系，易得主应力

$$\sigma_1 = 2p + \frac{\sqrt{3}p}{\tan 30°} = 5p, \quad \sigma_2 = p, \quad \sigma_3 = 0$$

由半径 CD_α 至 CD_1 为顺时针转 $120°$，故将 α 截面顺时针转 $60°$ 即得 σ_1 主平面，由此作出主应力单元体如图 14-6c 所示。

本题还可以用其他方法作出应力圆，请读者自行思考。

习 题 解 答

习题 14-1　如图 14-7a 所示，已知矩形截面梁某截面上的弯矩、剪力分别

为 $M = 10 \text{ kN} \cdot \text{m}$、$F_S = 120 \text{ kN}$，试绘制出该截面上 1、2、3、4 各点的单元体，并求出各点的主应力。

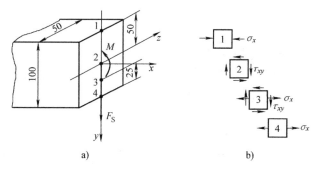

图 14-7

解：计算得梁截面的惯性矩 $I_z = 4.17 \times 10^{-6} \text{ m}^4$。

围绕点 1 截取单元体如图 14-7b 所示，由弯曲正应力计算公式得 $\sigma_x = -120 \text{ MPa}$。点 1 为单向压缩应力状态，其主应力 $\sigma_1 = \sigma_2 = 0$，$\sigma_3 = \sigma_x = -120 \text{ MPa}$。

围绕点 2 截取单元体如图 14-7b 所示，由弯曲切应力计算公式得 $\tau_{xy} = 36 \text{ MPa}$。点 2 为纯剪切应力状态，其主应力 $\sigma_1 = \tau_{xy} = 36 \text{ MPa}$，$\sigma_2 = 0$，$\sigma_3 = -\tau_{xy} = -36 \text{ MPa}$。

围绕点 3 截取单元体如图 14-7b 所示，可求得 $\sigma_x = 60 \text{ MPa}$，$\tau_{xy} = 27 \text{ MPa}$。点 3 为二向应力状态，由式（14-4），得面内正应力极值 $\sigma_{\max} = 70.4 \text{ MPa}$，$\sigma_{\min} = -10.4 \text{ MPa}$。故其主应力 $\sigma_1 = 70.4 \text{ MPa}$，$\sigma_2 = 0$，$\sigma_3 = -10.4 \text{ MPa}$。

围绕点 4 截取单元体如图 14-7b 所示，可得 $\sigma_x = 120 \text{ MPa}$。点 4 为单向拉伸应力状态，其主应力 $\sigma_1 = 120 \text{ MPa}$，$\sigma_2 = \sigma_3 = 0$。

习题 14-2 悬臂梁如图 14-8a 所示，已知载荷 $F = 10 \text{ kN}$，试绘制点 A 的单元体，并确定其主应力的大小及方位。

解：围绕点 A 截取单元体如图 14-8b 所示，为二向应力状态，其四侧面上应力

$$\sigma_x = \frac{M y_A}{I_z} = 10.55 \text{ MPa}, \quad \sigma_y = 0, \quad \tau_{xy} = \frac{F_S}{2 I_z}\left(\frac{h^2}{4} - y_A^2\right) = -0.88 \text{ MPa}$$

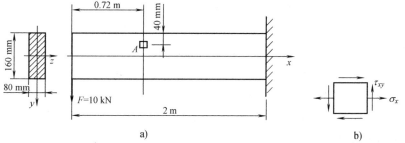

图 14-8

采用解析法，根据式（14-4），得面内正应力极值

$$\sigma_{\max} = 10.62\,\mathrm{MPa}, \ \sigma_{\min} = -0.07\,\mathrm{MPa}$$

故单元体的主应力为

$$\sigma_1 = 10.62\,\mathrm{MPa}, \ \sigma_2 = 0, \ \sigma_3 = -0.07\,\mathrm{MPa}$$

由式（14-3），得主平面方位角 $\alpha_0 = 4.73°$。

习题 14-3 已知点的应力状态如图 14-9 所示（图中应力单位为 MPa），试用解析法计算图中指定截面的正应力与切应力。

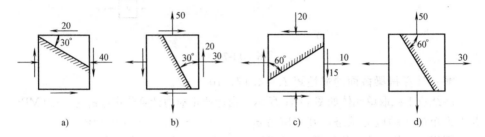

图 14-9

解：（a）在图 14-9a 所示单元体中

$$\sigma_x = -40\,\mathrm{MPa}, \quad \sigma_y = 0, \quad \tau_{xy} = 20\,\mathrm{MPa}, \quad \alpha = 60°$$

由式（14-1）、式（14-2）得指定截面上的正应力、切应力分别为

$$\sigma_\alpha = \frac{\sigma_x + \sigma_y}{2} + \frac{\sigma_x - \sigma_y}{2}\cos 2\alpha - \tau_{xy}\sin 2\alpha = -27.3\,\mathrm{MPa}$$

$$\tau_\alpha = \frac{\sigma_x - \sigma_y}{2}\sin 2\alpha + \tau_{xy}\cos 2\alpha = -27.3\,\mathrm{MPa}$$

（b）在图 14-9b 所示单元体中

$$\sigma_x = 30\,\mathrm{MPa}, \quad \sigma_y = 50\,\mathrm{MPa}, \quad \tau_{xy} = -20\,\mathrm{MPa}, \quad \alpha = 30°$$

同理得指定截面上的正应力、切应力分别为

$$\sigma_\alpha = 52.3\,\mathrm{MPa}, \quad \tau_\alpha = -18.7\,\mathrm{MPa}$$

（c）在图 14-9c 所示单元体中

$$\sigma_x = 10\,\mathrm{MPa}, \quad \sigma_y = -20\,\mathrm{MPa}, \quad \tau_{xy} = 15\,\mathrm{MPa}, \quad \alpha = -60°$$

同理得指定截面上的正应力、切应力分别为

$$\sigma_\alpha = 0.49\,\mathrm{MPa}, \quad \tau_\alpha = -20.5\,\mathrm{MPa}$$

（d）在图 14-9d 所示单元体中

$$\sigma_x = 30\,\mathrm{MPa}, \quad \sigma_y = 50\,\mathrm{MPa}, \quad \tau_{xy} = 0, \quad \alpha = -150°$$

同理得指定截面上的正应力、切应力分别为

$$\sigma_\alpha = 35\,\mathrm{MPa}, \quad \tau_\alpha = -8.7\,\mathrm{MPa}$$

习题 14-4　已知点的应力状态如图 14-10 所示（图中应力单位为 MPa），试用解析法：（1）求主应力和主方向，并在单元体上绘出主平面的位置以及主应力的方向；（2）计算切应力极值。

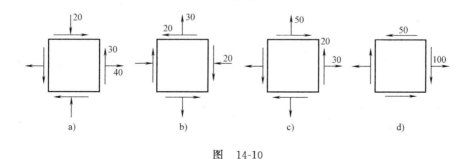

图　14-10

解：（a）在图 14-10a 所示单元体中

$$\sigma_x = 40 \text{ MPa}, \quad \sigma_y = -20 \text{ MPa}, \quad \tau_{xy} = -30 \text{ MPa}$$

根据式（14-4），得面内正应力极值 $\sigma_{\max} = 52.4$ MPa，$\sigma_{\min} = -32.4$ MPa。故其主应力为

$$\sigma_1 = 52.4 \text{ MPa}, \quad \sigma_2 = 0, \quad \sigma_3 = -32.4 \text{ MPa}$$

由式（14-3），得主平面的方位角 $\alpha_0 = 22.5°$。主应力单元体如图 14-11a 所示。

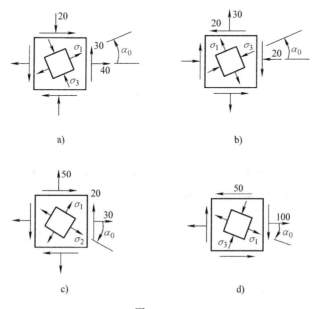

图　14-11

由式（14-6），得切应力极值 $\tau_{\max}=42.4$ MPa。

（b）在图 14-10b 所示单元体中

$$\sigma_x = -20 \text{ MPa}, \quad \sigma_y = 30 \text{ MPa}, \quad \tau_{xy} = 20 \text{ MPa}$$

根据式（14-4），得面内正应力极值 $\sigma_{\max}=37.0$ MPa，$\sigma_{\min}=-27.0$ MPa。故其主应力为

$$\sigma_1 = 37.0 \text{ MPa}, \quad \sigma_2 = 0, \quad \sigma_3 = -27.0 \text{ MPa}$$

由式（14-3），得主平面的方位角 $\alpha_0=19.3°$。主应力单元体如图 14-11b 所示。

由式（14-6），得切应力极值 $\tau_{\max}=32.0$ MPa。

（c）在图 14-10c 所示单元体中

$$\sigma_x = 30 \text{ MPa}, \quad \sigma_y = 50 \text{ MPa}, \quad \tau_{xy} = -20 \text{ MPa}$$

同理可得，主应力

$$\sigma_1 = 62.4 \text{ MPa}, \quad \sigma_2 = 17.6 \text{ MPa}, \quad \sigma_3 = 0$$

主平面方位角 $\alpha_0=-31.7°$。主应力单元体如图 14-11c 所示。

切应力极值 $\tau_{\max}=22.4$ MPa。

（d）在图 14-10d 所示单元体中

$$\sigma_x = 100 \text{ MPa}, \quad \sigma_y = 0, \quad \tau_{xy} = 50 \text{ MPa}$$

同理可得，主应力

$$\sigma_1 = 120.7 \text{ MPa}, \quad \sigma_2 = 0, \quad \sigma_3 = -20.7 \text{ MPa}$$

主平面方位角 $\alpha_0=-22.5°$。主应力单元体如图 14-11d 所示。

切应力极值 $\tau_{\max}=70.7$ MPa。

习题 14-5 用图解法求解习题 14-3。

解：（a）在图 14-9a 所示单元体中

$\sigma_x = -40$ MPa，$\sigma_y = 0$，$\tau_{xy} = 20$ MPa，$\tau_{yx} = -20$ MPa，$\alpha = 60°$

如图 14-12a 所示，按选定比例尺，由 σ_x、τ_{xy} 确定点 $D_x(-40, 20)$，由 σ_y、τ_{yx} 确定点 $D_y(0, -20)$；连接 $D_x D_y$，交 σ 轴于点 C；以点 C 为圆心，以 CD_x（或 CD_y）为半径作应力圆。

将半径 CD_x 逆时针旋转 $2\alpha=120°$ 至 CD_α 处，所得点 D_α 的横坐标、纵坐标即为指定 α 截面上的正应力、切应力，按选定比例尺量得 $\sigma_\alpha=-27$ MPa，$\tau_\alpha=-27$ MPa。

（b）在图 14-9b 所示单元体中

$\sigma_x = 30$ MPa，$\sigma_y = 50$ MPa，$\tau_{xy} = -20$ MPa，$\tau_{yx} = 20$ MPa，$\alpha = 30°$

同理，作应力圆如图 14-12b 所示。

将半径 CD_x 逆时针旋转 $2\alpha=60°$ 至 CD_α 处，所得点 D_α 的横坐标、纵坐标即为指定 α 截面上的正应力、切应力，按选定比例尺量得 $\sigma_\alpha=52$ MPa，$\tau_\alpha=-19$ MPa。

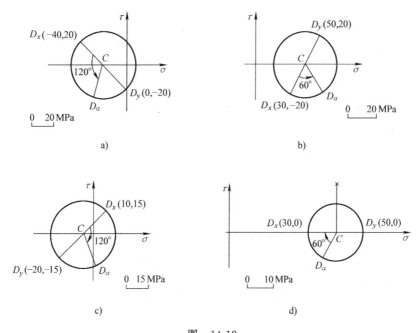

图 14-12

（c）在图 14-9c 所示单元体中

$\sigma_x = 10$ MPa, $\quad \sigma_y = -20$ MPa, $\quad \tau_{xy} = 15$ MPa, $\quad \tau_{yx} = -15$ MPa, $\quad \alpha = -60°$

同理，作应力圆如图 14-12c 所示。

将半径 CD_x 顺时针旋转 $2\alpha = 120°$ 至 CD_α 处，所得点 D_α 的横坐标、纵坐标即为指定 α 截面上的正应力、切应力，按选定比例尺量得 $\sigma_\alpha = 0.5$ MPa，$\tau_\alpha = -21$ MPa。

（d）在图 14-9d 所示单元体中

$\sigma_x = 30$ MPa, $\quad \sigma_y = 50$ MPa, $\quad \tau_{xy} = \tau_{yx} = 0$, $\quad \alpha = -150°$

同理，作应力圆如图 14-12d 所示。

将半径 CD_x 顺时针旋转 $2\alpha = 300°$ 至 CD_α 处，所得点 D_α 的横坐标、纵坐标即为指定 α 截面上的正应力、切应力，按选定比例尺量得 $\sigma_\alpha = 35$ MPa，$\tau_\alpha = -9$ MPa。

习题 14-6 用图解法求解习题 14-4。

解：（a）在图 14-10a 所示单元体中

$\sigma_x = 40$ MPa, $\quad \sigma_y = -20$ MPa, $\quad \tau_{xy} = -30$ MPa, $\quad \tau_{yx} = 30$ MPa

如图 14-13a 所示，按选定比例尺，由 σ_x、τ_{xy} 确定点 $D_x(40, -30)$，由 σ_y、τ_{yx} 确定点 $D_y(-20, 30)$；连接 $D_x D_y$，交 σ 轴于点 C；以点 C 为圆心，以 CD_x（或 CD_y）为半径作应力圆。

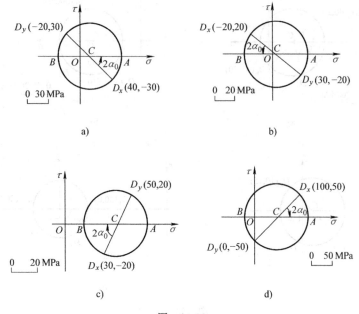

图　14-13

由应力圆，按选定比例尺量得，主应力 $\sigma_1 = OA = 52$ MPa，$\sigma_3 = OB = -32$ MPa，另一个主应力 $\sigma_2 = 0$。

由于在应力圆上，CD_x 逆时针旋转 $2\alpha_0 = 45°$ 至 CA 处，所以在单元体上，将 x 轴逆时针旋转 $\alpha_0 = 22.5°$，即得 σ_1 所在主平面的外法线（见图 14-11a）。

此时，切应力极值即为应力圆的半径，故由应力圆，按选定比例尺量得，切应力极值 $\tau_{max} = CA = 42$ MPa。

（b）在图 14-10b 所示单元体中

$$\sigma_x = -20 \text{ MPa}, \quad \sigma_y = 30 \text{ MPa}, \quad \tau_{xy} = 20 \text{ MPa}, \quad \tau_{yx} = -20 \text{ MPa}$$

同理，作应力圆如图 14-13b 所示。

由应力圆，按选定比例尺量得，主应力 $\sigma_1 = OA = 37$ MPa，$\sigma_3 = OB = -27$ MPa，另一个主应力 $\sigma_2 = 0$。

由于在应力圆上，CD_x 逆时针旋转 $2\alpha_0 = 38.5°$ 至 CB 处，所以在单元体上，将 x 轴逆时针旋转 $\alpha_0 = 19.3°$，即得 σ_3 所在主平面的外法线（见图 14-11b）。

同理，由应力圆按选定比例尺量得，切应力极值 $\tau_{max} = CA = 32$ MPa。

（c）在图 14-10c 所示单元体中

$$\sigma_x = 30 \text{ MPa}, \quad \sigma_y = 50 \text{ MPa}, \quad \tau_{xy} = -20 \text{ MPa}, \quad \tau_{yx} = 20 \text{ MPa}$$

同理，作应力圆如图 14-13c 所示。

由应力圆，按选定比例尺量得，主应力 $\sigma_1 = OA = 62$ MPa，$\sigma_2 = OB = 18$

MPa，另一个主应力 $\sigma_3 = 0$。

由于在应力圆上，CD_x 顺时针旋转 $2\alpha_0 = 63.5°$ 至 CB 处，所以在单元体上，将 x 轴顺时针旋转 $\alpha_0 = 31.8°$，即得 σ_2 所在主平面的外法线（见图 14-11c）。

同理，由应力圆按选定比例尺量得，切应力极值 $\tau_{max} = CA = 22.4$ MPa。

（d）在图 14-10d 所示单元体中

$$\sigma_x = 100 \text{ MPa}, \quad \sigma_y = 0, \quad \tau_{xy} = 50 \text{ MPa}, \quad \tau_{yx} = -50 \text{ MPa}$$

同理，作应力圆如图 14-13d 所示。

由应力圆，按选定比例尺量得，主应力 $\sigma_1 = OA = 121$ MPa，$\sigma_3 = OB = -21$ MPa，另一个主应力 $\sigma_2 = 0$。

由于在应力圆上，CD_x 顺时针旋转 $2\alpha_0 = 45°$ 至 CA 处，所以在单元体上，将 x 轴顺时针旋转 $\alpha_0 = 22.5°$，即得 σ_1 所在主平面的外法线（见图 14-11d）。

同理，由应力圆按选定比例尺量得，切应力极值 $\tau_{max} = CA = 71$ MPa。

习题 14-7 如图 14-14 所示，已知圆筒形锅炉内径 $D = 1$ m、壁厚 $t = 10$ mm，内压 $p = 3$ MPa。试求：（1）壁内点的主应力与最大切应力；（2）ab 斜截面上的应力。

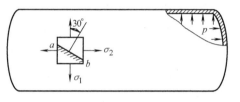

图 14-14

解：围绕壁内任一点截取单元体如图 14-14 所示，其主应力及最大切应力分别为

$$\sigma_1 = \frac{pD}{2t} = 150 \text{ MPa}, \quad \sigma_2 = \frac{pD}{4t} = 75 \text{ MPa}, \quad \sigma_3 = 0$$

$$\tau_{max} = \frac{\sigma_1 - \sigma_3}{2} = 75 \text{ MPa}$$

将 $\sigma_x = 75$ MPa，$\sigma_y = 150$ MPa，$\tau_{xy} = 0$，$\alpha = 60°$ 代入式（14-1）、式（14-2），得 ab 斜截面上的应力 $\sigma_\alpha = 131$ MPa，$\tau_\alpha = -32.5$ MPa。

习题 14-8 图 14-15a 所示薄壁圆筒，已知轴向载荷 $F = 20$ kN，扭转外力偶矩 $M_e = 600$ N·m，内径 $d = 50$ mm，壁厚 $\delta = 2$ mm。试求：（1）筒壁上的点 A 在指定斜截面上的应力；（2）点 A 的主应力大小及方向（用主应力单元体表示）。

解：围绕点 A 截取单元体如图 14-15b 所示，其四侧面上应力

$$\sigma_x = \frac{F_N}{A} = 61.2 \text{ MPa}, \quad \tau_{xy} = -\frac{M_e}{2\pi \left(\dfrac{d+\delta}{2}\right)^2 \delta} = -70.6 \text{ MPa}$$

斜截面的方位角 $\alpha = 120°$。

由式（14-1）、式（14-2），得点 A 在指定斜截面的应力 $\sigma_\alpha = -45.8$ MPa，$\tau_\alpha = 8.8$ MPa。

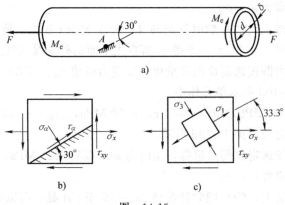

图　14-15

由式（14-4），得面内正应力极值 $\sigma_{\max}=108$ MPa，$\sigma_{\min}=-46.3$ MPa。故点 A 的主应力 $\sigma_1=108$ MPa，$\sigma_2=0$，$\sigma_3=-46.3$ MPa。

由式（14-3），得主平面方位角 $\alpha_0=33.3°$。其主应力单元体如图 14-15c 所示。

习题 14-9　　如图 14-16 所示棱柱形单元体，已知 $\sigma_y=40$ MPa，斜截面 ab 上无任何应力作用，试求 σ_x 与 τ_{xy}。

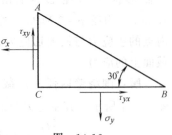

解：斜截面 ab 的方位角 $\alpha=60°$，根据题意，由式（14-1）、式（14-2），有

$$\sigma_{60°}=\frac{\sigma_x+\sigma_y}{2}+\frac{\sigma_x-\sigma_y}{2}\cos 120°-\tau_{xy}\sin 120°=0$$

$$\tau_{60°}=\frac{\sigma_x-\sigma_y}{2}\sin 120°+\tau_{xy}\cos 120°=0$$

图　14-16

解得 $\sigma_x=120$ MPa，$\tau_{xy}=69.3$ MPa。

习题 14-10　　已知三向应力状态如图 14-17 所示（图中应力单位为 MPa），试求主应力和最大切应力。

解：（a）在图 14-17a 所示单元体中，$\sigma_x=50$ MPa 是主应力。在 yz 平面内

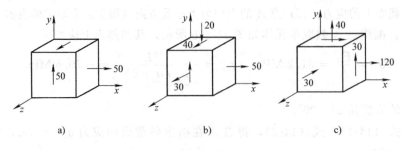

图　14-17

为纯剪切应力状态，正应力极值 $\sigma_{\max}=50\,\text{MPa}$，$\sigma_{\min}=-50\,\text{MPa}$。故其主应力为

$$\sigma_1 = \sigma_2 = 50\,\text{MPa}, \quad \sigma_3 = -50\,\text{MPa}$$

最大切应力为

$$\tau_{\max} = \frac{\sigma_1 - \sigma_3}{2} = 50\,\text{MPa}$$

（b）在图 14-17b 所示单元体中，$\sigma_x=50\,\text{MPa}$ 是主应力。在 yz 平面内，$\sigma_y=-20\,\text{MPa}$，$\sigma_z=30\,\text{MPa}$，$\tau_{yz}=-40\,\text{MPa}$，由式（14-4），得 yz 面内正应力极值 $\sigma_{\max}=52.2\,\text{MPa}$，$\sigma_{\min}=-42.2\,\text{MPa}$。故其主应力为

$$\sigma_1 = 52.2\,\text{MPa}, \quad \sigma_2 = 50\,\text{MPa}, \quad \sigma_3 = -42.2\,\text{MPa}$$

最大切应力为

$$\tau_{\max} = \frac{\sigma_1 - \sigma_3}{2} = 47.2\,\text{MPa}$$

（c）在图 14-17c 所示单元体中，$\sigma_z=-30\,\text{MPa}$ 是主应力。在 xy 平面内，$\sigma_x=120\,\text{MPa}$，$\sigma_y=40\,\text{MPa}$，$\tau_{xy}=-30\,\text{MPa}$，由式（14-4），得 xy 面内正应力极值 $\sigma_{\max}=130\,\text{MPa}$、$\sigma_{\min}=30\,\text{MPa}$。故其主应力为

$$\sigma_1 = 130\,\text{MPa}, \quad \sigma_2 = 30\,\text{MPa}, \quad \sigma_3 = -30\,\text{MPa}$$

最大切应力为

$$\tau_{\max} = \frac{\sigma_1 - \sigma_3}{2} = 80\,\text{MPa}$$

习题 14-11　图 14-18 所示二向应力状态单元体，已知 $\sigma_x=100\,\text{MPa}$、$\sigma_y=80\,\text{MPa}$、$\tau_{xy}=50\,\text{MPa}$，材料的弹性模量 $E=200\,\text{GPa}$、泊松比 $\nu=0.3$。试求线应变 ε_x、ε_y，切应变 γ_{xy}，以及沿 $\alpha=30°$ 方向的线应变 $\varepsilon_{30°}$。

解：切变模量 $G=\dfrac{E}{2(1+\nu)}=76.9\,\text{GPa}$。

由广义胡克定律得 $\varepsilon_x=0.38\times10^{-3}$，$\varepsilon_y=0.25\times10^{-3}$，$\gamma_{xy}=0.65\times10^{-3}$。

由式（14-1），得 $\sigma_{30°}=51.7\,\text{MPa}$，$\sigma_{120°}=128.3\,\text{MPa}$。再由广义胡克定律，即得沿 $\alpha=30°$ 方向的线应变

$$\varepsilon_{30°} = \frac{1}{E}(\sigma_{30°} - \nu\sigma_{120°}) = 0.066\times10^{-3}$$

习题 14-12　如图 14-19 所示，列车通过钢桥时，在钢桥横梁的点 A 用变形仪测得 $\varepsilon_x=0.0004$、$\varepsilon_y=-0.00012$。若材料的弹性模量 $E=200\,\text{GPa}$、泊松比 $\nu=0.3$，试求点 A 沿 x 方向、y 方向的正应力。

解：由二向应力状态下的胡克定律，解得点 A 沿 x 方向、y 方向的正应力分别为 $\sigma_x=80\,\text{MPa}$，$\sigma_y=0$。

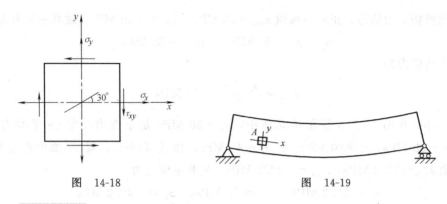

图 14-18   图 14-19

习题 14-13   如图 14-20a 所示，边长为 1 cm 的钢质立方体放置在边长为 1.0001 cm 的刚性方槽内。已知立方体顶上承受的总压力 $F=15$ kN，材料的弹性模量 $E=200$ GPa、泊松比 $\nu=0.3$。试求钢质立方体内的三个主应力。

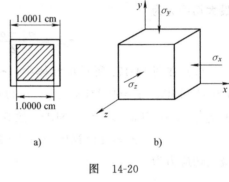

图 14-20

解：在钢质立方体内截取单元体如图 14-20b 所示，其中 $\sigma_y=-\dfrac{F}{A}=-150$ MPa。

若只考虑 σ_y 引起的 x 方向的线应变，则有

$$\varepsilon'_x=-\nu\frac{\sigma_y}{E}=0.225\times10^{-3}>\frac{1.0001-1}{1}=0.1\times10^{-3}$$

所以，该立方块在承受压力之后，变形充满刚性方槽，故知 $\varepsilon_x=\varepsilon_z=0.1\times10^{-3}$。

根据广义胡克定律，即可解得 $\sigma_x=\sigma_z=-35.7$ MPa。

所以，钢质立方块内的三个主应力 $\sigma_1=\sigma_2=-35.7$ MPa，$\sigma_3=-150$ MPa。

习题 14-14   No. 28a 工字钢梁受力如图 14-21a 所示，已知钢材的弹性模量 $E=200$ GPa，泊松比 $\nu=0.3$。若测得梁中性层上点 K 处沿与轴线成 45°方向的线应变 $\varepsilon_{45°}=-2.6\times10^{-4}$，试求梁承受的载荷 F。

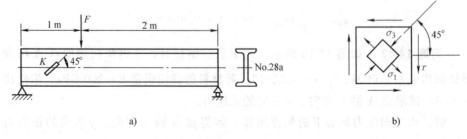

图 14-21

解：围绕点 K 截取单元体如图 14-21b 所示，该点处于纯剪切应力状态。该处的剪力 $F_S = \dfrac{2}{3}F$。由型钢表查得，No.28a 工字钢的截面几何参数 $d=8.5$ mm、$I_z : S_z^* = 24.6$ cm。根据工字钢梁的切应力计算公式，即式（12-23），有

$$\tau = \frac{F_S}{d(I_z : S_z^*)} = \frac{\dfrac{2}{3}F}{8.5 \times 10^{-3} \times (24.6 \times 10^{-2}) \ \text{m}^2} \tag{a}$$

由纯剪切应力状态的有关结论，$\sigma_{45°} = \sigma_3 = -\tau$，$\sigma_{135°} = \sigma_1 = \tau$。故由广义胡克定律

$$\varepsilon_{45°} = \varepsilon_3 = \frac{1}{E}(\sigma_3 - \nu\sigma_1) = -\frac{1+\nu}{E}\tau = -2.6 \times 10^{-4}$$

解得 $\tau = 40$ MPa。将 $\tau = 40$ MPa 代入式（a），即得梁承受的载荷 $F = 125.5$ kN。

习题 14-15 图 14-22a 所示一钢制圆轴，已知直径 $d=60$ mm，材料的弹性模量 $E=210$ GPa、泊松比 $\nu=0.28$。若测得其表面点 A 沿与轴线成45°方向的线应变 $\varepsilon_{45°} = 431 \times 10^{-6}$，试求该轴受到的扭矩 T。

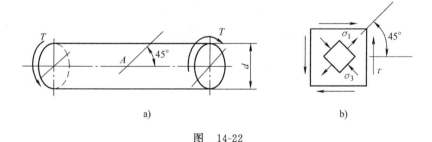

图 14-22

解：围绕点 A 截取单元体如图 14-22b 所示，该点处于纯剪切应力状态。根据纯剪切应力状态的有关结论，$\sigma_{45°} = \sigma_1 = \tau$，$\sigma_{135°} = \sigma_3 = -\tau$。故由广义胡克定律

$$\varepsilon_{45°} = \varepsilon_1 = \frac{1}{E}(\sigma_1 - \nu\sigma_3) = \frac{1+\nu}{E}\tau = 431 \times 10^{-6}$$

解得 $\tau = 70.7$ MPa。

所以，该轴受到的扭矩 $T = \tau W_t = 2998.5$ N·m。

习题 14-16 在图 14-23a 中，已知 $\sigma = 30$ MPa、$\tau = 15$ MPa，材料的弹性模量 $E=200$ GPa、泊松比 $\nu=0.3$。试求对角线 AC 长度的改变量 Δl。

解：沿 AC 方向截取单元体如图 14-23b 所示。由式（14-1），得 $\sigma_n = 35.5$ MPa，$\sigma_t = -5.5$ MPa。

根据广义胡克定律，对角线 AC 方向的应变 $\varepsilon_n = \dfrac{1}{E}(\sigma_n - \nu\sigma_t) = 186 \times 10^{-6}$。

所以，对角线 AC 长度的改变量 $\Delta l = l_{AC}\varepsilon_n = 9.3 \times 10^{-3}$ mm。

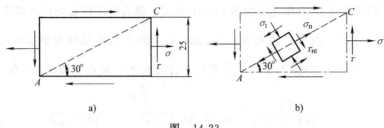

图 14-23

习题 14-17 如图 14-24a 所示，内径 $D=500$ mm、壁厚 $\delta=10$ mm 的薄壁圆筒形容器承受内压 p。现用电测法测得其周向线应变 $\varepsilon_A=3.5\times10^{-4}$、轴向线应变 $\varepsilon_B=1\times10^{-4}$。已知材料的弹性模量 $E=200$ GPa、泊松比 $\nu=0.25$。试求：(1) 筒壁的轴向应力、周向应力以及内压力 p；(2) 若材料的许用应力 $[\sigma]=80$ MPa，试用第四强度理论校核该容器的强度。

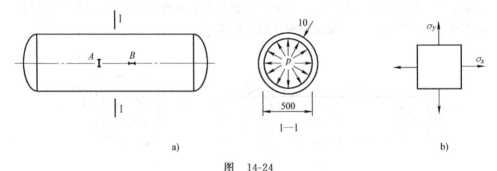

图 14-24

解：在筒壁任一点处截取单元体如图 14-24b 所示，根据广义胡克定律

$$\varepsilon_B=\varepsilon_x=\frac{1}{E}(\sigma_x-\nu\sigma_y)=1\times10^{-4}$$

$$\varepsilon_A=\varepsilon_y=\frac{1}{E}(\sigma_y-\nu\sigma_x)=3.5\times10^{-4}$$

解得筒壁轴向应力、周向应力分别为 $\sigma_x=40$ MPa、$\sigma_y=80$ MPa。

由式（14-19），得内压 $p=\dfrac{4\delta\sigma_x}{D}=3.2$ MPa。

筒壁上任一点的主应力 $\sigma_1=80$ MPa，$\sigma_2=40$ MPa，$\sigma_3=-3.2$ MPa。根据第四强度理论

$$\sigma_{r4}=\sqrt{\frac{1}{2}[(\sigma_1-\sigma_2)^2+(\sigma_2-\sigma_3)^2+(\sigma_3-\sigma_1)^2]}=72.1\,\text{MPa}<[\sigma]=80\,\text{MPa}$$

所以，该容器的强度符合要求。

习题 14-18 已知点的应力状态如图 14-25 所示（图中应力单位为 MPa），试写出第一、第三、第四强度理论的相当应力。

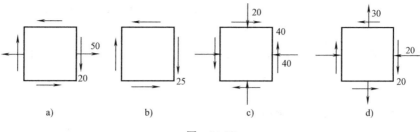

图 14-25

解：（a）对于图 14-25a 所示单元体，$\sigma_x = 50\,\text{MPa}$，$\sigma_y = 0$，$\tau_{xy} = 20\,\text{MPa}$。求得主应力 $\sigma_1 = 57\,\text{MPa}$，$\sigma_2 = 0$，$\sigma_3 = -7\,\text{MPa}$。所以，第一、第三、第四强度理论的相当应力分别为

$$\sigma_{r1} = \sigma_1 = 57\,\text{MPa}$$

$$\sigma_{r3} = \sigma_1 - \sigma_3 = 64\,\text{MPa}$$

$$\sigma_{r4} = \sqrt{\frac{1}{2}\left[(\sigma_1 - \sigma_2)^2 + (\sigma_2 - \sigma_3)^2 + (\sigma_3 - \sigma_1)^2\right]} = 60.8\,\text{MPa}$$

（b）图 14-25b 所示单元体为纯剪切应力状态，其主应力 $\sigma_1 = 25\,\text{MPa}$，$\sigma_2 = 0$，$\sigma_3 = -25\,\text{MPa}$。所以，第一、第三、第四强度理论的相当应力分别为

$$\sigma_{r1} = \sigma_1 = 25\,\text{MPa}$$

$$\sigma_{r3} = \sigma_1 - \sigma_3 = 50\,\text{MPa}$$

$$\sigma_{r4} = \sqrt{\frac{1}{2}\left[(\sigma_1 - \sigma_2)^2 + (\sigma_2 - \sigma_3)^2 + (\sigma_3 - \sigma_1)^2\right]} = 43.3\,\text{MPa}$$

（c）对于图 14-25c 所示单元体，$\sigma_x = -40\,\text{MPa}$，$\sigma_y = -20\,\text{MPa}$，$\tau_{xy} = -40\,\text{MPa}$。求得主应力 $\sigma_1 = 11.2\,\text{MPa}$，$\sigma_2 = 0$，$\sigma_3 = -71.2\,\text{MPa}$。所以，第一、第三、第四强度理论的相当应力分别为

$$\sigma_{r1} = \sigma_1 = 11.2\,\text{MPa}$$

$$\sigma_{r3} = \sigma_1 - \sigma_3 = 82.4\,\text{MPa}$$

$$\sigma_{r4} = \sqrt{\frac{1}{2}\left[(\sigma_1 - \sigma_2)^2 + (\sigma_2 - \sigma_3)^2 + (\sigma_3 - \sigma_1)^2\right]} = 77.4\,\text{MPa}$$

（d）对于图 14-25d 所示单元体，$\sigma_x = -20\,\text{MPa}$，$\sigma_y = 30\,\text{MPa}$，$\tau_{xy} = 20\,\text{MPa}$。求得主应力 $\sigma_1 = 37\,\text{MPa}$，$\sigma_2 = 0$，$\sigma_3 = -27\,\text{MPa}$。所以，第一、第三、第四强度理论的相当应力分别为

$$\sigma_{r1} = \sigma_1 = 37\,\text{MPa}$$

$$\sigma_{r3} = \sigma_1 - \sigma_3 = 64\,\text{MPa}$$

$$\sigma_{r4} = \sqrt{\frac{1}{2}\left[(\sigma_1 - \sigma_2)^2 + (\sigma_2 - \sigma_3)^2 + (\sigma_3 - \sigma_1)^2\right]} = 55.7\,\text{MPa}$$

习题 14-19 杆件弯曲与扭转组合变形时危险点的应力状态如图 14-26 所

示，已知 $\sigma = 70$ MPa、$\tau = -50$ MPa，试按第三、第四强度理论计算其相当应力。

解：对于图 14-26 所示单元体，$\sigma_x = \sigma$，$\sigma_y = 0$，$\tau_{xy} = \tau$。求得主应力

$$\sigma_1 = \frac{\sigma}{2} + \sqrt{\frac{\sigma^2}{4} + \tau^2}, \quad \sigma_2 = 0, \quad \sigma_3 = \frac{\sigma}{2} - \sqrt{\frac{\sigma^2}{4} + \tau^2}$$

根据第三强度理论，相当应力

$$\sigma_{r3} = \sigma_1 - \sigma_3 = \sqrt{\sigma^2 + 4\tau^2} = 122.1 \text{ MPa}$$

根据第四强度理论，相当应力

$$\sigma_{r4} = \sqrt{\frac{1}{2} \left[(\sigma_1 - \sigma_2)^2 + (\sigma_2 - \sigma_3)^2 + (\sigma_3 - \sigma_1)^2 \right]} = \sqrt{\sigma^2 + 3\tau^2} = 111.4 \text{ MPa}$$

习题 14-20 有一铸铁构件，其危险点的应力状态如图 14-27 所示。已知材料的许用拉应力 $[\sigma_t] = 35$ MPa，许用压应力 $[\sigma_c] = 120$ MPa，泊松比 $\nu = 0.3$，试校核此构件的强度。

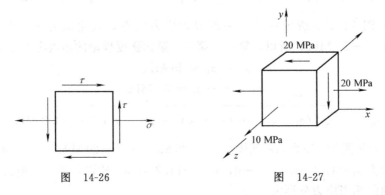

图 14-26　　　　图 14-27

解：对于图 14-27 所示单元体，求得主应力 $\sigma_1 = 32.4$ MPa，$\sigma_2 = 10$ MPa，$\sigma_3 = -12.4$ MPa。

铸铁为脆性材料，应采用第一或第二强度理论。按照第一强度理论

$$\sigma_{r1} = \sigma_1 = 32.4 \text{ MPa} < [\sigma_t] = 35 \text{ MPa}$$

按照第二强度理论

$$\sigma_{r2} = \sigma_1 - \nu(\sigma_2 + \sigma_3) = 33.1 \text{ MPa} < [\sigma_t] = 35 \text{ MPa}$$

所以，此铸铁构件的强度符合要求。

习题 14-21 已知钢制薄壁圆筒形压力容器的内径 $D = 800$ mm、壁厚 $t = 4$ mm，材料的许用应力 $[\sigma] = 120$ MPa。试按第四强度理论确定内压 p 的许可值。

解：容器筒壁上任一点的单元体如图 14-28 所示，其主应力为

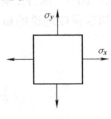

图 14-28

$$\sigma_1 = \sigma_y = \frac{pD}{2t}, \quad \sigma_2 = \sigma_x = \frac{pD}{4t}, \quad \sigma_3 = -p \approx 0$$

根据第四强度理论

$$\sigma_{r4} = \sqrt{\frac{1}{2}\left[(\sigma_1 - \sigma_2)^2 + (\sigma_2 - \sigma_3)^2 + (\sigma_3 - \sigma_1)^2\right]} = \frac{\sqrt{3}}{4}\frac{pD}{t} \leqslant [\sigma] = 120 \text{ MPa}$$

解得 $p \leqslant 1.39$ MPa。故其许可内压 $[p] = 1.39$ MPa。

习题 14-22 铸铁薄壁圆筒形容器如图 14-29a 所示，已知筒的外径 $D = 200$ mm、壁厚 $\delta = 15$ mm，内压 $p = 4$ MPa，轴向载荷 $F = 200$ kN，铸铁的许用拉应力 $[\sigma_t] = 30$ MPa，许用压应力 $[\sigma_c] = 120$ MPa，泊松比 $\nu = 0.25$。试用第二强度理论校核该薄壁圆筒的强度。

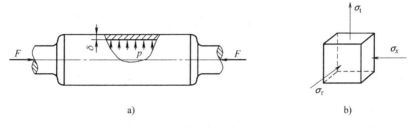

图　14-29

解：薄壁圆筒形容器的内径 $d = 170$ mm。围绕筒壁上任一点截取单元体如图 14-29b 所示，其上的轴向应力、周向应力、径向应力分别为

$$\sigma_x = -\frac{F}{A} + \frac{pd}{4\delta} = -11.6 \text{ MPa}, \quad \sigma_t = \frac{pd}{2\delta} = 22.7 \text{ MPa}, \quad \sigma_r = -p = -4 \text{ MPa}$$

故其主应力 $\sigma_1 = 22.7$ MPa，$\sigma_2 = -4$ MPa，$\sigma_3 = -11.6$ MPa。

根据第二强度理论

$$\sigma_{r2} = \sigma_1 - \nu(\sigma_2 + \sigma_3) = 26.6 \text{ MPa} < [\sigma_t] = 30 \text{ MPa}$$

所以，该薄壁圆筒形容器的强度符合要求。

第十五章
组合变形

知识要点

一、基本概念

1. 组合变形

杆件在外力作用下，同时发生两种或两种以上的基本变形。

2. 组合变形的计算方法

组合变形的计算采用叠加法：在线弹性和小变形条件下，假设杆件上各种外力的作用互不影响，几种外力共同作用时引起的应力和变形，等于这几种外力单独作用时引起的应力和变形的叠加。

3. 几种常见的组合变形

弯曲与拉伸（压缩）组合：杆件同时受到弯矩和轴力的作用。偏心拉伸（压缩）属于弯曲与拉伸（压缩）组合变形。

弯曲与扭转组合：杆件同时受到弯矩和扭矩的作用。

二、基本公式

1. 弯曲与拉伸（压缩）组合

杆件承受弯曲与拉伸组合变形时的强度条件

$$\sigma_{t\,max} = \frac{|M|}{W_z} + \frac{F_N}{A} \leqslant [\sigma_t] \tag{15-1}$$

杆件承受弯曲与压缩组合变形时的强度条件

$$\sigma_{t\,max} = \frac{|M|}{W_z} - \frac{|F_N|}{A} \leqslant [\sigma_t] \tag{15-2}$$

$$\sigma_{c\,max} = \frac{|M|}{W_z} + \frac{|F_N|}{A} \leqslant [\sigma_c] \tag{15-3}$$

在式（15-1）~式（15-3）中，M、F_N 分别为危险截面上的弯矩、轴力，W_z、A 分别为横截面的抗弯截面系数、面积，$[\sigma_t]$、$[\sigma_c]$ 分别为材料的许用拉应力、许用压应力。

2. 弯曲与扭转组合

塑性材料圆轴承受弯曲与扭转组合变形时的强度条件

$$\sigma_{r3} = \frac{\sqrt{M^2 + T^2}}{W_z} \leqslant [\sigma] \tag{15-4}$$

$$\sigma_{r4} = \frac{\sqrt{M^2 + 0.75T^2}}{W_z} \leqslant [\sigma] \tag{15-5}$$

式中，M、T 分别为危险截面上的弯矩、扭矩；W_z 为横截面的抗弯截面系数；$[\sigma]$ 为材料的许用应力。

塑性材料杆件危险点的应力状态为单向拉伸（压缩）与纯剪切叠加（见图15-1）时的强度条件

$$\sigma_{r3} = \sqrt{\sigma^2 + 4\tau^2} \leqslant [\sigma] \tag{15-6}$$

$$\sigma_{r4} = \sqrt{\sigma^2 + 3\tau^2} \leqslant [\sigma] \tag{15-7}$$

式中，$[\sigma]$ 为材料的许用应力。属于该种情况的组合变形有弯曲与扭转组合，拉伸（压缩）与扭转组合，弯曲、拉伸（压缩）与扭转组合等。

图 15-1

解 题 方 法

本章习题主要有下列两种类型：

一、建立组合变形强度条件进行强度计算

1. 解题步骤

（1）分析简化载荷，确定变形类型 将载荷分解为等效的若干组简单载荷，使每组载荷只引起一种基本变形。

（2）分析内力，确定危险截面 分析在各种基本变形下杆件的内力并绘制内力图，确定危险截面及其上内力。

（3）分析应力，确定危险点　分析危险截面上各基本变形对应的应力分布，确定危险点。

（4）分析危险点的应力状态，确定主应力　围绕危险点截取单元体，分析应力状态，确定主应力。

（5）建立强度条件　根据危险点的应力状态和材料的强度失效类型，选择适当的强度理论建立强度条件。

（6）进行强度计算　按照所建立的强度条件进行强度计算。

2. 注意点

1）在组合变形强度计算时，一般不考虑弯曲切应力的影响。

2）若危险点为单向应力状态或纯剪切应力状态，则可以直接建立强度条件，而无需借助强度理论。

3）若塑性材料构件危险点的应力状态如图 15-1 所示，则可直接根据式（15-6）或式（15-7）进行强度计算。

二、根据现有的组合变形强度条件进行强度计算

1. 解题步骤

1）分析简化载荷，确定组合变形类型。

2）分析内力，作内力图，确定危险截面及其上内力。

3）根据现有的组合变形强度条件——式（15-1）～式（15-5），进行强度计算。

2. 注意点

1）危险截面应综合根据内力分布与截面削弱情况正确判定，若可能的危险截面有多个，则应逐一对每个可能的危险截面进行强度计算。

2）对于承受弯曲与扭转组合变形的塑性材料圆轴，若危险截面上同时存在着位于两个互相垂直的纵向对称平面 xy、xz 内的弯矩 M_z、M_y，则式（15-4）和式（15-5）依然适用，但此时式中的弯矩 $M = \sqrt{M_z^2 + M_y^2}$，即为 M_z、M_y 的合成弯矩。

3）偏心拉伸（压缩）属于弯曲与拉伸（压缩）组合变形，可以直接根据弯曲与拉伸（压缩）组合强度条件，即式（15-1）～式（15-3），进行强度计算。

难 题 解 析

【例题 15-1】　　如图 15-2 所示，直径 $d = 150$ mm 的等圆截面直角折杆 ABC 位于 xy 平面内，已知沿 x 轴的载荷 $F = 120$ kN，位于 yz 平面内的载荷 $q = 8$ kN/m、$M_e = 32$ kN·m，折杆尺寸 $l = 2$ m，许用应力 $[\sigma] = 140$ MPa。试按第

四强度理论校核折杆强度。

解：不难判断，折杆的 BC 段为弯曲变形，AB 段为弯曲、拉伸与扭转组合变形。截面 A 为危险截面，其上弯矩、轴力、扭矩分别为

$$M=0.8ql^2=25.6 \text{ kN·m}, \quad F_N=F=120 \text{ kN}, \quad T=\frac{1}{2}q(0.8l)^2+M_e=42.24 \text{ kN·m}$$

对截面 A 进行应力分析，可知危险点为上边缘点。危险点的应力状态为单向拉伸与纯剪切的叠加（见图 15-1），其中

$$\sigma=\frac{M}{W}+\frac{F_N}{A}=\left(\frac{25.6\times 10^3\times 32}{\pi\times 0.15^3}+\frac{120\times 10^3\times 4}{\pi\times 0.15^2}\right)\text{Pa}=84.1 \text{ MPa}$$

$$\tau=\frac{T}{W_t}=\frac{42.24\times 10^3\times 16}{\pi\times 0.15^3}\text{Pa}=63.7 \text{ MPa}$$

根据第四强度理论，即式（15-7），有

$$\sigma_{r4}=\sqrt{\sigma^2+3\tau^2}=\sqrt{84.1^2+3\times 63.7^2}\text{ MPa}=138.7 \text{ MPa}<[\sigma]=140 \text{ MPa}$$

故折杆强度符合要求。

【例题 15-2】 圆弧形小曲率圆截面杆如图 15-3 所示，已知曲杆轴线半径为 R，在杆端 A 处受到铅垂载荷 F 作用。若材料的许用应力为 $[\sigma]$，试按第三强度理论确定曲杆直径。

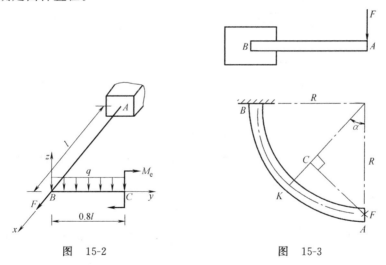

图 15-2   图 15-3

解：（1）内力分析 在铅垂载荷 F 作用下，曲杆承受弯曲与扭转组合变形，其任一截面 K 的弯矩、扭矩分别为（见图 15-3）

$$M=-F\times AC=-FR\sin\alpha, \quad T=-F\times CK=-FR(1-\cos\alpha)$$

（2）强度计算 由题意，根据式（15-4），建立截面 K 的强度条件

$$\sigma_{r3}=\frac{\sqrt{M^2+T^2}}{W_z}=\frac{32FR\sqrt{2(1-\cos\alpha)}}{\pi d^3}\leqslant[\sigma]$$

由上式显见，$\alpha = 90°$ 所对应的固定端截面 B 为危险截面。故将 $\alpha = 90°$ 代入上式，即得曲杆直径

$$d \geqslant \sqrt[3]{\frac{32\sqrt{2}FR}{\pi[\sigma]}}$$

习题解答

习题 15-1　如图 15-4a 所示，已知矩形截面直角折杆 ABC 在自由端 C 处受力 F 的作用，其水平倾角 $\alpha = \arctan 4/3$；截面的宽度为 h，高度为 b。若 $l = 12h$、$a = 3h$，试求杆内的最大正应力，并作出危险截面上的正应力分布图。

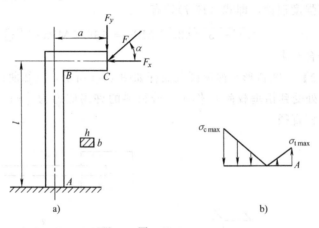

图　15-4

解：如图 15-4a 所示，将力 F 作正交分解，其中，$F_x = 3F/5$，$F_y = 4F/5$。显然，折杆的 BC 段和 AB 段均为弯曲与压缩组合变形。不难判断，截面 A 为折杆的危险截面，其上弯矩和轴力分别为

$$|M| = F_x l - F_y a = \frac{24}{5}Fh, \quad |F_N| = F_y = \frac{4}{5}F$$

根据式（15-2）、式（15-3），得折杆内的最大拉应力、最大压应力分别为

$$\sigma_{t\,max} = \frac{|M|}{W_z} - \frac{|F_N|}{A} = \frac{28F}{bh}, \quad \sigma_{c\,max} = \frac{|M|}{W_z} + \frac{|F_N|}{A} = \frac{29.6F}{bh}$$

作出危险截面 A 上的正应力分布图如图 15-4b 所示。

习题 15-2　如图 15-5a 所示，插刀刀杆的主切削力 $F = 1\ \text{kN}$，偏心距 $a = 2.5\ \text{cm}$，刀杆直径 $d = 2.5\ \text{cm}$。试求刀杆内的最大拉应力和最大压应力。

解：刀杆承受偏心压缩，为弯曲与压缩组合变形。由截面法（见图 15-5b），得其任一截面上的弯矩、轴力分别为 $M = 25\ \text{N·m}$，$F_N = -1\ \text{kN}$。

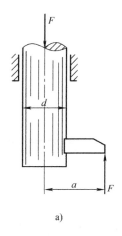

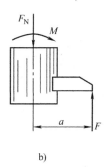

图 15-5

根据式（15-2）、式（15-3），得刀杆内的最大拉应力、最大压应力分别为

$$\sigma_{t\,max} = \frac{M}{W_z} - \frac{|F_N|}{A} = 14.3\,\text{MPa}, \quad \sigma_{c\,max} = \frac{M}{W_z} + \frac{|F_N|}{A} = 18.3\,\text{MPa}$$

习题 15-3 一拉杆如图 15-6a 所示，截面原为边长为 a 的正方形，拉力 F 与杆轴线重合，后因使用上的需要，开一深 $a/2$ 的切口。试求杆内的最大拉应力和最大压应力。并问最大拉应力是截面削弱前拉应力的几倍？

解：在切口处，杆承受偏心拉伸，为弯曲与拉伸组合变形。由截面法（见图 15-6b），得切口处任一截面 m—m 上的弯矩、轴力分别为 $M = \dfrac{Fa}{4}$、$F_N = F$。

切口处被削弱截面的抗弯截面系数 $W_z = \dfrac{1}{6}a\left(\dfrac{a}{2}\right)^2 = \dfrac{a^3}{24}$，面积 $A = \dfrac{a^2}{2}$。

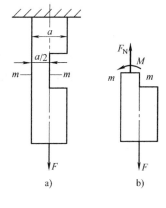

图 15-6

杆内的最大拉应力、最大压应力分别为

$$\sigma_{t\,max} = \frac{M}{W_z} + \frac{|F_N|}{A} = \frac{8F}{a^2}, \quad \sigma_{c\,max} = \frac{M}{W_z} - \frac{|F_N|}{A} = \frac{4F}{a^2}$$

截面削弱前杆承受轴向拉伸，其拉应力为 $\sigma = \dfrac{F}{a^2}$。所以，截面削弱后杆内的最大拉应力是截面削弱前杆内拉应力的 8 倍。

习题 15-4 图 15-7a 所示起重架的最大起吊重量（包括行走小车等）$P = 40\,\text{kN}$，横梁 AC 由两根 No.18 槽钢组成，材料为 Q235 钢，许用应力 $[\sigma] = 120$ MPa。试校核横梁强度。

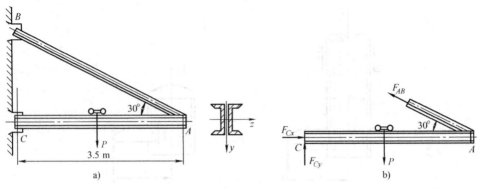

图 15-7

解：当起吊载荷 P 移至梁中点时，横梁 AC 内的弯矩最大。此时，作出其受力图如图 15-7b 所示，横梁 AC 承受弯曲与压缩组合变形。由平衡方程得

$$F_{AB} = 40 \text{ kN}, \quad F_{Cx} = 34.6 \text{ kN}, \quad F_{Cy} = 20 \text{ kN}$$

显然，横梁 AC 的跨中截面弯矩最大，为危险截面。危险截面上的弯矩、轴力分别为

$$M = 35 \text{ kN} \cdot \text{m}, \quad F_N = -34.6 \text{ kN}$$

查型钢表知，单根 No. 18 槽钢的截面面积 $A=29.30 \text{ cm}^2$、抗弯截面系数 $W_z = 152 \text{ cm}^3$。根据弯曲与压缩组合强度条件，即式（15-3），梁内的最大正应力

$$\sigma_{\max} = \frac{M}{2W_z} + \frac{|F_N|}{2A} = 121.0 \text{ MPa} > [\sigma] = 120 \text{ MPa}$$

但由于 $\dfrac{\sigma_{\max} - [\sigma]}{[\sigma]} = 0.83\% < 5\%$，所以，横梁的强度符合工程要求。

习题 15-5 螺旋夹紧器如图 15-8a 所示，已知该夹紧器工作时承受的最大夹紧力 $F=16 \text{ kN}$，材料的许用应力 $[\sigma]=160 \text{ MPa}$，立臂厚度 $a=20 \text{ mm}$，偏心距 $e=140 \text{ mm}$。试求立臂宽度 b。

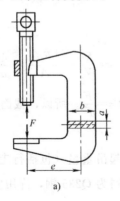
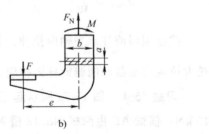

图 15-8

解：立臂承受弯曲与拉伸组合变形。由截面法（见图 15-8b），得其任一横截面上的弯矩、轴力分别为 $M=2.24$ kN·m、$F_N=16$ kN。

由弯曲与拉伸组合强度条件，即式（15-1），解得 $b \geqslant 67.3$ mm。故取立臂宽度
$$b = 68 \text{ mm}$$

习题 15-6 图 15-9a 所示钻床的圆截面立柱为铸铁制成，已知立柱直径 $d=50$ mm，材料的许用拉应力 $[\sigma_t]=45$ MPa。试确定许可载荷 $[F]$。

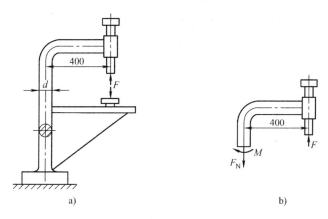

图 15-9

解：立柱承受弯曲与拉伸组合变形。由截面法（见图 15-9b），得其任一横截面上的弯矩、轴力分别为 $M=0.4$ m$\times F$、$F_N=F$。

由弯曲与拉伸组合强度条件，即式（15-1），解得 $F \leqslant 1359$ N。故许可载荷
$$[F] = 1359 \text{ N}$$

习题 15-7 单臂液压机机架及其立柱横截面的尺寸如图 15-10a 所示，已知 $F=1600$ kN，材料的许用应力 $[\sigma]=160$ MPa。试校核机架立柱的强度。

解：机架立柱承受弯曲与拉伸组合变形，由截面法（见图 15-10b），得其任一横截面上的弯矩、轴力分别为 $M=2256$ kN·m、$F_N=1600$ kN。

计算得立柱截面的形心主惯性矩 $I_z=0.029$ m^4、面积 $A=0.099$ m^2。

根据弯曲与拉伸组合强度条件

$$\sigma_{max}=\frac{M}{I_z}y_C+\frac{F_N}{A}=\left(\frac{2256\times10^3}{0.029}\times0.51+\frac{1600\times10^3}{0.099}\right)\text{Pa}=55.8 \text{ MPa}<[\sigma]=160 \text{ MPa}$$

所以，该机架立柱的强度符合要求。

习题 15-8 图 15-11a 所示三角支架，已知载荷 $F=200$ N，AC 为直径 $d=20$ mm 的圆截面钢杆，钢材的屈服极限 $\sigma_s=235$ MPa。若取安全因数 $n_s=1.6$，试校核杆 AC 的强度。

解：作出杆 AC 的受力图如图 15-11b 所示，其 AB 段承受弯曲与拉伸组合

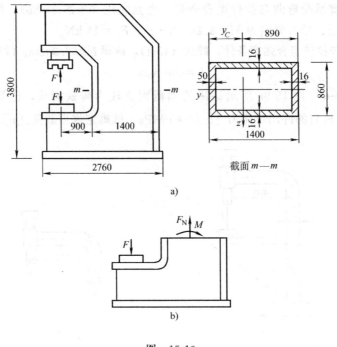

截面 *m—m*

a)

b)

图 15-10

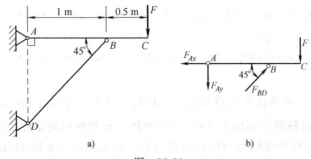

a)   b)

图 15-11

变形。由平衡方程得 $F_{BD}=424\ \text{N}$，$F_{Ax}=300\ \text{N}$，$F_{Ay}=100\ \text{N}$。

显然，截面 B 处的弯矩最大，为危险截面。危险截面上的弯矩、轴力分别为 $|M|_{max}=100\ \text{N}\cdot\text{m}$，$F_N=300\ \text{N}$。

材料的许用应力 $[\sigma]=\sigma_s/n_s=147\ \text{MPa}$，根据弯曲与拉伸组合强度条件

$$\sigma_{max}=\frac{|M|_{max}}{W_z}+\frac{F_N}{A}=128\ \text{MPa}<[\sigma]=147\ \text{MPa}$$

所以，杆 AC 的强度符合要求。

习题 15-9 一手摇绞车如图 15-12a 所示，已知轴的直径 $d=30\ \text{mm}$，材料的许用应力 $[\sigma]=80\ \text{MPa}$。试按第三强度理论，确定绞车的最大起吊重量 P。

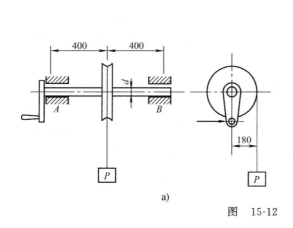

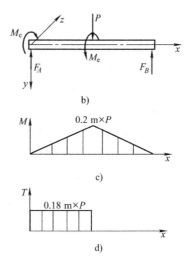

图 15-12

解：将载荷向轴的中心简化，作出轴的受力图如图 15-12b 所示，其中

$$M_e = 0.18 \, \text{m} \times P, \quad F_A = F_B = \frac{1}{2}P$$

轴承受弯曲和扭转组合变形。

轴的弯矩图、扭矩图分别如图 15-12c、d 所示，轴的危险截面为铰盘所在的跨中截面，其上弯矩、扭矩分别为 $M = 0.2 \, \text{m} \times P$、$T = 0.18 \, \text{m} \times P$。

由第三强度理论，即式（15-4），解得 $P \leqslant 788 \, \text{N}$。所以，绞车的最大起吊重量

$$[P] = 788 \, \text{N}$$

习题 15-10 如图 15-13a 所示，已知电动机的功率 $P = 9 \, \text{kW}$、转速 $n = 715 \, \text{r/min}$，带轮直径 $D = 250 \, \text{mm}$，带的紧边拉力为松边拉力的 2 倍，主轴的外伸部分长度 $l = 120 \, \text{mm}$、直径 $d = 40 \, \text{mm}$，材料的许用应力 $[\sigma] = 60 \, \text{MPa}$。若不计带轮自重，试用第三强度理论校核主轴强度。

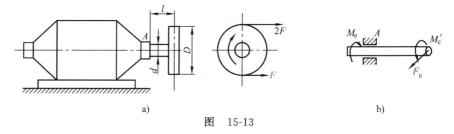

图 15-13

解：将带拉力向主轴中心简化，得轴的受力图如图 15-13b 所示，其中，电动机输入转矩 $M_e = 9549 \dfrac{P}{n} = 120 \, \text{N} \cdot \text{m}$。由静力学关系，得 $F = \dfrac{2M_e}{D} = 960 \, \text{N}$，$F_R =$

$3F=2880$ N。主轴承受弯曲和扭转组合变形。

轴的危险截面为固定端处的截面 A，其上弯矩、扭矩分别为

$$M = F_R l = 346 \text{ N} \cdot \text{m}, \quad T = M_e = 120 \text{ N} \cdot \text{m}$$

由第三强度理论，即式（15-4），$\sigma_{r3}=58.3$ MPa$<$ $[\sigma]=60$ MPa。故主轴强度满足要求。

习题 15-11　如图 15-14a 所示，直径为 60 cm 的两个相同带轮，转速 $n=100$ r/min 时传递功率 $P=7.36$ kW。轮 C 上的传动带沿水平方向，轮 D 上的传动带沿铅垂方向。已知带的松边拉力 $F_{T2}=1.5$ kN（$F_{T2}<F_{T1}$），材料的许用应力 $[\sigma]=80$ MPa。若不计带轮自重，试按第三强度理论选择轴的直径。

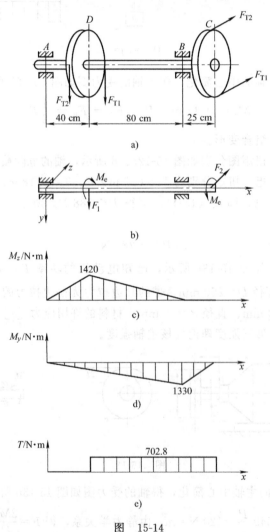

图　15-14

解：将带拉力向轴中心简化，得轴的受力图如图 15-14b 所示，可求得

$$M_e = 702.8 \, \text{N} \cdot \text{m}, \quad F_{T1} = 3842.7 \, \text{N}, \quad F_1 = F_2 = 5342.7 \, \text{N}$$

轴承受弯曲和扭转组合变形。

作出轴的铅垂弯矩图、水平弯矩图、扭矩图分别如图 15-14c、d、e 所示。显然 D 轮所在截面为危险截面，其上合成弯矩、扭矩分别为

$$M = \sqrt{M_z^2 + M_y^2} = 1488 \, \text{N} \cdot \text{m}, \quad T = 702.8 \, \text{N} \cdot \text{m}$$

由第三强度理论，即式 (15-4)，解得 $d \geqslant 59.4 \, \text{mm}$。故取轴的直径 $d = 60 \, \text{mm}$。

习题 15-12 如图 15-15a 所示，已知带轮的直径 $D = 1.2 \, \text{m}$，重 $W = 5 \, \text{kN}$，紧边拉力为松边拉力的两倍，即 $F_{T1} = 2F_{T2}$；电动机输入功率 $P = 18 \, \text{kW}$，额定转速 $n = 960 \, \text{r/min}$；传动轴跨度 $l = 1.2 \, \text{m}$，材料的许用应力 $[\sigma] = 50 \, \text{MPa}$，试按第三强度理论确定传动轴的直径 d。

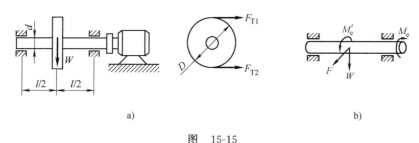

图 15-15

解：将带拉力向轴中心简化，得轴的受力图如图 15-15b 所示，可求得

$$M_e = 179 \, \text{N} \cdot \text{m}, \quad F_{T2} = 298 \, \text{N}, \quad F = 894 \, \text{N}$$

轴承受弯曲和扭转组合变形。

显然，带轮所在跨中截面为危险截面，其上铅垂弯矩、水平弯矩、合成弯矩、扭矩分别为

$$M_z = 1500 \, \text{N} \cdot \text{m}, \quad M_y = 268.2 \, \text{N} \cdot \text{m}, \quad M = 1523.8 \, \text{N} \cdot \text{m}, \quad T = 179 \, \text{N} \cdot \text{m}$$

由第三强度理论，即式 (15-4)，解得 $d \geqslant 67.9 \, \text{mm}$。故取传动轴的直径 $d = 68 \, \text{mm}$。

习题 15-13 图 15-16a 所示为某精密磨床砂轮。已知电动机的输入功率 $P = 3 \, \text{kW}$，转子转速 $n = 1400 \, \text{r/min}$，重量 $W_1 = 101 \, \text{N}$；砂轮直径 $D = 250 \, \text{mm}$，重量 $W_2 = 275 \, \text{N}$，所受磨削力 $F_y : F_z = 3 : 1$；轴的直径 $d = 50 \, \text{mm}$，许用应力 $[\sigma] = 60 \, \text{MPa}$。试按第三强度理论校核轴的强度。

解：将磨削力向轴的中心简化，得轴的受力简图如图 15-16b 所示，可求得

$$M_e = 20.5 \, \text{N} \cdot \text{m}, \quad F_z = 164 \, \text{N}, \quad F_y = 492 \, \text{N}, \quad F = 217 \, \text{N}$$

轴承受弯曲和扭转组合变形。

作出轴的铅垂弯矩图、水平弯矩图、扭矩图分别如图 15-16c、d、e 所示，

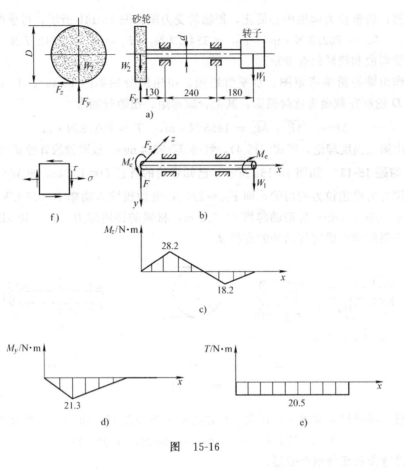

图　15-16

显然危险截面位于左支座处，其上合成弯矩、扭矩分别为 $M=35.4\,\text{N}\cdot\text{m}$、$T=20.5\,\text{N}\cdot\text{m}$。

根据第三强度理论

$$\sigma_{r3}=\frac{\sqrt{M^2+T^2}}{W_z}=3.32\,\text{MPa}<[\sigma]=60\,\text{MPa}$$

所以，轴的强度足够。

习题 15-14　如图 15-17a 所示，水平钢制拐轴受铅垂载荷 F 的作用。已知 $F=1\,\text{kN}$，材料的许用应力 $[\sigma]=160\,\text{MPa}$。试按第三强度理论确定轴 AB 的直径。

解：轴 AB 承受弯曲与扭转组合变形，其弯矩图、扭矩图分别如图 15-17b、c 所示。固定端处截面 A 为危险截面，其上弯矩、扭矩分别为 $|M|=150\,\text{N}\cdot\text{m}$、$T=140\,\text{N}\cdot\text{m}$。

由第三强度理论，即式（15-4），解得 $d\geqslant23.6\,\text{mm}$。故取轴 AB 的直径 $d=24\,\text{mm}$。

习题 15-15 图 15-18a 所示圆截面钢杆，承受横向载荷 F_1、轴向载荷 F_2 与转矩 M_e 的作用。已知 $F_1 = 500$ N，$F_2 = 15$ kN，$M_e = 1.2$ kN·m，材料的许用应力 $[\sigma] = 160$ MPa。试按第三强度理论校核杆的强度。

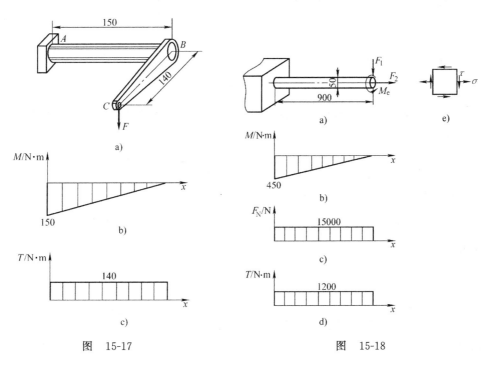

图 15-17   图 15-18

解：杆承受弯曲、拉伸和扭转组合变形，其弯矩图、轴力图、扭矩图分别如图 15-18b、c、d 所示。由内力图可知，固定端处截面 A 为危险截面，危险截面上的弯矩、轴力、扭矩分别为

$$M = -450 \text{ N·m}, \quad F_N = 15000 \text{ N}, \quad T = 1200 \text{ N·m}$$

危险截面的上边缘点为危险点，危险点的单元体如图 15-18e 所示，其中

$$\sigma = \sigma_M + \sigma_N = \frac{|M|}{W_z} + \frac{F_N}{A} = 44.3 \text{ MPa}, \quad \tau = \frac{T}{W_t} = 48.9 \text{ MPa}$$

根据第三强度理论，即式（15-6），有

$$\sigma_{r3} = \sqrt{\sigma^2 + 4\tau^2} = 107.4 \text{ MPa} < [\sigma] = 160 \text{ MPa}$$

所以，杆的强度符合要求。

习题 15-16 如图 15-19a 所示，直径为 20 mm 的圆轴受到弯矩 M 与扭矩 T 的作用。由实验测得轴外表面上的点 A 沿轴线方向的线应变 $\varepsilon_{0°} = 6 \times 10^{-4}$，点 B 沿与轴线成 45°方向的线应变 $\varepsilon_{-45°} = 4 \times 10^{-4}$。若材料的弹性模量 $E = 200$ GPa、泊松比 $\nu = 0.25$、许用应力 $[\sigma] = 160$ MPa，试确定弯矩 M 与扭矩 T，并按第四

强度理论校核轴的强度。

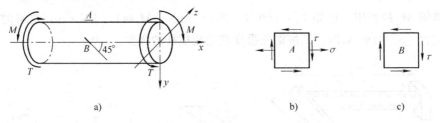

图 15-19

解：圆轴承受弯曲与扭转组合变形。围绕点 A、点 B 截取单元体分别如图 15-19b、c 所示，其中

$$\sigma = \frac{M}{W_z} = \frac{32M}{\pi \times 0.02^3 \text{ m}^3}, \quad \tau = \frac{T}{W_t} = \frac{16T}{\pi \times 0.02^3 \text{ m}^3}$$

根据胡克定律，对于点 A，有

$$\varepsilon_{0°} = \frac{\sigma}{E} = \frac{32M}{\pi \times 0.02^3 \text{ m}^3 \times 200 \times 10^9 \text{ Pa}} = 6 \times 10^{-4}$$

解得弯矩

$$M = 94.2 \text{ N} \cdot \text{m}$$

对于点 B，有

$$\varepsilon_{-45°} = \frac{1}{E}(\sigma_{-45°} - \nu\sigma_{45°}) = \frac{1}{E}[\tau - \nu(-\tau)] = \frac{1.25}{200 \times 10^9 \text{ Pa}} \times \frac{16T}{\pi \times 0.02^3 \text{ m}^3} = 4 \times 10^{-4}$$

解得扭矩

$$T = 100.5 \text{ N} \cdot \text{m}$$

根据第四强度理论，即式（15-5），$\sigma_{r4} = 163.3 \text{ MPa} > [\sigma] = 160 \text{ MPa}$。但由于

$$\frac{\sigma_{r4} - [\sigma]}{[\sigma]} \times 100\% = 2.1\% < 5\%$$

所以，轴的强度符合要求。

习题 15-17 如图 15-20a 所示，飞机起落架的折轴为空心圆管。已知圆管内径 $d = 70$ mm、外径 $D = 80$ mm，材料的许用应力 $[\sigma] = 100$ MPa，所受载荷 $F_1 = 1$ kN、$F_2 = 4$ kN，试按第三强度理论校核折轴的强度。

解：折轴承受弯曲、压缩与扭转组合变形，危险截面位于折轴的根部，其上的轴力、扭矩、弯矩分别为

$$F_N = -F_2 \times \frac{0.4}{\sqrt{0.4^2 + 0.25^2}} = -3.39 \text{ kN}$$

$$T = -F_1 \times 0.15 \text{ m} \times \frac{0.4}{\sqrt{0.4^2 + 0.25^2}} = -127 \text{ N} \cdot \text{m}$$

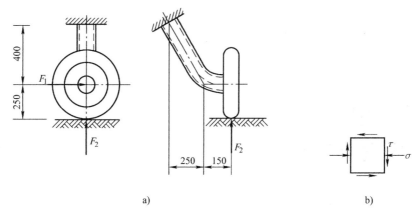

a)   b)

图 15-20

$$M_y = F_1 \times \left(0.15 \text{ m} \times \frac{0.25}{\sqrt{0.4^2 + 0.25^2}} + \sqrt{0.4^2 + 0.25^2} \text{ m} \right) = 551 \text{ N} \cdot \text{m}$$

$$M_z = F_2 \times 0.4 \text{ m} = 1600 \text{ N} \cdot \text{m}$$

$$M = \sqrt{M_z^2 + M_y^2} = 1690 \text{ N} \cdot \text{m}$$

危险点的单元体如图 15-20b 所示，其中

$$\sigma = \frac{M}{W_z} + \frac{|F_N|}{A} = 84.2 \text{ MPa}, \quad \tau = \frac{|T|}{W_t} = 3.06 \text{ MPa}$$

根据第三强度理论，即式（15-6）

$$\sigma_{r3} = \sqrt{\sigma^2 + 4\tau^2} = 84.4 \text{ MPa} < [\sigma] = 100 \text{ MPa}$$

所以，该折轴的强度符合要求。

第十六章
压杆稳定

知 识 要 点

一、基本概念

1. 压杆的稳定与失稳
压杆的稳定：压杆能够稳定地保持其原有的直线形式的平衡。
压杆的失稳：压杆丧失了其原有的直线形式的平衡。

2. 压杆的临界力
压杆从稳定平衡过渡到不稳定平衡所对应的轴向压力的临界值，记为 F_{cr}。压杆的临界力亦可理解为使压杆失稳的最小轴向压力。

3. 压杆的临界应力
压杆处于由稳定平衡向不稳定平衡过渡的临界状态时横截面上的平均压应力，记作 σ_{cr}。临界应力

$$\sigma_{cr} = \frac{F_{cr}}{A} \tag{16-1}$$

式中，F_{cr} 为压杆的临界力；A 为压杆的横截面面积。

4. 压杆的柔度
又称为压杆的长细比，定义作

$$\lambda = \frac{\mu l}{i} \tag{16-2}$$

式中，l 为压杆长度；i 为压杆横截面的惯性半径；μ 取决于压杆两端约束形式，称为压杆的长度因数，其值为

$$\mu = \begin{cases} 2 & \text{一端固定一端自由} \\ 1 & \text{两端铰支或者两端固定但可横向相对移动} \\ 0.7 & \text{一端固定一端铰支} \\ 0.5 & \text{两端固定但可轴向相对移动} \end{cases}$$

压杆的柔度 λ 综合反映了压杆的长度、截面和杆端约束对压杆稳定性的影响。当材料一定时，压杆的柔度越大，就越容易发生失稳。

5. 压杆的临界应力总图

如图 16-1 所示，以压杆的柔度 λ 为横坐标、临界应力 σ_{cr} 为纵坐标，反映压杆的临界应力 σ_{cr} 随柔度 λ 变化规律的曲线。

6. 提高压杆稳定性的措施

（1）合理选择截面形状 对于沿各个方向约束性质相同的压杆，应选择沿各个方向截面惯性矩相等且具有较大惯性半径的截面，例如圆环形截面；对于沿各个方向约束

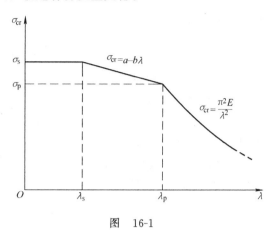

图 16-1

性质不同的压杆，则应选择使沿各个方向的柔度相等或相近的截面。

（2）增大杆端约束刚度 增大杆端的约束刚度，以减小压杆的长度因数 μ。

（3）减小压杆长度 增加中间支承，减小压杆长度，以提高其稳定性。

（4）合理选择材料 对于大柔度杆，应选用弹性模量较高的材料；对于中柔度杆，则应选择强度较高的材料。

二、基本公式

1. 压杆临界力的欧拉公式

$$F_{cr} = \frac{\pi^2 EI}{(\mu l)^2} \tag{16-3}$$

式中，E 为材料的弹性模量；I 为压杆横截面沿失稳方向的惯性矩。

2. 压杆临界应力的欧拉公式

$$\sigma_{cr} = \frac{\pi^2 E}{\lambda^2} \tag{16-4}$$

式中，E 为材料的弹性模量；λ 为压杆的柔度。

欧拉公式的适用范围：大柔度杆（细长杆），即 $\lambda \geqslant \lambda_p$。其中，$\lambda_p$ 为材料常数，表达式为

$$\lambda_p = \sqrt{\frac{\pi^2 E}{\sigma_p}} \tag{16-5}$$

式中，E 为材料的弹性模量；σ_p 为材料的比例极限。

3. 压杆临界应力的经验公式

（1）直线公式

$$\sigma_{cr} = a - b\lambda \tag{16-6}$$

式中，a、b 为材料常数；λ 为压杆的柔度。

直线公式适用范围：中柔度杆（中长杆），即 $\lambda_s < \lambda < \lambda_p$。其中，$\lambda_s$ 为材料常数，表达式为

$$\lambda_s = \frac{a - \sigma_s}{b} \tag{16-7}$$

式中，σ_s 为材料的屈服极限。

（2）抛物线公式

$$\sigma_{cr} = a_1 - b_1 \lambda^2 \tag{16-8}$$

式中，a_1、b_1 为材料常数。

抛物线公式的适用范围：$\lambda < \lambda_p$。

4. 压杆的稳定条件

$$n = \frac{F_{cr}}{F} \geqslant n_{st} \tag{16-9}$$

式中，n 为压杆的工作安全因数；n_{st} 为压杆规定的稳定安全因数；F_{cr} 为压杆的临界力；F 为压杆实际承受的轴向压力。

解 题 方 法

本章习题主要有下列两种类型：

一、计算压杆的临界力（临界应力）

1. 解题步骤

1）根据压杆的几何尺寸和约束条件计算压杆的柔度 λ。

2）根据压杆柔度 λ 确定压杆类型，选择对应计算公式。

3）根据所选定的公式计算压杆的临界力（临界应力）。

2. 注意点

1）在计算压杆临界力（临界应力）之前，一般必须首先计算压杆的柔度。因为只有根据柔度 λ 的大小才能判定压杆类型，从而选择正确的计算公式。

2）若压杆沿各个方向的约束性质相同但截面惯性矩不同，则在计算中应取惯性矩（惯性半径）的最小值 I_{min}（i_{min}）。

3）若压杆沿各个方向的截面惯性矩相同但约束性质不同，则在计算中应选择约束最弱的方向，即取长度因数的最大值 μ_{max}。

4）若压杆沿各个方向的截面惯性矩与约束性质均不相同，则应分别在所有可能的失稳方向上计算柔度，然后比较其大小，选择最大柔度 λ_{max} 来进行计算。

5）对于中柔度杆，应先根据经验公式（16-6）或式（16-8）计算临界应力，然后再由式（16-1）计算临界力。

6）对于大柔度杆，既可以先根据式（16-4）计算临界应力，然后再由式（16-1）计算临界力；又可以先根据式（16-3）计算临界力，然后再由式（16-1）计算临界应力。

7）压杆局部截面的削弱不会影响其整体的稳定性，故在计算压杆临界力（临界应力）时，应采用无削弱的正常截面的几何参数。

二、压杆的稳定计算

1. 解题步骤

1）计算压杆实际承受的轴向压力 F。

2）根据上述介绍的计算压杆临界力的方法和步骤，计算压杆的临界力 F_{cr}。

3）根据压杆的稳定条件，即式（16-9），进行压杆的稳定计算。

2. 注意点

1）对于等截面压杆，满足稳定条件就一定满足强度条件，因此，压杆设计的主要依据是稳定条件。

2）压杆局部截面的削弱不会影响其整体的稳定性，故在进行压杆稳定计算时，应采用无削弱的正常截面的几何参数。但此时，应补充在削弱截面处进行强度校核。

3）对于压杆稳定计算中的截面设计问题，因压杆的截面尺寸未知而无法确定柔度进而选择公式计算临界力，故必须采用试算法。

难 题 解 析

【**例题 16-1**】 图 16-2a 所示平面结构中的两杆均为圆截面钢杆，已知两杆的直径 $d=80\ mm$，弹性模量 $E=200\ GPa$，压杆柔度的界限值 $\lambda_p=100$。试求该结构的临界载荷 P_{cr}。

解：（1）计算两杆承受的轴向压力　截取节点 A 为研究对象（见图 16-2b），由平衡方程得两杆承受的轴向压力分别为

$$F_{N1} = P\cos 60° = \frac{1}{2}P \tag{a}$$

$$F_{N2} = P\sin 60° = \frac{\sqrt{3}}{2}P \tag{b}$$

（2）计算两杆的临界力　两杆两端均为铰支，长度因数 $\mu_1=\mu_2=1$。杆 AB 的柔度

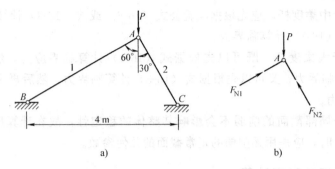

图 16-2

$$\lambda_1 = \frac{\mu_1 l_1}{i_1} = \frac{1 \times 4000 \times \cos 30°}{80/4} = 173 > \lambda_p$$

故杆 AB 为大柔度杆，其临界力

$$F_{cr1} = \frac{\pi^2 EI}{(\mu_1 l_1)^2} = 331 \text{ kN} \qquad (c)$$

杆 AC 的柔度

$$\lambda_2 = \frac{\mu_2 l_2}{i_2} = \frac{1 \times 4000 \times \sin 30°}{80/4} = 100 = \lambda_p$$

故杆 AC 同为大柔度杆，其临界力

$$F_{cr2} = \frac{\pi^2 EI}{(\mu_2 l_2)^2} = 990 \text{ kN} \qquad (d)$$

（3）确定结构的临界载荷　该结构为静定结构，其中任一杆件失稳，则整个结构失稳。由

$$\frac{F_{cr1}}{F_{cr2}} = \frac{331}{990} = 0.334 < \frac{F_{N1}}{F_{N2}} = \frac{1}{\sqrt{3}} = 0.577$$

可知，杆 AB 所承受的轴向压力 F_{N1} 将首先达到临界值 F_{cr1} 而失稳。因此，结构的临界载荷应根据杆 AB 的临界力 F_{cr1} 确定，由式（a）即得该结构的临界载荷

$$P_{cr} = 2F_{cr1} = 662 \text{ kN}$$

【例题 16-2】　平面结构如图 16-3a 所示，已知其中的三根杆均为大柔度圆截面杆，且直径相等、材料相同。试分析其失稳破坏过程，并求出该结构的临界载荷 P_{cr}。

解：（1）计算三根杆承受的轴向压力　这是一次超静定问题。首先截取节点 A 为研究对象（见图 16-3b），列平衡方程

$$F_{N2} - F_{N3} = 0 \qquad (a)$$

$$F_{N1} + F_{N2} \cos 30° + F_{N3} \cos 30° - P = 0 \qquad (b)$$

由变形图（见图 16-3c），得变形协调方程

$$\Delta l_2 = \Delta l_3 = \Delta l_1 \cos 30°$$

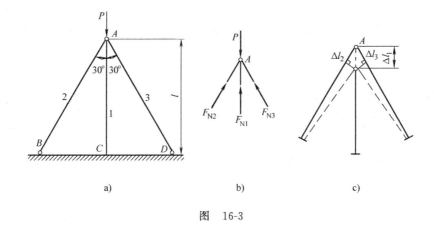

图 16-3

借助胡克定律，由上式得补充方程

$$F_{N2} = F_{N3} = F_{N1} \cos^2 30°$$ (c)

联立式（a）～式（c），解得三根杆承受的轴向压力分别为

$$F_{N2} = F_{N3} = 0.326P, \quad F_{N1} = 0.435P$$

（2）计算三根杆的临界力　由题意知，三根杆均为大柔度杆，故其临界力为

$$F_{cr1} = \frac{\pi^2 EI}{(\mu_1 l_1)^2} = \frac{\pi^2 EI}{(0.7l)^2} = 20.14 \frac{EI}{l^2}$$

$$F_{cr2} = F_{cr3} = \frac{\pi^2 EI}{(\mu_2 l_2)^2} = \frac{\pi^2 EI}{(1 \times l/\cos 30°)^2} = 7.40 \frac{EI}{l^2}$$

（3）分析结构的失稳破坏过程　由

$$\frac{F_{cr1}}{F_{cr2}} = 2.72 > \frac{F_{N1}}{F_{N2}} = 1.33$$

可知，杆 2（杆 3）所承受的轴向压力 F_{N2}（F_{N3}）将首先达到其临界力 F_{cr2}（F_{cr3}）而失稳。但由于结构为超静定结构，故此时仍具有承载能力，只有当载荷继续增大，直至杆 1 承受的轴向压力 F_{N1} 也达到其临界力 F_{cr1} 时，整个结构才失稳破坏。

（4）计算结构的临界载荷　当杆 2（杆 3）达到失稳状态而杆 1 尚未失稳时，可以认为继续增加的载荷完全由杆 1 承担，而杆 2（杆 3）的轴向压力维持不变，直至杆 1 也达到失稳状态，导致整个结构失稳。此时，三根杆的轴向压力都达到其临界力。据此，由式（b）即得结构的临界载荷为

$$P_{cr} = F_{cr1} + F_{cr2} \cos 30° + F_{cr3} \cos 30° = 32.96 \frac{EI}{l^2}$$

【例题 16-3】　如图 16-4 所示，两根直径为 d 的圆截面立柱，上、下两端分

别与刚性板固结。试分析在轴向载荷 F 作用下，立柱各种可能的失稳形式，并确定最小的临界载荷（假设在各种失稳形式下立柱均为大柔度杆）。

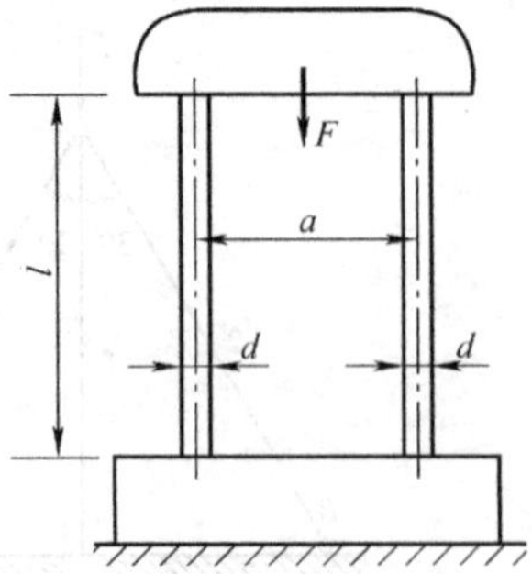

解：1）第一种可能的失稳形式如图 16-5a 所示，两根立柱两端固定但可沿轴向相对移动，在平面分别失稳，其对应临界载荷

$$F_{cr1} = 2 \times \frac{\pi^2 EI_1}{(\mu_1 l)^2} = 2 \times \frac{\pi^2 E \frac{\pi d^4}{64}}{(0.5l)^2} = \frac{\pi^3 Ed^4}{8l^2}$$

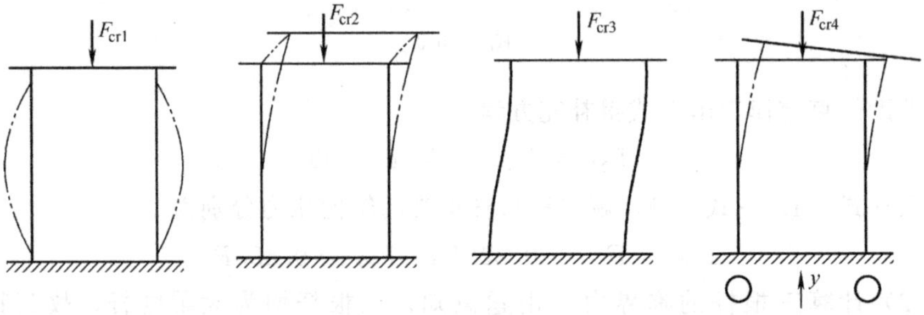

图　16-4

图　16-5

2）第二种可能的失稳形式如图 16-5b 所示，两根立柱下端固定、上端自由，出平面分别失稳，其对应临界载荷

$$F_{cr2} = 2 \times \frac{\pi^2 EI_2}{(\mu_2 l)^2} = 2 \times \frac{\pi^2 E \frac{\pi d^4}{64}}{(2l)^2} = \frac{\pi^3 Ed^4}{128l^2}$$

3）第三种可能的失稳形式如图 16-5c 所示，两根立柱两端固定但可沿横向相对移动，在平面分别失稳，其对应临界载荷

$$F_{cr3} = 2 \times \frac{\pi^2 EI_3}{(\mu_3 l)^2} = 2 \times \frac{\pi^2 E \frac{\pi d^4}{64}}{l^2} = \frac{\pi^3 Ed^4}{32l^2}$$

4）第四种可能的失稳形式如图 16-5d 所示，整体结构下端固定、上端自由，在平面以 y 轴为中性轴弯曲失稳。此时，截面的惯性矩

$$I_4 = 2 \times \left[\frac{\pi}{64}d^4 + \left(\frac{a}{2} \right)^2 \times \frac{\pi}{4}d^2 \right] = \frac{\pi}{32}d^4 + \frac{\pi}{8}a^2 d^2$$

故其对应的临界载荷

$$F_{cr4} = \frac{\pi^2 EI_4}{(\mu_4 l)^2} = \frac{\pi^2 E \left(\frac{\pi d^4}{32} + \frac{\pi}{8}a^2 d^2 \right)}{(2l)^2} = \frac{\pi^3 E(d^4 + 4a^2 d^2)}{128l^2}$$

综合以上计算结果可知，当立柱以第二种形式失稳时临界载荷最小，即最小的临界载荷为

$$(F_{cr})_{min} = F_{cr2} = \frac{\pi^3 E d^4}{128 l^2}$$

习 题 解 答

习题 16-1　材料相同、直径相等的圆截面细长压杆如图 16-6 所示，已知材料的弹性模量 $E=200\,\text{GPa}$，杆的直径 $d=160\,\text{mm}$，试求各杆的临界力。

解：据题意，由欧拉公式，即式（16-3），得各杆的临界力分别为

$$(F_{cr})_a = 2540\,\text{kN}, \quad (F_{cr})_b = 2645\,\text{kN}, \quad (F_{cr})_c = 3136\,\text{kN}$$

习题 16-2　图 16-7 所示细长压杆的两端为球形铰支，弹性模量 $E=200\,\text{GPa}$，试计算在如下三种情况下其临界力的大小。（1）圆形截面：$d=25\,\text{mm}$，$l=1\,\text{m}$；（2）矩形截面：$b=2h=40\,\text{mm}$，$l=2\,\text{m}$；（3）No.16 工字钢，$l=2\,\text{m}$。

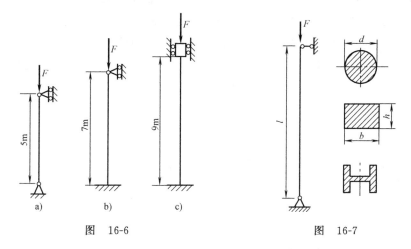

图　16-6　　　　　　　　　　　　图　16-7

解：细长杆的临界力可直接采用欧拉公式计算。两端铰支，长度因数 $\mu=1$。

（1）圆形截面杆　截面惯性矩 $I=\frac{\pi}{64}d^4=1.92\times10^{-8}\,\text{m}^4$。由欧拉公式得其临界力 $F_{cr}=37.84\,\text{kN}$。

（2）矩形截面杆　截面惯性矩的最小值 $I_{min}=\frac{1}{12}bh^3=2.67\times10^{-8}\,\text{m}^4$。由欧拉公式得其临界力 $F_{cr}=13.18\,\text{kN}$。

（3）No.16 工字钢　查型钢表，No.16 工字钢截面惯性矩的最小值 $I_{min}=I_y=93.1\times10^{-8}\,\text{m}^4$。由欧拉公式得其临界力 $F_{cr}=459.4\,\text{kN}$。

习题 16-3 一木柱两端为球形铰支，横截面为 120 mm×200 mm 的矩形，长度为 4 m，木材的弹性模量 $E=10$ GPa、比例极限 $\sigma_p=20$ MPa，直线公式中的常数 $a=28.7$ MPa、$b=0.19$ MPa。试求木柱的临界应力。

解： 木柱两端铰支，长度因数 $\mu=1$。截面的最小惯性矩 $I_{min}=2.88×10^{-5}$ m⁴，最小惯性半径 $i_{min}=34.6$ mm。压杆柔度 $\lambda=\dfrac{\mu l}{i_{min}}=115.6$。由式（16-5），得压杆柔度的界限值 $\lambda_p=70.2$。因为 $\lambda>\lambda_p$，故该木柱为大柔度杆，应采用欧拉公式计算临界应力。

由欧拉公式，得木柱的临界应力 $\sigma_{cr}=\dfrac{\pi^2 E}{\lambda^2}=7.39$ MPa。

习题 16-4 图 16-8 所示压杆的截面为 125mm×125mm×8mm 的等边角钢，材料为 Q235 钢，弹性模量 $E=206$ GPa。试分别求出当其长度 $l=2$ m 和 $l=1$ m 时的临界力。

解： 压杆一端固定一端自由，长度因数 $\mu=2$。查型钢表，125 mm×125 mm×8 mm 等边角钢截面的最小惯性半径 $i_{min}=2.5$ cm、截面积 $A=19.75$ cm²。由教材中的表 16-2 可查得，Q235 钢的柔度界限值 $\lambda_p=100$、$\lambda_s=61.4$；直线公式中的常数 $a=304$ MPa、$b=1.12$ MPa。

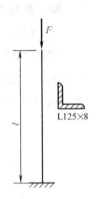

图 16-8

（1）长度 $l=2$ m 压杆柔度 $\lambda=160>\lambda_p$，故压杆为大柔度杆，由欧拉公式得其临界力

$$F_{cr}=\sigma_{cr}A=\frac{\pi^2 E}{\lambda^2}A=159.5 \text{ kN}$$

（2）长度 $l=1$ m 压杆柔度 $\lambda_s<\lambda=80<\lambda_p$，故压杆为中柔度杆，由直线公式得其临界力

$$F_{cr}=\sigma_{cr}A=(a-b\lambda)A=423.4 \text{ kN}$$

习题 16-5 图 16-9 所示为某飞机起落架中承受轴向压力的斜撑杆。已知斜撑杆两端铰支，用空心钢管制作，其外径 $D=52$ mm、内径 $d=44$ mm、长度 $l=950$ mm，材料的比例极限 $\sigma_p=1200$ MPa、强度极限 $\sigma_b=1600$ MPa、弹性模量 $E=210$ GPa。试求斜撑杆的临界力和临界应力。

解： 斜撑杆两端铰支，长度因数 $\mu=1$。截面惯性半径 $i=\dfrac{1}{4}\sqrt{D^2+d^2}=$ 17.0 mm。斜撑杆的柔度 $\lambda=\dfrac{\mu l}{i}=$ 55.9$>\lambda_p=\sqrt{\dfrac{\pi^2 E}{\sigma_p}}=41.6$。故斜撑杆为

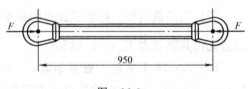

图 16-9

大柔度杆，由欧拉公式得其临界应力 $\sigma_{cr}=663$ MPa。临界力 $F_{cr}=\sigma_{cr}A=400.1$ kN。

习题 16-6 钢制矩形截面压杆如图 16-10 所示。已知 $l=2.3$ m、$b=40$ mm、$h=60$ mm，材料的弹性模量 $E=206$ GPa、比例极限 $\sigma_p=200$ MPa，在 x-y 平面内两端铰支，在 x-z 平面内为长度因数 $\mu=0.7$ 的弹性固支。试求该压杆的临界力。

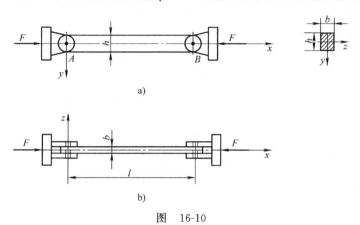

图 16-10

解：在 x-y 平面内（见图 16-10a）：压杆两端铰支，长度因数 $\mu=1$，惯性半径 $i_z=\sqrt{\dfrac{I_z}{A}}=17.3$ mm，压杆柔度 $\lambda_{xy}=\dfrac{\mu l}{i_z}=132.9$。

在 x-z 平面内（见图 16-10b）：压杆的长度因数 $\mu=0.7$，惯性半径 $i_y=\sqrt{\dfrac{I_y}{A}}=11.5$ mm，压杆柔度 $\lambda_{xz}=\dfrac{\mu l}{i_y}=140$。

因 $\lambda_{xz}>\lambda_{xy}$，故该杆首先在 x-z 平面内失稳，应根据 λ_{xz} 计算临界力。

由式（16-5），得压杆柔度的界限值 $\lambda_p=100.6$。因 $\lambda_{xz}>\lambda_p$，故该杆为大柔度杆，应采用欧拉公式。

由欧拉公式，得该杆的临界力 $F_{cr}=247.7$ kN。

习题 16-7 在图 16-11 所示结构中，已知圆形截面杆 AB 的直径 $d=80$ mm，A 端固定，B 端与方形截面杆 BC 用球铰连接；方形截面杆 BC 的截面边长 $a=70$ mm，C 端同为球铰；长度尺寸 $l=3$ m。若两杆材料均为 Q235 钢，弹性模量 $E=206$ GPa，试求该结构的临界载荷。

解：圆杆 AB：一端固定一端铰支，长度因数 $\mu=0.7$。截面惯性半径 $i=20$ mm。柔度 $\lambda_{AB}=157.5$。

方杆 BC：两端铰支，长度

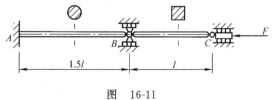

图 16-11

因数 $\mu=1$。截面惯性半径 $i=20.2$ mm。柔度 $\lambda_{BC}=148.5$。

由于 $\lambda_{AB}>\lambda_{BC}$，故圆杆 AB 首先失稳，即应根据圆杆 AB 的临界力来确定结构的临界载荷。

Q235 钢的柔度界限值 $\lambda_p=100$，可知圆杆 AB 为大柔度杆，由欧拉公式得圆杆 AB 的临界力，亦即结构的临界载荷 $F_{cr}=412.0$ kN。

习题 16-8 已知某钢材的比例极限 $\sigma_p=230$ MPa，屈服极限 $\sigma_s=275$ MPa，弹性模量 $E=200$ GPa，直线公式 $\sigma_{cr}=(338-1.22\lambda)$ MPa。试计算其压杆柔度的界限值 λ_p 和 λ_s，并绘制临界应力总图（$0\leqslant\lambda\leqslant150$）。

解：根据式（16-5）、式（16-7），得压杆柔度的界限值 λ_p、λ_s 分别为

$$\lambda_p=\sqrt{\frac{\pi^2 E}{\sigma_p}}=92.6, \quad \lambda_s=\frac{a-\sigma_s}{b}=52.5$$

临界应力总图如图 16-12 所示。

习题 16-9 由三根相同钢管铰接而成的支架如图 16-13a 所示。已知钢管的外径 $D=30$ mm，内径 $d=22$ mm，长度 $l=2.5$ m；材料的弹性模量 $E=210$ GPa。若取稳定安全因数 $n_{st}=3$，试求许可载荷 $[F]$。

解：对称结构，支架各杆承受的轴向压力相等。如图 16-13b 所示，

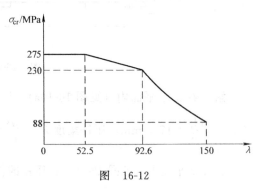

图 16-12

由平衡方程得各杆承受的轴向压力 $F_N=\dfrac{F}{3\cos\alpha}=0.417F$。

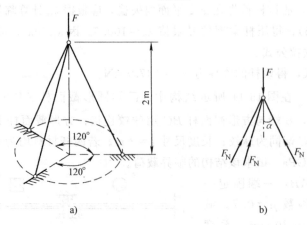

a)   b)

图 16-13

钢管的柔度 $\lambda=\dfrac{\mu l}{i}=268.8$，明显大于钢材的柔度界限值 λ_p，故钢管为大柔

度杆。由欧拉公式得其临界力 $F_{cr} = 9.37$ kN。

根据压杆的稳定条件，$n = \dfrac{F_{cr}}{F_N} = \dfrac{9.37 \text{ kN}}{0.417F} \geqslant n_{st} = 3$，解得 $F \leqslant 7.49$ kN。所以，许可载荷 $[F] = 7.49$ kN。

习题 16-10　如图 16-14 所示，万能铣床工作台升降丝杠的根径 $d = 22$ mm，螺距 $s = 6$ mm，工作台升至最高位置时，丝杠长度 $l = 50$ cm。丝杠材料的弹性模量 $E = 210$ GPa，比例极限 $\sigma_p = 260$ MPa，屈服极限 $\sigma_s = 306$ MPa，直线公式中的常数 $a = 461$ MPa、$b = 2.568$ MPa。锥齿轮的传动比为 $1:2$（即手轮旋转一周，丝杠旋转半周），手轮的半径 $R = 10$ cm，手轮上作用的最大切向力 $F_t = 200$ N。若丝杠规定的稳定安全因数 $n_{st} = 2.5$，试校核该丝杠的稳定性。

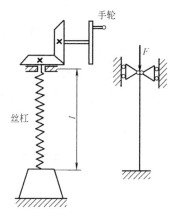

图　16-14

解：由题意，手轮旋转一周，工作台上升的距离 $h = \dfrac{1}{2} \times s = 3 \times 10^{-3}$ m。忽略摩擦损耗，手轮旋转一周，切向力 F_t 所做的功应等于轴向压力 F 将工作台上升 h 所做的功，即有 $F_t \times (2\pi R) = Fh$，由此解得，丝杠承受的轴向压力 $F = 41.9$ kN。

丝杠一端固定一端铰支，长度因数 $\mu = 0.7$。柔度 $\lambda = \dfrac{\mu l}{i} = 63.6$。将题中给出的有关参数代入式（16-5）、式（16-7），得丝杠柔度的界限值 $\lambda_p = 89.3$、$\lambda_s = 60.4$。由于 $\lambda_s < \lambda < \lambda_p$，故丝杠为中柔度杆，利用直线公式得临界力 $F_{cr} = 113.2$ kN。

根据压杆的稳定条件，$n = \dfrac{F_{cr}}{F} = 2.7 > n_{st} = 2.5$，故该丝杠的稳定性符合要求。

习题 16-11　已知图 16-15 所示千斤顶的最大起重量 $F = 120$ kN，丝杠根径 $d = 52$ mm，总长 $l = 600$ mm，衬套高度 $h = 100$ mm，丝杠用 Q235 钢制成。若规定的稳定安全因数 $n_{st} = 4$，试校核该千斤顶的稳定性。

解：显然，当丝杠升至最高时，稳定性最差。此时，丝杠可视为一端固定一端自由，其相当长度 $\mu l = 2 \times (0.6 - 0.1)$ m $= 1$ m。丝杠柔度 $\lambda = \dfrac{\mu l}{i} = 76.9$。

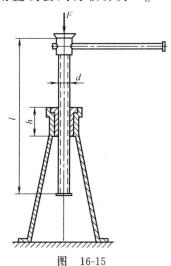

图　16-15

查教材中表 16-2 知，Q235 钢的 $\lambda_p = 100$、$\lambda_s = 61.4$、$a = 304$ MPa、$b = 1.12$ MPa。由于 $\lambda_s < \lambda < \lambda_p$，故丝杠为中柔度杆，用直线公式得其临界力 $F_{cr} = 462.7$ kN。

根据压杆的稳定条件，$n = \dfrac{F_{cr}}{F} = 3.86 < n_{st} = 4$，但因 $\dfrac{n_{st} - n}{n_{st}} = 3.5\% < 5\%$，故可认为丝杠的稳定性依然符合要求。

习题 16-12 自制简易起重机如图 16-16a 所示，已知压杆 BD 用 No.20 槽钢制作，材料为 Q235 钢。起重机的最大起重量 $P = 40$ kN。若规定的稳定安全因数 $n_{st} = 5$，试校核压杆 BD 的稳定性。

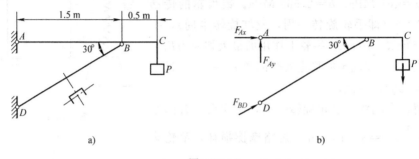

图 16-16

解：简易起重机的受力图如图 16-16b 所示，由平衡方程得压杆 BD 承受的轴向压力 $F_{BD} = 106.7$ kN。

压杆 BD 两端铰支，长度因数 $\mu = 1$。由型钢表查得，No.20 槽钢横截面面积 $A = 32.837$ cm²、最小惯性半径 $i_{min} = 2.09$ cm。计算得压杆 BD 的柔度 $\lambda = 82.9$。

查教材表 16-2 知，Q235 钢的 $\lambda_p = 100$、$\lambda_s = 61.4$、$a = 304$ MPa、$b = 1.12$ MPa。由于 $\lambda_s < \lambda < \lambda_p$，故压杆 BD 为中柔度杆，用直线公式得其临界力 $F_{cr} = 693.4$ kN。

根据压杆的稳定条件，$n = \dfrac{F_{cr}}{F} = 6.5 > n_{st} = 5$，故压杆 BD 的稳定性符合要求。

习题 16-13 托架如图 16-17a 所示，已知压杆 AB 的直径 $d = 40$ mm，长度 $l = 800$ mm，两端为球铰支承，材料为 Q235 钢，弹性模量 $E = 206$ GPa，规定的稳定安全因数 $n_{st} = 2.0$。（1）试按压杆 AB 的稳定条件求出托架所能承受的最大载荷 F_{max}；（2）若已知工作载荷 $F = 70$ kN，问此托架是否安全？（3）若横梁 CD 为 No.18 普通热轧工字钢，许用应力 $[\sigma] = 160$ MPa，试问托架所能承受的最大载荷 F_{max} 有否变化？

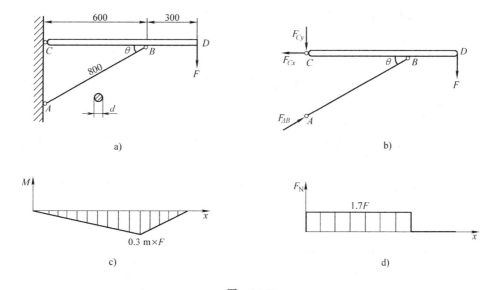

图 16-17

解：（1）托架的受力图如图 16-17b 所示，由平衡方程得杆 AB 承受的轴向压力 $F_{AB}=2.27F$。

杆 AB 两端铰支，长度因数 $\mu=1$。截面惯性半径 $i=0.01$ m。柔度 $\lambda=80$。

查教材表 16-2 知，Q235 钢的 $\lambda_p=100$、$\lambda_s=61.4$、$a=304$ MPa、$b=1.12$ MPa。由于 $\lambda_s<\lambda<\lambda_p$，故压杆 AB 为中柔度杆，用直线公式得其临界力 $F_{cr}=269.4$ kN。

根据压杆的稳定条件，$n=\dfrac{F_{cr}}{F_{AB}}\geqslant n_{st}=2.0$，解得 $F\leqslant 59.3$ kN。所以，托架所能承受的最大载荷 $F_{max}=59.3$ kN。

（2）由于工作载荷 $F=70$ kN$>F_{max}=59.3$ kN，所以，此时压杆 AB 的稳定性不符合要求，托架不安全。

（3）横梁 CD 承受弯曲与拉伸组合变形，分别作出弯矩图、轴力图如图 16-17c、d 所示，可见危险截面为 B 截面，其上弯矩、轴力分别为 $|M|=0.3F$、$F_N=1.7F$。

查型钢表知，No.18 工字钢的截面面积 $A=30.756$ cm^2、抗弯截面系数 $W_z=185$ cm^3。根据弯曲与拉伸组合变形强度条件，即式（15-1），$\sigma_{max}=\dfrac{|M|}{W_z}+\dfrac{F_N}{A}\leqslant[\sigma]=160$ MPa，解得 $F\leqslant 73.6$ kN。

由上述计算结果可知，该结构的安全性取决于压杆 AB 的稳定性，故托架所能承受的最大载荷无变化，仍为 $F_{max}=59.3$ kN。

习题 16-14 如图 16-18 所示，Q235 钢管在 $t = 20\ ℃$ 时安装，安装时钢管不受力。已知钢材的线胀系数 $\alpha = 12.5 \times 10^{-6}\ ℃^{-1}$，弹性模量 $E = 206\ \text{GPa}$。试问当温度升高到多少度时，钢管将失稳？

解：这是一次超静定问题。假设温度升高到 T 时，钢管承受的轴向压力为 F_N，由变形协调方程得

$$F_N = \alpha EA (T - 20℃) \tag{a}$$

钢管两端固定，长度因数 $\mu = 0.5$。截面惯性半径 $i = 23.0\ \text{mm}$。柔度 $\lambda = 130.4$。

Q235 钢的柔度界限值 $\lambda_p = 100$，故钢管为大柔度杆，由欧拉公式得临界力

$$F_{cr} = \sigma_{cr} A = 5.8 \times 10^{-4} EA \tag{b}$$

当 $F_N \geqslant F_{cr}$ 时，钢管将失稳，联立式（a）、式（b），解得 $T \geqslant 66.4\ ℃$。故当温度升高到 66.4 ℃ 以上时，钢管将失稳。

习题 16-15 图 16-19 所示立柱长 $l = 6\ \text{m}$，由两根 No.10 槽钢组成，立柱顶部为球形铰支，根部为固定端。已知材料的弹性模量 $E = 206\ \text{GPa}$、比例极限 $\sigma_p = 200\ \text{MPa}$。试问当 a 多大时立柱的临界力取得最大值？该最大值是多少？

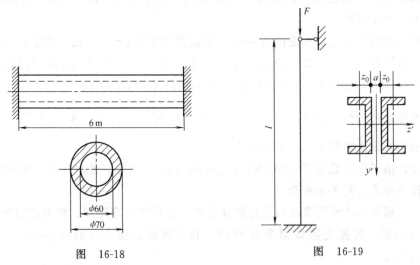

图 16-18   图 16-19

解：查型钢表知，No.10 槽钢截面的几何参数：$A = 12.748\ \text{cm}^2$、$I_z = 198\ \text{cm}^4$、$I_y = 25.6\ \text{cm}^4$、$z_0 = 1.52\ \text{cm}$。

由题意，要使立柱的临界力取得最大值，则立柱横截面关于 y'、z' 轴（见图 16-19）的惯性矩应相等，即有

$$2I_z = 2 \times \left[I_y + \left(\frac{a}{2} + z_0 \right)^2 A \right]$$

由上式解得 $a = 44\ \text{mm}$。

立柱一端固定一端铰支，长度因数 $\mu=0.7$。截面惯性半径 $i=\sqrt{\dfrac{2I_z}{2A}}=3.95$ cm。柔度 $\lambda=\dfrac{\mu l}{i}=106.3>\lambda_p=\sqrt{\dfrac{\pi^2 E}{\sigma_p}}=100.8$，为大柔度杆。由欧拉公式得立柱临界力的最大值

$$F_{cr\ max}=458.7\ \text{kN}$$

习题 16-16　万能试验机的结构图如图 16-20a 所示。已知四根立柱的长度 $l=3\ \text{m}$，钢材的弹性模量 $E=210\ \text{GPa}$，压杆柔度界限值 $\lambda_p=100$。立柱失稳后的弯曲变形曲线如图 16-20b 所示。若载荷 F 的最大值为 1000 kN，规定的稳定安全因数 $n_{st}=4$，试按稳定条件设计立柱的直径。

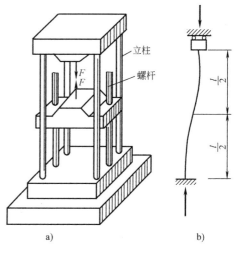

解：由图 16-20b 可知，立柱为两端固定但可沿横向相对移动，长度因数 $\mu=1$。先假设立柱为大柔度杆，按欧拉公式得其临界力 $F_{cr}=11.3\times 10^9\ \text{N}\cdot\text{m}^{-4}\times d^4$。

图　16-20

再由压杆稳定条件，$n=\dfrac{F_{cr}}{F/4}\geqslant n_{st}=4$，解得立柱直径 $d\geqslant 97.0\ \text{mm}$。

若取立柱直径 $d=97\ \text{mm}$，则其柔度 $\lambda=123.7>\lambda_p=100$，故原假设成立，即可取立柱直径 $d=97\ \text{mm}$。

习题 16-17　如图 16-21 所示，已知某立柱由四根 45 mm×45 mm×4 mm 的角钢构成，柱长 $l=8\ \text{m}$，立柱两端为球形铰支，材料为 Q235 钢，弹性模量 $E=206\ \text{GPa}$，柔度界限值 $\lambda_p=100$，规定的稳定安全因数 $n_{st}=1.6$。当立柱所受轴向压力 $F=40\ \text{kN}$ 时，试校核其稳定性。

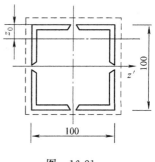

图　16-21

解：查型钢表知，45 mm×45 mm×4 mm 角钢的截面几何参数：$A=3.486\ \text{cm}^2$、$I_z=6.65\ \text{cm}^4$、$z_0=1.26\ \text{cm}$。如图 16-21 所示，四根角钢构成的组合截面对 z' 轴的惯性矩

$$I_{z'}=4\times[I_z+(5-z_0)^2 A]=4\times[6.65+(5-1.26)^2\times 3.486]\ \text{cm}^4=221.6\ \text{cm}^4$$

惯性半径 $i=\sqrt{\dfrac{I_{z'}}{4A}}=3.97$ cm。

立柱两端铰支，长度因数 $\mu=1$。柔度 $\lambda=\dfrac{\mu l}{i}=201.5>\lambda_p=100$，故立柱为大柔度杆。由欧拉公式得其临界力 $F_{cr}=67.8$ kN。

由压杆稳定条件，$n=\dfrac{F_{cr}}{F}=1.695>n_{st}=1.6$，所以，该立柱的稳定性符合要求。

第十七章
疲劳问题简介

知 识 要 点

一、基本概念

1. 静载荷
作用于构件上的载荷，由零开始，缓慢平稳地增至一定数值后维持不变。

2. 交变载荷
作用于构件上的载荷，随时间作周期性交替变化。

3. 交变应力
构件内的应力，随时间作周期性交替变化。

4. 交变应力的特征参数
应力循环：交变应力每重复变化一次，称为一个应力循环。

最大应力：一个应力循环中，应力的最大代数值，记作 σ_{max}。

最小应力：一个应力循环中，应力的最小代数值，记作 σ_{min}。

平均应力：一个应力循环中，最大应力与最小应力的代数平均值，记作

$$\sigma_m = \frac{\sigma_{max} + \sigma_{min}}{2}$$

应力幅：一个应力循环中，最大应力与最小应力的代数差的一半，记作

$$\sigma_a = \frac{\sigma_{max} - \sigma_{min}}{2}$$

应力比（循环特性）：一个应力循环中，最小应力与最大应力的比值，记作

$$r = \frac{\sigma_{min}}{\sigma_{max}}$$

对称循环：应力比 $r = -1$ 的应力循环。

非对称循环：应力比 $r \neq -1$ 的应力循环。

脉动循环：应力比 $r=0$ 的应力循环。

5. 疲劳破坏

构件因交变应力的长期作用而引发的低应力脆性断裂现象。疲劳破坏的主要特征有：

（1）低应力　构件所承受的最大应力远远小于材料的强度极限 σ_b 甚至屈服极限 σ_s。

（2）延时性　疲劳破坏需要一定的时间，即承受交变应力的构件都具有一定的寿命。

（3）突发性　疲劳破坏前没有明显的变形预兆，为突发性的脆性断裂，容易造成重大事故。

（4）敏感性　疲劳破坏对导致应力集中的各种缺陷十分敏感，缺陷的存在将大大缩短构件的疲劳寿命。

（5）断口形貌　疲劳破坏的断口分为光滑区和粗糙区，光滑区为位于裂纹源附近的裂纹扩展区域；粗糙区为最终的脆性断裂区域。

6. 疲劳寿命

在交变应力作用下，构件发生疲劳破坏时所经历的应力循环次数，记作 N。

7. 疲劳强度指标

（1）疲劳极限（持久极限）　在某一应力比 r 下，可使材料经历无数次应力循环而不发生疲劳破坏的交变应力的最大应力，记作 σ_r。

（2）条件疲劳极限　在某一应力比 r 下，对应某一指定寿命 N_0（一般取 $N_0=10^7\sim10^8$）的交变应力的最大应力。

8. S-N 曲线（应力-疲劳寿命曲线）

在某一应力比 r 下，以交变应力的最大应力 σ_{max} 为纵坐标，以与其对应的疲劳寿命 N 为横坐标，依据试验数据描绘出的 σ_{max} 与 N 之间的关系曲线。

9. 影响实际构件疲劳极限的因素

（1）构件外形的影响·有效应力集中因数　构件外形的突变将引起应力集中，促使疲劳裂纹的形成，从而显著降低构件的疲劳极限。构件外形对构件疲劳极限的影响程度可用有效应力集中因数表征，有效应力集中因数定义为

$$K_\sigma = \frac{\sigma_{-1}}{(\sigma_{-1})_k}$$

式中，σ_{-1} 为用标准光滑小试样测出的材料的疲劳极限；$(\sigma_{-1})_k$ 为有应力集中但无其他因素影响的构件的疲劳极限。

（2）构件尺寸的影响·尺寸因数　构件横截面尺寸的增大会降低构件的疲劳极限。构件尺寸对构件疲劳极限的影响程度可用尺寸因数表征，尺寸因数定义为

$$\varepsilon_\sigma = \frac{(\sigma_{-1})_d}{\sigma_{-1}}$$

式中，σ_{-1}为用标准光滑小试样测出的材料的疲劳极限；$(\sigma_{-1})_d$为大尺寸试样的疲劳极限。

（3）构件表面状况的影响·表面质量因数　构件表面越粗糙，其疲劳极限就越低。构件表面状况对构件疲劳极限的影响程度可用表面质量因数表征，表面质量因数定义为

$$\beta = \frac{(\sigma_{-1})_\beta}{\sigma_{-1}}$$

式中，σ_{-1}为用标准光滑小试样测出的材料的疲劳极限；$(\sigma_{-1})_\beta$为表面状况不同的构件的疲劳极限。

二、基本公式

1. 实际构件的疲劳极限

$$\sigma_{-1}^0 = \frac{\varepsilon_\sigma \beta}{K_\sigma} \sigma_{-1} \tag{17-1}$$

式中，K_σ为有效应力集中因数；ε_σ为尺寸因数；β为表面质量因数；σ_{-1}为用标准光滑小试样测定的材料的疲劳极限；σ_{-1}^0为实际构件的疲劳极限。

2. 对称循环的疲劳强度条件

$$\sigma_{\max} \leqslant [\sigma_{-1}] = \frac{\sigma_{-1}^0}{n_f} = \frac{\varepsilon_\sigma \beta}{n_f K_\sigma} \sigma_{-1} \tag{17-2}$$

式中，$\sigma_{\max}$为交变应力的最大应力；$[\sigma_{-1}]$为在对称循环交变应力作用下构件的许用应力；$n_f > 1$，为规定的疲劳安全因数。

第十八章
电测法简介

知 识 要 点

1. 电测法

电测法是一种常用的实验应力分析方法。

电测法以电阻应变片为传感元件，以电阻应变仪为测试仪器。实际测量时，将电阻应变片粘贴在被测构件的表面，使其随同构件变形，将构件测点处的应变量转换为应变片的电阻变化量；通过电阻应变仪测出构件测点处的实际应变；最后再由胡克定律，得到构件测点处的实际应力。

2. 电阻应变片

简称应变片，是电测法的基本传感元件。应变片用专门的栅状金属丝或金属箔粘贴在两层绝缘薄膜中制作而成。应变片中的栅状金属丝或金属箔称为敏感栅。

3. 应变片的灵敏系数

在一定条件下，应变片敏感栅的电阻变化率 $\Delta R/R$ 与敏感栅沿长度方向的线应变 ε 成正比，即

$$\frac{\Delta R}{R} = K\varepsilon \tag{18-1}$$

式中，比例系数 K 称为应变片的灵敏系数，其值与敏感栅的材料以及应变片构造有关，可通过实验测定。常用应变片的灵敏系数 $K=1.7\sim3.6$。

4. 电阻应变仪

简称应变仪，是电测法的测试仪器，用来读取构件测点的实际应变。应变仪的基本测试电路为图 18-1 所示的惠斯登电桥，简称电桥。

5. 电桥平衡

如图 18-1 所示，当惠斯登电桥的四个桥臂电阻满足 $R_1 R_4 = R_2 R_3$ 时，电桥

的输出电压 $\Delta U = 0$。这种情况称为电桥平衡。

6. 全桥接线

将测量电桥的四个桥臂都接上应变片。

7. 半桥接线

将测量电桥的其中两个桥臂接上应变片，另两个桥臂接上应变仪内部的固定电阻。

8. 电桥基本特性

1) 应变仪的读数应变等于电桥四个桥臂上应变片实际感受应变的线性叠加，其中，相邻桥臂的应变异号，相对桥臂的应变同号，即有

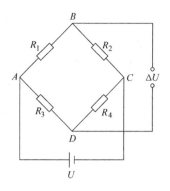

图 18-1

$$\varepsilon_R = \varepsilon_1 - \varepsilon_2 - \varepsilon_3 + \varepsilon_4 \tag{18-2}$$

式中，ε_R 为应变仪的读数应变；ε_1、ε_2、ε_3、ε_4 分别为四个桥臂 R_1、R_2、R_3、R_4 的实际感受应变（见图 18-1）。

2) 若将 n 个电阻值相同的应变片串联在同一桥臂 k 上，则该桥臂的输出应变等于这 n 个应变片实际感受应变的算术平均值，即

$$\varepsilon_k = \frac{1}{n} \sum_{i=1}^{n} \varepsilon_i \tag{18-3}$$

式中，ε_k 为该桥臂的输出应变；ε_i 为串联在该桥臂上的第 i 个应变片的实际感受应变。

习 题 解 答

习题 18-1　用电测法通过拉伸实验测量材料的弹性模量 E，试确定测试方案，并建立弹性模量 E 与应变仪读数应变 ε_R 之间的关系。已知拉伸试样横截面面积为 A。

解：在拉伸试样的左、右对称侧面上沿轴向各粘贴一应变片，如图 18-2a 所示。采用全桥接线（见图 18-2b），其中 R_2、R_3 为温度补偿片。

应变仪的读数应变为

$$\varepsilon_R = \varepsilon_1 - \varepsilon_2 - \varepsilon_3 + \varepsilon_4 = (\varepsilon_N + \varepsilon_M + \varepsilon_T) - \varepsilon_T - \varepsilon_T + (\varepsilon_N - \varepsilon_M + \varepsilon_T) = 2\varepsilon_N$$

式中，ε_N 为轴向拉力 F 引起的应变；ε_M 为因载荷偏心或拉伸试样可能存在的初始曲率导致的附加弯矩引起的应变；ε_T 表示因温度变化引起的应变（下同）。

再利用胡克定律和拉（压）杆正应力计算公式，即得材料的弹性模量

$$E = \frac{2F}{A\varepsilon_R}$$

习题 18-2　用电测法通过拉伸实验测量材料的泊松比 ν，试确定测试方案，

并建立泊松比 ν 与应变仪读数应变 ε_R 之间的关系。已知材料的弹性模量为 E，拉伸试样横截面面积为 A。

解：在拉伸试样的左、右对称两侧面上各沿轴向、横向粘贴一应变片，如图 18-3a 所示。采用全桥接线（见图 18-3b）。

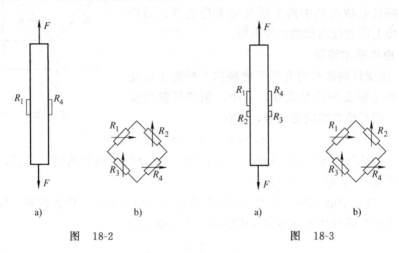

图　18-2　　　　　　　　　图　18-3

应变仪的读数应变为

$$\varepsilon_R = \varepsilon_1 - \varepsilon_2 - \varepsilon_3 + \varepsilon_4$$
$$= (\varepsilon_N + \varepsilon_M + \varepsilon_T) - (\varepsilon'_N + \varepsilon'_M + \varepsilon_T) - (\varepsilon'_N - \varepsilon'_M + \varepsilon_T) + (\varepsilon_N - \varepsilon_M + \varepsilon_T)$$
$$= 2(\varepsilon_N - \varepsilon'_N) = 2(1 + \nu)\varepsilon_N$$

式中，ε_N、ε'_N 分别为轴向拉力 F 引起的轴向应变、横向应变；ε_M、ε'_M 分别为因载荷偏心或拉伸试样可能存在的初始曲率导致的附加弯矩引起的轴向应变、横向应变。

再利用胡克定律和拉（压）杆正应力计算公式，即得材料的泊松比

$$\nu = \frac{EA\varepsilon_R - 2F}{2F}$$

请读者思考，能否不用任何已知参数，直接测出材料的泊松比 ν。

习题 18-3 如图 18-4a 所示，具有初始曲率的杆件承受轴向载荷 F 的作用，要求用电测法测定轴向载荷 F。试确定测试方案，并建立轴向载荷 F 与应变仪读数应变 ε_R 之间的关系。已知材料的弹性模量为 E，拉伸试样横

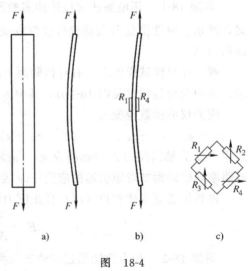

图　18-4

截面面积为 A。

解：在杆件的左、右对称两侧面上沿轴向各粘贴一应变片，如图 18-4b 所示。采用全桥接线（见图 18-4c），其中 R_2、R_3 为温度补偿片。

应变仪的读数应变为

$$\varepsilon_R = \varepsilon_1 - \varepsilon_2 - \varepsilon_3 + \varepsilon_4 = (\varepsilon_N + \varepsilon_M + \varepsilon_T) - \varepsilon_T - \varepsilon_T + (\varepsilon_N - \varepsilon_M + \varepsilon_T) = 2\varepsilon_N$$

式中，ε_N 为轴向载荷 F 引起的应变；ε_M 为因载荷偏心或杆件的初始曲率导致的附加弯矩引起的应变。

再利用胡克定律和拉（压）杆正应力计算公式，即得轴向载荷 F 与应变仪读数应变 ε_R 之间的关系式

$$F = \frac{EA}{2}\varepsilon_R$$

习题 18-4　如图 18-5a 所示，悬臂梁同时承受轴向载荷 F_1 和横向载荷 F_2 的作用，要求用电测法分别测出轴向载荷 F_1 和横向载荷 F_2。试确定测试方案，并分别给出轴向载荷 F_1、横向载荷 F_2 与应变仪读数应变 ε_R 之间的关系。已知材料的弹性模量为 E，悬臂梁的横截面面积为 A、抗弯截面系数为 W。

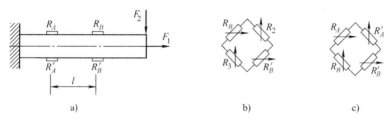

图　18-5

解：（1）测量轴向载荷 F_1　在相距为 l 的两截面处的上、下表面，沿轴向各粘贴一应变片，如图 18-5a 所示。采用全桥接线（见图 18-5b），其中 R_2、R_3 为温度补偿片。

应变仪的读数应变为

$$\varepsilon_R = \varepsilon_1 - \varepsilon_2 - \varepsilon_3 + \varepsilon_4 = (\varepsilon_N + \varepsilon_M + \varepsilon_T) - \varepsilon_T - \varepsilon_T + (\varepsilon_N - \varepsilon_M + \varepsilon_T) = 2\varepsilon_N$$

式中，ε_N 为轴向载荷 F_1 引起的应变；ε_M 为横向载荷 F_2 引起的应变。

再利用胡克定律和拉（压）杆正应力计算公式，即得轴向载荷 F_1 与应变仪读数应变 ε_R 之间的关系式

$$F_1 = \frac{EA}{2}\varepsilon_R$$

（2）测量横向载荷 F_2　布片方案同（1），如图 18-5a 所示。采用全桥接线（见图 18-5c）。

应变仪的读数应变为

$$\varepsilon_R = \varepsilon_1 - \varepsilon_2 - \varepsilon_3 + \varepsilon_4$$

$$= (\varepsilon_N + \varepsilon_M^A + \varepsilon_T) - (\varepsilon_N - \varepsilon_M^A + \varepsilon_T) - (\varepsilon_N + \varepsilon_M^B + \varepsilon_T) + (\varepsilon_N - \varepsilon_M^B + \varepsilon_T)$$

$$= 2(\varepsilon_M^A - \varepsilon_M^B) = 2\Delta\varepsilon_M$$

式中，ε_M^A、ε_M^B 分别为弯矩引起的 A、B 截面上边缘处的轴向应变。

根据胡克定律和弯曲正应力计算公式，有

$$\Delta\varepsilon_M = \frac{\Delta\sigma_M}{E} = \frac{\Delta M}{EW} = \frac{F_2 l}{EW}$$

联立上述两式，即得横向载荷 F_2 与应变仪读数应变 ε_R 之间的关系式

$$F_2 = \frac{EW}{2l}\varepsilon_R$$

习题 18-5 如图 18-6a 所示悬臂梁，同时承受横向载荷 F 和弯矩 M 的作用，要求用电测法测出横向载荷 F。试确定测试方案，并建立横向载荷 F 与应变仪读数应变 ε_R 之间的关系。已知材料的弹性常数和悬臂梁的截面尺寸。

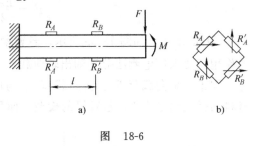

图　18-6

解：在相距为 l 的两截面处的上、下表面，沿轴向各粘贴一应变片，如图 18-6a 所示。采用全桥接线（见图 18-6b）。

应变仪的读数应变为

$$\varepsilon_R = \varepsilon_1 - \varepsilon_2 - \varepsilon_3 + \varepsilon_4$$

$$= (\varepsilon_M + \varepsilon_F^A + \varepsilon_T) - (-\varepsilon_M - \varepsilon_F^A + \varepsilon_T) - (\varepsilon_M + \varepsilon_F^B + \varepsilon_T) + (-\varepsilon_M - \varepsilon_F^B + \varepsilon_T)$$

$$= 2(\varepsilon_F^A - \varepsilon_F^B) = 2\Delta\varepsilon_F$$

式中，ε_M 为弯矩 M 引起的应变；ε_F^A、ε_F^B 为横向载荷 F 分别在 A、B 截面处引起的应变。

再利用胡克定律和弯曲正应力计算公式，即得横向载荷 F 与应变仪读数应变 ε_R 之间的关系式

$$F = \frac{EW}{2l}\varepsilon_R$$

式中，E 为材料的弹性模量；W 为梁的抗弯截面系数。

习题 18-6 等截面杆构成的平面刚架如图 18-7a 所示，试用电测法分别测出载荷 F_1 和 F_2。试确定测试方案，并分别建立载荷 F_1、F_2 与应变仪读数应变 ε_R 之间的关系。已知材料的弹性常数和杆件的截面尺寸。

解：（1）测量载荷 F_2　在立柱左、右对称两侧面上沿轴向各粘贴一应变片，如图 18-7a 所示。采用半桥接线（见图 18-7b），其中 R_3、R_4 为应变仪内部的固

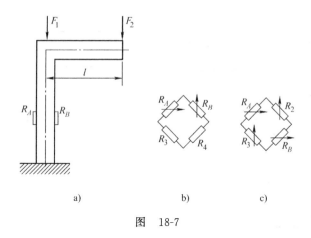

图　18-7

定电阻。

应变仪的读数应变为

$$\varepsilon_R = \varepsilon_1 - \varepsilon_2 - \varepsilon_3 + \varepsilon_4 = (\varepsilon_N + \varepsilon_M + \varepsilon_T) - (\varepsilon_N - \varepsilon_M + \varepsilon_T) = 2\varepsilon_M$$

式中，ε_N 为轴力 F_N 引起的应变；ε_M 为弯矩 M 引起的应变。

再利用胡克定律和弯曲正应力计算公式，即得载荷 F_2 与应变仪读数应变 ε_R 之间的关系式

$$F_2 = \frac{EW}{2l}\varepsilon_R$$

式中，E 为材料的弹性模量；W 为杆的抗弯截面系数。

（2）测量载荷 F_1　布片方案同（1），如图 18-7a 所示。采用全桥接线（见图 18-7c），其中 R_2、R_3 为温度补偿片。

应变仪的读数应变为

$$\varepsilon_R = \varepsilon_1 - \varepsilon_2 - \varepsilon_3 + \varepsilon_4 = (\varepsilon_N + \varepsilon_M + \varepsilon_T) - \varepsilon_T - \varepsilon_T + (\varepsilon_N - \varepsilon_M + \varepsilon_T) = 2\varepsilon_N$$

再利用胡克定律和拉（压）杆正应力计算公式，即得载荷 F_1 与应变仪读数应变 ε_R 之间的关系式

$$F_1 = \frac{EA}{2}\varepsilon_R - F_2$$

式中，E 为材料的弹性模量；A 为杆的横截面面积。

习题 18-7　如图 18-8a 所示，等截面圆杆同时承受轴力 F_N、扭矩 T 和弯矩 M 的作用，试用电测法分别测定轴力 F_N、扭矩 T 和弯矩 M。试确定各自的测试方案，并分别建立轴力 F_N、扭矩 T 和弯矩 M 与应变仪读数应变 ε_R 之间的关系。已知材料的弹性常数和杆件的截面尺寸。

解：（1）测量轴力 F_N　在圆杆的上、下表面对称位置上，沿轴向各粘贴一应变片，如图 18-8b 所示。采用全桥接线（见图 18-8c），其中 R_2、R_3 为温度补偿片。

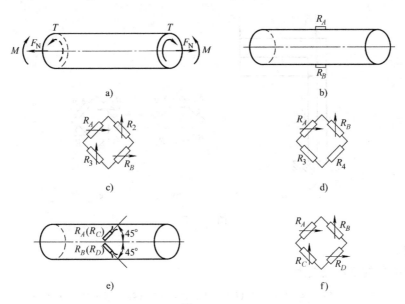

图 18-8

应变仪的读数应变为

$$\varepsilon_R = \varepsilon_1 - \varepsilon_2 - \varepsilon_3 + \varepsilon_4 = (\varepsilon_N + \varepsilon_M + \varepsilon_T) - \varepsilon_T - \varepsilon_T + (\varepsilon_N - \varepsilon_M + \varepsilon_T) = 2\varepsilon_N$$

式中，ε_N 为轴力 F_N 引起的应变；ε_M 为弯矩 M 引起的应变。

再利用胡克定律和拉（压）杆正应力计算公式，即得轴力 F_N 与应变仪读数应变 ε_R 之间的关系式

$$F_N = \frac{EA}{2}\varepsilon_R$$

式中，E 为材料的弹性模量；A 为杆的横截面面积。

（2）测量弯矩 M　布片方案同（1），如图 18-8b 所示。采用半桥接线（见图 18-8d），其中 R_3、R_4 为应变仪内部的固定电阻。

应变仪的读数应变为

$$\varepsilon_R = \varepsilon_1 - \varepsilon_2 - \varepsilon_3 + \varepsilon_4 = (\varepsilon_N + \varepsilon_M + \varepsilon_T) - (\varepsilon_N - \varepsilon_M + \varepsilon_T) = 2\varepsilon_M$$

再利用胡克定律和弯曲正应力计算公式，即得弯矩 M 与应变仪读数应变 ε_R 之间的关系式

$$M = \frac{EW}{2}\varepsilon_R$$

式中，E 为材料的弹性模量；W 为杆的抗弯截面系数。

（3）测量扭矩 T　布片方案如图 18-8e 所示，分别在杆前、后两侧面的中性轴处沿 $\pm45°$ 方向各粘贴一应变片 R_A、R_B 与 R_C、R_D。采用全桥接线（见图 18-8f）。

应变仪的读数应变为

$$\varepsilon_R = \varepsilon_1 - \varepsilon_2 - \varepsilon_3 + \varepsilon_4$$

$$= (\varepsilon_A + \varepsilon_T) - (\varepsilon_B + \varepsilon_T) - (\varepsilon_C + \varepsilon_T) + (\varepsilon_D + \varepsilon_T)$$

$$= \varepsilon_A - \varepsilon_B - \varepsilon_C + \varepsilon_D$$

通过应力状态分析，并利用广义胡克定律可得

$$\varepsilon_A = \frac{1+\nu}{E}\tau, \quad \varepsilon_B = -\frac{1+\nu}{E}\tau, \quad \varepsilon_C = -\frac{1+\nu}{E}\tau, \quad \varepsilon_D = \frac{1+\nu}{E}\tau$$

式中，ν 为材料的泊松比；τ 为扭矩 T 引起的最大切应力。联立上述各式，整理得

$$\varepsilon_R = \frac{4(1+\nu)}{E}\tau$$

再利用扭转切应力计算公式，即得扭矩 T 与应变仪读数应变 ε_R 之间的关系式

$$T = \frac{EW_t}{4(1+\nu)}\varepsilon_R$$

式中，E 为材料的弹性模量；W_t 为杆的抗扭截面系数。

习题 18-8 如图 18-9a 所示简支梁，所承受的活载 F 在 l 范围内移动，要求用电测法测定活载 F。试确定测试方案，并建立活载 F 与应变仪读数应变 ε_R 之间的关系。已知材料的弹性常数和梁的截面尺寸。

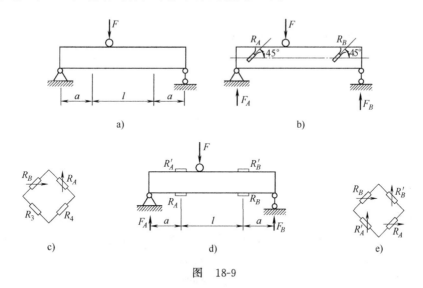

图　18-9

解：方法一：用切应力片测量

在活载 F 活动范围之外的左右两侧梁的中性层处，沿45°方向各粘贴一应变片（见图 18-9b）。采用半桥接线（见图 18-9c），其中 R_3、R_4 为应变仪内部的固定电阻。

应变仪的读数应变为

$$\varepsilon_R = \varepsilon_1 - \varepsilon_2 - \varepsilon_3 + \varepsilon_4 = (\varepsilon_B + \varepsilon_T) - (\varepsilon_A + \varepsilon_T) = \varepsilon_B - \varepsilon_A$$

根据广义胡克定律和最大弯曲切应力计算公式，有

$$\varepsilon_B = \frac{1+\nu}{E}\tau_B = \frac{k(1+\nu)}{EA}F_B, \quad \varepsilon_A = -\frac{1+\nu}{E}\tau_A = -\frac{k(1+\nu)}{EA}F_A$$

式中，E 为材料的弹性模量；A 为梁的截面面积；k 为与截面形状有关的常数。
联立上述各式，整理有

$$\varepsilon_R = \frac{k(1+\nu)}{EA}(F_B + F_A) = \frac{k(1+\nu)}{EA}F$$

故得活载 F 与应变仪读数应变 ε_R 之间的关系式

$$F = \frac{EA}{k(1+\nu)}\varepsilon_R$$

方法二：用正应力片测量

在活载 F 活动区域两侧边界截面的上、下表面处，沿轴向各粘贴一应变片，如图 18-9d 所示。采用全桥接线（见图 18-9e）。

应变仪的读数应变为

$$\varepsilon_R = \varepsilon_1 - \varepsilon_2 - \varepsilon_3 + \varepsilon_4$$
$$= (\varepsilon_B + \varepsilon_T) - (-\varepsilon_B + \varepsilon_T) - (-\varepsilon_A + \varepsilon_T) + (\varepsilon_A + \varepsilon_T)$$
$$= 2(\varepsilon_B + \varepsilon_A)$$

根据胡克定律和最大弯曲正应力计算公式，有

$$\varepsilon_B = \frac{\sigma_B}{E} = \frac{M_B}{EW} = \frac{F_B a}{EW}, \quad \varepsilon_A = \frac{\sigma_A}{E} = \frac{M_A}{EW} = \frac{F_A a}{EW}$$

式中，E 为材料的弹性模量；W 为梁的抗弯截面系数。联立上述各式，整理有

$$\varepsilon_R = \frac{2a}{EW}(F_B + F_A) = \frac{2a}{EW}F$$

故得活载 F 与应变仪读数应变 ε_R 之间的关系式

$$F = \frac{EW}{2a}\varepsilon_R$$

习题 18-9 如图 18-10a 所示薄壁圆筒，同时承受内压 p 和扭转外力偶矩 M_e 的作用。已知圆筒截面的平均半径为 R、壁厚为 δ，材料的弹性模量为 E、泊松比为 ν。试用电测法测出内压 p 和扭转外力偶矩 M_e。要求提供测试方案，并分别给出 p、M_e 与应变仪读数应变 ε_R 之间的关系。

解：在薄壁圆筒筒壁的任一点处取如图 18-10b 所示单元体，其四侧面上应力为

$$\sigma_x = \frac{p(2R-\delta)}{4\delta}, \quad \sigma_y = \frac{p(2R-\delta)}{2\delta}, \quad \tau = \frac{M_e}{2\pi R^2 \delta}$$

（1）测定内压 p　布片方案如图 18-10c 所示。采用全桥接线（见图 18-10d），

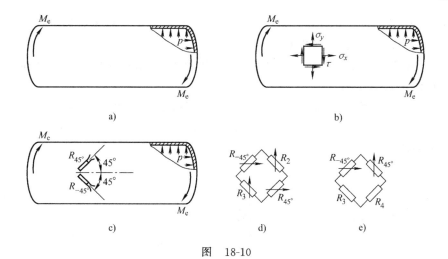

图　18-10

其中 R_2、R_3 为温度补偿片。

应变仪的读数应变为

$$\varepsilon_R = \varepsilon_1 - \varepsilon_2 - \varepsilon_3 + \varepsilon_4 = (\varepsilon_{-45°} + \varepsilon_T) - \varepsilon_T - \varepsilon_T + (\varepsilon_{45°} + \varepsilon_T) = \varepsilon_{-45°} + \varepsilon_{45°}$$

式中，$\varepsilon_{45°}$、$\varepsilon_{-45°}$ 分别为沿 $\pm 45°$ 方向的线应变。

再根据应力状态分析和广义胡克定律，有

$$\varepsilon_R = \frac{1-\nu}{E}(\sigma_x + \sigma_y)$$

故得内压 p 与应变仪读数应变 ε_R 之间的关系式

$$p = \frac{4E\delta}{3(1-\nu)(2R-\delta)}\varepsilon_R$$

（2）测定扭转外力偶矩 M_e　布片方案同（1），如图 18-10c 所示。采用半桥接线（见图 18-10e），其中 R_3、R_4 为应变仪内部的固定电阻。

应变仪的读数应变为

$$\varepsilon_R = \varepsilon_1 - \varepsilon_2 - \varepsilon_3 + \varepsilon_4 = (\varepsilon_{-45°} + \varepsilon_T) - (\varepsilon_{45°} + \varepsilon_T) = \varepsilon_{-45°} - \varepsilon_{45°}$$

再根据应力状态分析和广义胡克定律，有

$$\varepsilon_R = \frac{2(1+\nu)}{E}\tau$$

故得扭转外力偶矩 M_e 与应变仪读数应变 ε_R 之间的关系式

$$M_e = \frac{\pi E R^2 \delta}{(1+\nu)}\varepsilon_R$$

习题 18-10　如图 18-11 所示，某工字钢结构承受复杂载荷，在其横截面上，同时存在着轴力 F_x、剪力 F_y、扭矩 M_x 和弯矩 M_z。已知材料的弹性模量为 E、泊松比为 ν，试用电测法分别测出这四个内力分量各自引起的最大应力（不

计扭矩 M_x 引起的扭转约束正应力）。要求给出测试方案，并建立各个应力分量与应变仪读数应变 ε_R 之间的关系。

解：（1）测定轴力 F_x 引起的正应力　轴力 F_x 引起的正应力在横截面上均布，记作 σ_x。

布片方案如图 18-12a 所示，分别在上、下表面正中央的对称点 A、B 处，沿 x 轴向各粘贴一应变片 R_A、R_B。采用全桥接线（见图 18-12b），其中 R_2、R_3 为温度补偿片。

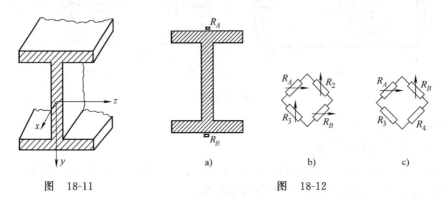

图　18-11　　　　　　　　　　图　18-12

应变仪的读数应变为

$$\varepsilon_R = \varepsilon_1 - \varepsilon_2 - \varepsilon_3 + \varepsilon_4 = (\varepsilon_{F_x} + \varepsilon_{M_z} + \varepsilon_T) - \varepsilon_T - \varepsilon_T + (\varepsilon_{F_x} - \varepsilon_{M_z} + \varepsilon_T) = 2\varepsilon_{F_x}$$

式中，ε_{F_x} 为轴力 F_x 引起的应变；ε_{M_z} 为弯矩 M_z 引起的应变。

再利用胡克定律，即得轴力 F_x 引起的正应力与应变仪读数应变 ε_R 之间的关系式

$$\sigma_x = \frac{E}{2}\varepsilon_R$$

（2）测定弯矩 M_z 引起的最大正应力　弯矩 M_z 引起的最大正应力位于工字钢上下表面层，记作 σ_z。

布片方案同（1），如图 18-12a 所示。采用半桥接线（见图 18-12c），其中 R_3、R_4 为应变仪内部的固定电阻。

应变仪的读数应变为

$$\varepsilon_R = \varepsilon_1 - \varepsilon_2 - \varepsilon_3 + \varepsilon_4 = (\varepsilon_{F_x} + \varepsilon_{M_z} + \varepsilon_T) - (\varepsilon_{F_x} - \varepsilon_{M_z} + \varepsilon_T) = 2\varepsilon_{M_z}$$

再利用胡克定律，即得弯矩 M_z 引起的最大正应力与应变仪读数应变 ε_R 之间的关系式

$$\sigma_z = \frac{E}{2}\varepsilon_R$$

（3）测定剪力 F_y 引起的最大切应力　剪力 F_y 引起的最大切应力位于中性轴 z 处，记作 τ_S。

布片方案如图 18-13a、b 所示，分别在腹板两侧面正中位置沿 ±45° 方向各粘贴一应变片 R_A、R_B 与 R_C、R_D。采用全桥接线（见图 18-13c）。

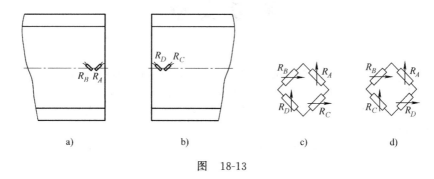

图　18-13

应变仪的读数应变为

$$\varepsilon_R = \varepsilon_1 - \varepsilon_2 - \varepsilon_3 + \varepsilon_4 = (\varepsilon_B + \varepsilon_T) - (\varepsilon_A + \varepsilon_T) - (\varepsilon_D + \varepsilon_T) + (\varepsilon_C + \varepsilon_T) = \varepsilon_B - \varepsilon_A - \varepsilon_D + \varepsilon_C$$

通过应力分析，并利用广义胡克定律可得

$$\varepsilon_B = \frac{1+\nu}{E}(\tau_S + \tau_T), \quad \varepsilon_A = -\frac{1+\nu}{E}(\tau_S + \tau_T)$$

$$\varepsilon_C = -\frac{1+\nu}{E}(-\tau_S + \tau_T), \quad \varepsilon_D = \frac{1+\nu}{E}(-\tau_S + \tau_T)$$

式中，τ_T 为扭矩 M_x 引起的最大切应力。

联立上述各式，整理得

$$\varepsilon_R = \frac{4(1+\nu)}{E}\tau_S$$

故得剪力 F_y 引起的最大切应力与应变仪读数应变 ε_R 之间的关系式

$$\tau_S = \frac{E}{4(1+\nu)}\varepsilon_R$$

（4）测定扭矩 M_x 引起的最大切应力　扭矩 M_x 引起的最大切应力位于腹板两侧中点处，记作 τ_T。

布片方案同（3），如图 18-13a、b 所示。采用全桥接线（见图 18-13d）。

应变仪的读数应变为

$$\varepsilon_R = \varepsilon_1 - \varepsilon_2 - \varepsilon_3 + \varepsilon_4 = (\varepsilon_B + \varepsilon_T) - (\varepsilon_A + \varepsilon_T) - (\varepsilon_C + \varepsilon_T) + (\varepsilon_D + \varepsilon_T) = \varepsilon_B - \varepsilon_A - \varepsilon_C + \varepsilon_D$$

此时，同理可得

$$\varepsilon_R = \frac{4(1+\nu)}{E}\tau_T$$

故得扭矩 M_x 引起的最大切应力与应变仪读数应变 ε_R 之间的关系式

$$\tau_T = \frac{E}{4(1+\nu)}\varepsilon_R$$

参 考 文 献

[1] 唐国兴，王永廉. 理论力学 [M]. 2版. 北京：机械工业出版社，2011.
[2] 王永廉. 材料力学 [M]. 2版. 北京：机械工业出版社，2011.
[3] 王永廉，王晓军，唐国兴. 理论力学学习指导与题解 [M]. 2版. 北京：机械工业出版社，2013.
[4] 王永廉，汪云祥，方建士. 材料力学学习指导与题解 [M]. 2版. 北京：机械工业出版社，2012.